# 胡杨和灰杨抗旱的生理与分子机制研究

李志军　罗青红　吴智华 等　著

国家自然科学基金项目-新疆联合基金重点项目（U1803231）、新疆生产建设兵团重点领域创新团队建设计划项目（2018CB003）、新疆生产建设兵团科技计划项目（2011AB015、2012BB045）、水资源与水电工程科学国家重点实验室开放研究基金课题（2004B008）、塔里木大学校长基金重点项目（2004-3）资助

科学出版社

北　京

## 内 容 简 介

本书基于作者近10年对胡杨（*Populus euphratica* Oliv.）和灰杨（*Populus pruinosa* Schrenk）抗旱生理的研究工作，系统介绍了两个物种种子萌发阶段、幼苗阶段和成年植株阶段对干旱胁迫的生理响应，阐明两物种生活史不同时期的生理生态适应策略。通过对干旱胁迫条件下胡杨幼苗的表达谱分析，预测筛选其中13个表达模式与表达谱结果一致的抗旱候选基因，并对 *Pe866* 和 *Pe9078* 基因进行克隆和功能验证，揭示胡杨苗期抗旱的分子调控机制，对发掘利用抗旱相关基因有重要的理论指导和实践意义。

本书可供从事植物学、生态学领域的科技工作者参考，尤其是为从事新疆极端干旱区植被恢复、荒漠河岸林保护和干旱区生态建设管理者提供理论指导。

**图书在版编目（CIP）数据**

胡杨和灰杨抗旱的生理与分子机制研究/李志军等著. —北京：科学出版社, 2020.6

ISBN 978-7-03-064746-7

Ⅰ. ①胡…　Ⅱ. ①李…　Ⅲ. ①胡杨–抗旱–植物生理学 ②灰杨–抗旱–植物生理学　Ⅳ. ①S792.119.01

中国版本图书馆CIP数据核字(2020)第052373号

责任编辑：付　聪　岳漫宇 / 责任校对：严　娜
责任印制：吴兆东 / 封面设计：刘新新

科学出版社 出版
北京东黄城根北街16号
邮政编码: 100717
http://www.sciencep.com

北京虎彩文化传播有限公司 印刷

科学出版社发行　各地新华书店经销

*

2020年6月第　一　版　开本：B5 (720×1000)
2020年6月第一次印刷　印张：11 3/4
字数：234 000

**定价：118.00元**

## 著 者 名 单


李志军　罗青红　吴智华　伍维模

王彦芹　焦培培　韩占江　王　旭

宋聪聪　王海珍　覃　瑞　刘　虹


**封面摄影：** 向成斌

# 前言

胡杨分布地域辽阔，在欧、亚、非大陆均有天然林存在。中国是当今世界上胡杨分布范围最广、数量最多的地区，在内蒙古、甘肃、新疆、宁夏、青海等地都有胡杨的自然分布，但以新疆塔里木盆地的塔里木河、叶尔羌河与和田河两岸分布最为集中。灰杨在世界上见于中亚、西亚，在中国仅见于新疆，主要分布在塔里木盆地塔里木河上游、叶尔羌河、喀什河、和田河沿岸。胡杨和灰杨在塔里木盆地各大河流沿岸分布，形成壮观的荒漠河岸林，是当地居民赖以生存的根基。

胡杨、灰杨具有依存于水因子异质的生境来完成其生活周期的现象。胡杨、灰杨分布于荒漠河岸，是其幼态期对湿润环境依赖所造成的，而生活周期中的大部分时间它们是在大气与土壤极度干燥的环境中依赖埋深 4～10m 的地下水源生活。从对湿生环境的依赖，过渡到干旱生境中依存于地下水，对胡杨、灰杨的生存起到决定性影响。胡杨、灰杨适应生境变干的能力，可能是在种的遗传基础上发生，在适应生境的变化过程中逐渐发展。对胡杨、灰杨生活史不同阶段与环境关系的研究，是为了进一步认识它们在长期历史发展过程中，通过千差万别的适应保持种群存续与繁衍的机制，从而有可能根据其生活史与环境的动态关系，有步骤地采取必要措施，促使干旱区荒漠河岸林的迅速恢复与扩展，以实现对干旱区生态环境建设的预期目的。

本书是塔里木大学、杭州师范大学、中南民族大学合作研究成果，是对胡杨和灰杨抗逆生理研究的系统总结。全书分六章：第 1 章综述了胡杨和灰杨的生物学特性及响应干旱胁迫的研究进展；第 2 章研究种子萌发对干旱胁迫的响应；第 3 章研究幼苗阶段对干旱胁迫的生理响应；第 4 章研究成年阶段对干旱胁迫的生理响应；第 5 章研究干旱胁迫下胡杨幼苗的表达谱分析；第 6 章研究胡杨抗旱基因 *Pe866* 和 *Pe9078* 克隆和功能验证。这对于揭示胡杨、灰杨抗旱的生理与分子调控机制，发掘利用抗旱相关基因有重要的理论指导和实践意义。

本书研究工作及出版承蒙国家自然科学基金-新疆联合基金重点项目“塔里木河流域胡杨雌雄干旱适应差异的生理与分子机制”（U1803231）、新疆生产建设兵团重点领域创新团队建设计划项目“胡杨种质资源保护与挖掘利用”（2018CB003）、新疆生产建设兵团科技计划项目“新疆南疆荒漠植物抗逆基因的筛选和评价研究”（2012BB045）、“南疆特色植物种质资源保存、评价及综合利用技术研究”（2011AB015）、水资源与水电工程科学国家重点实验室开放研究基金课题“干旱和盐分胁迫对胡杨、灰叶胡杨水分利用的影响研究”（2004B008）和塔里木大学校长基金重点项目“塔里木河流域胡杨、灰叶胡杨种群生理生态对环境变化响应机制研究”（2004-3）的资助，特此致谢！同时向关心支持和帮助本书撰写出版的各位专家表示衷心的感谢！向参与研究工作的诸多塔里木大学硕士研究生和本科生表示衷心的感谢！

撰写《胡杨和灰杨抗旱的生理与分子机制研究》一书一直是我们团队心中坚守的一个目标。我们努力工作，适时总结，但由于知识水平有限，本书难免存在遗漏和不足之处，敬请广大读者批评指正。

李志军

2019年5月26日

# 目　录

# 第 1 章 概　述

## 1.1 分 类 地 位

植物学家 Guillaume-Autoine Olivier 在 1801 年新发现一种杨树，定名为 *Populus euphratica*。国际杨树委员会认为，胡杨派只有一种，即 *Populus euphratica* Oliv.，其他属于同物异名，或不宜独立划分为种，这些名称包括：*P. diversifolia* Schrenk、*P. ariana* Dode、*P. mauritanica*、*P. bonnetiana*、*P. litwinowiana* Dode、*P. glaucicomans*、*P. illicitana*、*P. pruinosa* Schrenk、*P. ilicifolia* Rouleau、*P. denhardtiorum* Dode（王世绩，1996）。中国的杨树分类学家倾向于胡杨派包含两个种，即胡杨（*P. euphratica* Oliv.）和灰胡杨（*P. pruinosa* Schrenk，也称灰杨、灰叶胡杨）（徐纬英，1960；王战和方振富，1984；杨昌友等，1992）。

## 1.2 地 理 分 布

### 1.2.1 胡杨地理分布

胡杨分布地域辽阔，在欧、亚、非大陆均有天然林存在。从东西走向看，胡杨林分布的国家有中国、蒙古国、哈萨克斯坦、吉尔吉斯斯坦、乌兹别克斯坦、土库曼斯坦、塔吉克斯坦、巴基斯坦、阿富汗、印度、伊朗、伊拉克、叙利亚、以色列、土耳其、埃及、利比亚、阿尔及利亚、摩洛哥和西班牙，大约横跨经线 110° 20 个国家（王世绩等，1995；王世绩，1996）。除此之外，在巴勒斯坦、约旦也有分布，海拔 250～2400m（赵能等，2009）。从南北走向看，位于赤道线上的肯尼亚有胡杨分布，但属于一个孤立的地域，然后从 30°N 左右的北非到 47°N 的哈萨克斯坦，横跨纬线约 17°（王世绩等，1995；王世绩，1996）。

根据分布区气候特征来看，全球胡杨分布可划分为 6 个区域（张宁等，2017）。区域一为摩洛哥、叙利亚、伊拉克、土耳其等国家。其中，摩洛哥北部、叙利亚、土耳其西南及沿海地区为地中海气候，夏季炎热干燥，冬季温和多雨。伊拉克位于热带沙漠气候带，终年干旱炎热。区域二为肯尼亚及其周边地区，该区处于东非赤道附近，为热带草原气候，全年高温，有明显的干湿两季。区域三为伊朗等国家，位于亚热带大陆性干旱与半干旱气候区，冬寒夏热，雨量稀少，全年干燥，昼夜温差较大，呈现大陆性气候特征。区域四为巴基斯坦、哈萨克斯坦等国家，该区是典型的干旱大陆性气候和热带沙漠气候，炎热干燥，终年降水稀少。区域五为中国的新疆，该区具有大陆性干旱气候、冬冷夏热的特点，胡杨在塔里木河、叶尔羌河与和田河两岸及塔里木盆地南缘许多河流的下游最为集中。区域六为中国的甘肃河西走廊等地区，该区地处内陆，位于中国季风的西缘，冬季受蒙古高压控制，具有冬寒长、夏热短、春暖快、秋凉早的特点。总体来看，全球胡杨分布在气候条件存在较大差异的 6 个区域。

从分布数量上看（表 1-1），全球胡杨林面积为 64.87 万 $hm^2$，世界上 60.9% 的胡杨分布在中国，30.8%的胡杨分布在中亚，剩余的小部分分布在伊朗、伊拉克、叙利亚、土耳其、巴基斯坦、西班牙等国家（王世绩，1996）。

**表 1-1　胡杨林在世界各国和地区的分布和面积**（王世绩，1996）

| 地区 | 中国 | 中亚 | 伊朗 | 伊拉克 | 叙利亚 | 土耳其 | 巴基斯坦 | 西班牙 | 合计 |
|---|---|---|---|---|---|---|---|---|---|
| 面积/$hm^2$ | 395 200 | 200 000 | 20 000 | 20 000 | 5 818 | 4 900 | 2 800 | <1.0 | 648 719 |
| 占世界总分布面积的比例/% | 60.9 | 30.8 | 3.1 | 3.1 | 0.9 | 0.8 | 0.4 | — | 100 |

中国是当今世界上胡杨分布范围最大、数量最多的地区（表 1-2）。在 37°～47°N（特别集中在 37°～42°N），胡杨从天山南北向东经罗布泊低地和哈密噶顺戈壁至甘肃河西走廊西端敦煌以及内蒙古，形成东西走向的狭长、曲折、断续的廊状林地。在内蒙古、甘肃的额济纳河流域、新疆的塔里木盆地和准噶尔盆地、宁夏、青海、山西、陕西、河北以至东北西部都有胡杨的自然分布。但主要分布在新疆，特别是在南疆的塔里木河流域分布最广，生长茂密，并还留存有较大面积的原生天然胡杨林（魏庆莒，1990）。

**表 1-2　胡杨在中国的分布地和分布面积**（王世绩，1996）

| 地点 | 塔里木盆地 | 准噶尔盆地 | 内蒙古西部 | 甘肃西部 | 青海及宁夏 | 总计 |
|---|---|---|---|---|---|---|
| 面积/$hm^2$ | 352 200 | 8 000 | 20 000 | 15 000 | 零星分布 | 395 200 |
| 占全国总分布面积的比例/% | 89.1 | 2 | 5.1 | 3.8 | — | 100 |

新疆是当今世界上胡杨林最集中分布的地区。新疆胡杨林面积占全国胡杨林面积的 91.1%，共有 36.02 万 $hm^2$，其中，塔里木盆地胡杨林面积占全国胡杨林面积的 89.1%，为全世界最大的胡杨林分布地，胡杨林面积 35.2 万 $hm^2$（王世绩，1996）。

胡杨在新疆的分布大体上以额尔齐斯河北岸为其北界，由北向南逐渐增多，塔里木河流域为集中分布区，占全疆胡杨林面积的 60%～80%，在昆仑山亚高山带下河谷，呈单株生长。胡杨在西部分布到伊犁河下游，霍城卡尔米苏沙漠一带；

东北部直延至噶顺戈壁扇缘带，即36°30′～47°N，82°30′～96°E（《新疆森林》编辑委员会，1989）。

胡杨林在新疆的分布，又以塔里木盆地的塔里木河流域最为集中，形成走廊状的沿河森林。从叶尔羌河、阿克苏河与和田河汇合处开始，零星分布到生产建设兵团农一师十四团场断续向东至阿拉干，其下散生到低洼的罗布泊平原及台特玛湖。塔克拉玛干沙漠南缘的克里雅河、安迪尔河、喀拉米兰河、尼亚河等沿岸有小片胡杨林；向北分布到天山南坡冲积扇下缘，孔雀河两岸、拜城盆地西南边、轮台、二八台、策达雅、野营沟呈小块状分布。此外，在焉耆盆地的和静、和硕、库米什及吐鲁番盆地均有零星或小块状分布。胡杨林在准噶尔盆地分布不集中成带，奇台北塔山下，玛纳斯河、四棵树河、奎屯河、乌尔禾白杨河、伊吾县的淖毛湖呈小片生长。这些地区的胡杨林，都是几经破坏之后形成的次生林（《新疆森林》编辑委员会，1989）。

从垂直分布来看，胡杨因受水热条件限制，各地垂直分布范围差异颇大。在塔里木盆地，海拔800～1100m，准噶尔盆地海拔250～600（750）m，在伊犁河谷地的伊犁河阶地为600～750m，在最低的吐鲁番盆地，可分布到170m的艾丁湖洼地，在帕米尔东坡可上升到2300～2400m ，在天山南坡则高到1500～1800m。胡杨最适宜分布的地带，在塔里木盆地海拔为 800～1000m，准噶尔盆地海拔为500m左右。在我国胡杨垂直分布最高为柴达木盆地，海拔3000m左右；世界上垂直分布最高为巴基斯坦，海拔4000m（《新疆森林》编辑委员会，1989；魏庆莒，1990）。

### 1.2.2 灰杨地理分布

灰杨在世界上见于中亚、西亚，在中国仅分布于新疆塔里木盆地西南部，集中分布在 37°～41°N、75°30'～82°E 的叶尔羌河、喀什河、和田河一带；向东分布到拉依河湾阿拉尔、奥干河等地，即86°53'E；南抵若羌瓦石峡之西，北达达坂城白杨河出山口，伊犁河也有少量分布，其分布范围较胡杨狭窄（《新疆森林》编辑委员会，1989），在塔里木盆地的低山荒漠地带，见不到它的踪迹（魏庆莒，1990）。灰杨垂直分布不高，在叶尔羌河为海拔 800～1100m，最高上升到卡群 1300～1400m，也比胡杨低些。常见于海拔1028～1394m的区域，水平和垂直分布范围都很狭窄，在塔里木盆地的分布区域也远远小于胡杨的分布区域（《新疆森林》编辑委员会，1989；魏庆莒，1990）。和田河下游是灰杨分布最集中的地区，与叶尔羌河下游的河岸林，组成欧亚大陆面积最大的灰杨林分布区（《新疆森林》编辑委员会，1989；魏庆莒，1990）。

灰杨分布于河漫滩或地下潜水位较高河流沿岸地带。按其森林现状、生态条件，可划分为以下 3 个分布区（《新疆森林》编辑委员会，1989）。

（1）叶尔羌河灰杨林区：包括巴楚下马力、巴楚下河和阿瓦提亚苏克 3 个林区。巴楚下马力林区以灰杨中幼林较多，在河漫滩上常有幼林崛起。在离河床较远的高阶地、沙地或盐碱滩上，灰杨减少，胡杨侵入，约占 30%。巴楚下河林区因过成熟林多，中幼林较少，林地水分条件较差，胡杨比例增加，约占 40%，只有在老巴扎、塔布尔寺叶尔羌河新河道一带的岸边，分布着灰杨幼龄林。在阿瓦提亚苏克林区，灰杨和胡杨各占 50%，在水分较好的新河漫滩上有少量的灰杨中幼林，一般生长旺盛，林分密度较大。

（2）喀什噶尔河下游灰杨林区：林分稀疏，多为残次林。

（3）和田河中下游灰杨林区：和田河是一条常受风沙埋填的动荡河流，河床浅宽，河心有大沙洲，其上为灰杨幼龄林。两岸则为多代萌芽中龄林，成熟林很少，分布在麻扎山以下干河床上，多为积沙的疏林，不能利用。

## 1.3 形态学特性

### 1.3.1 胡杨形态学特性

胡杨为杨柳科杨属落叶乔木，高 10～20m。树冠球形；树皮厚，纵裂，为淡灰褐色。小枝灰绿色，幼时被毛；幼树及萌枝叶披针形或条状披针形，全缘或疏生锯齿；叶柄长 2～4cm；成熟植株叶为卵形或阔卵形，上部有锯齿。果序长达 9cm；果为蒴果，长卵圆形，无毛。花期 3～4 月；果期 7～8 月（杨昌友等，1992）。种子细小，黄褐或红棕色，椭圆形或橄榄形，种子基部着生多数白色丝状毛（魏庆莒，1990；杨昌友等，1992；王战和方振富，1984；《新疆森林》编辑委员会，1989；王世绩，1996；李志军等，2003；周正立等，2005）。从形态特征来看，胡杨与其他各派杨树显著的区别是幼树与成年树的叶形明显不同，以及同一株成年树树冠上部和下部枝条上的叶形也不同，所以有“异叶杨”之称。

### 1.3.2 灰杨形态学特性

灰杨为落叶乔木，树冠开展。树皮淡灰黄色，小枝和萌枝密被灰茸毛。与胡杨相似，灰杨叶形有变化，在幼树、成年树基部萌生条及长枝上叶呈长椭圆形，叶边缘波状无缺，质厚柔软，叶脉羽状；叶面密生白色茸毛；叶柄短，呈灰绿色。成年树上的叶除了椭圆形还有圆形和阔卵形，全缘或先端疏生 2 或 3 齿，两面密被茸毛呈现灰蓝色；叶柄较长。果序长 5～6cm；花序轴、果柄及蒴果均密被茸毛；果长卵圆形。花期 3～4 月；果期 7～8 月（杨昌友等，1992）。种子小，红褐色，长圆形，基部稍尖，先端钝，种子基部着生多数白色丝状毛（魏庆莒，1990；胡文康和张立运，1990；王烨，1991；杨昌友等，1992；李志军等，2003；周正立等，2005）。

## 1.4　繁 殖 特 性

### 1.4.1　胡杨繁殖特性

胡杨为先花后叶风媒植物。从开花到种子成熟期间历时长达 150 天，其中花期持续时间最短，果熟期持续时间最长（王世绩等，1995），可达 141 天。在新疆，胡杨每年 5 月下旬开始花芽分化，至翌年 3 月上旬花芽分化成熟，3 月下旬花芽萌动进入开花期，近 4 月中旬花期结束。蒴果 7～8 月成熟。有研究报道，塔里木河中游胡杨果实成熟的最早时间为 5 月 25 日，果熟飞絮的最晚时间是 10 月 13 日，果实成熟的平均持续时间为 33 天（买尔燕古丽·阿不都热合曼等，2008）。

种子繁殖和克隆繁殖（根蘖繁殖）是胡杨自然繁殖更新方式。自然条件下，种子成熟期和洪汛期同步，种子能够扩散到洪水漫溢后淤积形成的河漫滩上，是胡杨种子自然繁殖必要条件（黄培祐，2002）。胡杨能够产生大量有生活力的种子，种子散布后落于湿润地表后即可萌发（华鹏，2003；张肖等，2015，2016）。但胡杨种子寿命短暂，蒴果成熟后 1 个月种子萌发率接近零（黄培祐，1990）。自然落种后在全光条件下胡杨种子的生活力只能保持 6 天；处于遮阴条件下的种子 40 天后大部分丧失活力（李俊清等，2009）。

胡杨种子散布后在自然条件下能否繁殖成功取决于河滩地土壤水分和盐分含量（李志军等，2003；高瑞如等，2004）。在水分充足条件下，胡杨种子发芽率可达到 86%；随着土壤中水分含量的降低，胡杨种子的萌发率也下降（张玉波等，2005）。土壤盐分含量越高，种子萌发率越低（于晓等，2008；刘建平等，2004a）。在盐胁迫下，胚根生长比种子萌发受到的抑制明显（李利等，2005）。

胡杨克隆繁殖依靠其克隆繁殖器官——横走侧根上不定芽发生和克隆分株（根蘖苗）的生长发育来实现，克隆繁殖能力强（李志军等，2003，2011b）。横走侧根长可达十几米，向四周扩展。各级侧根密集于地表土层 30～50cm，构成强大的水平根系网。一棵胡杨母树周围 30m 以内，可根蘖繁殖出数十株甚至更多的后代，形成团状的幼林。这些团状的幼林经多年生长，可以长成茂密的次生林，构成了胡杨林特殊的林相（魏庆莒，1990）。水平根系很强的克隆繁殖能力，常形成小片纯林。灌溉、挖沟、断根常促使克隆分株（根蘖）苗大量繁殖，这种繁殖特性是恢复、促进更新和发展胡杨林的途径之一。除河滩裸地发生林外，其余在地下水位小于 4m、土壤表层未形成积盐层的林型中，胡杨根蘖更新较为普遍。只要地下潜水位不大于 4m，土壤尚未演变成胡杨林盐土，就保持着林分的持续繁衍，这是胡杨林自然演替中的一个关键（《新疆森林》编辑委员会，1989）。

### 1.4.2 灰杨繁殖特性

灰杨与胡杨同是先花后叶风媒植物。灰杨雄花序主要分布在树冠的中部，雌花序主要分布在树冠的上部，雌株与雄株的花序分布范围有较大的重叠区域，雌雄花的空间分布格局有利于风媒传粉和结实（刘建平等，2004b，2005）。在塔里木盆地同一立地条件下，灰杨开花物候期晚于胡杨 5～7 天，其雄株开花物候早于雌株开花物候 2～3 天，散粉期和可授期的重叠期较长；在同一居群内，灰杨同性单株间开花期的不一致性较高，导致居群的开花时间较长，可保证在较长的时段内都有雄株陆续散粉（周正立等，2005）；花粉生活力在常温下能保持 30 天，确保在不同时间发育成熟的雌花完成授粉、受精作用（李志军等，2002）；单株开花期的不一致还预示着传粉、授粉相对不集中，可以避免花期恶劣的自然条件（如急骤降温、大雨等）使传粉、受精过程中断，这也是灰杨长期适应环境条件所形成的一种生殖策略。灰杨花芽在每年的 5 月至 6 月下旬开始分化，至翌年 3 月上旬分化成熟，4 月中旬花期结束，7 月蒴果成熟（李志军等，2011a）。灰杨果穗在树冠上层最多，南侧多于北侧，单果种子量较低；在不同居群中，灰杨单株果穗数和果穗果实数都存在差异，单果重及单果种子量差异极显著（刘建平等，2005）。

灰杨与胡杨有相似的自然繁殖方式，也能通过种子繁殖和克隆繁殖（根蘖繁殖）方式实现种群更新。自然条件下，灰杨种子繁殖条件与胡杨一致，当种子成熟时恰遇冰峰融化、河水横溢引起夏洪爆发，种子散布在洪水漫溢的河漫滩上得以完成种子繁殖。灰杨种子与胡杨种子同为短寿命种子，种子成熟后在自然状态下生命为 30 天左右。灰杨种子发芽周期为 5 天，第 2 天至第 3 天发芽率达到最高。灰杨种子发芽率在采集第 2 天达到最高，随后下降，到 50 天种子失去活力不再发芽（席琳乔等，2012）。灰杨种子可以在 2～3 天内迅速完成发芽，这种发芽机制确保了植物在恶劣环境中的延续性，这种萌发特性可能是对荒漠干旱环境长期适应的结果。但灰杨种子萌发及幼苗形成阶段对地表土表层无盐化或有轻微盐分的要求比胡杨更高（刘建平等，2004a），表明灰杨种子繁殖阶段对立地的要求比胡杨要高些。

在土壤水分条件较好、盐碱不太重的情况下，灰杨能依靠其发达的横走侧根水平根系上产生不定芽进行克隆繁殖（李志军等，2003；郑亚琼等，2013，2016；Zheng et al.，2016；赵正帅等，2016），克隆繁殖能力强（李志军等，2012）。灰杨横走侧根水平扩展部分在距地表 10～100cm 的土层中分布，并集中分布在 20～40cm 的土层中（郑亚琼等，2013）。洪期过后，距河床 10km 以内，地下水位普遍在 1.5～2m，枯水期下降至 2～4m，灰杨主要根系的垂直空间分布基本上与地下水的埋藏深度相吻合（孙万忠，1988）。

## 1.5　生长特性

胡杨、灰杨成熟种子落于湿润地表后 6h 即可萌发（华鹏，2003；张肖等，2015，2016），1～2 天子叶开始展平。子叶展平后 3 周左右，第一对真叶出现，与一对子叶呈“十”字形排列，以后真叶数逐渐增多，到 10 月中旬真叶数不再增加。在 6～8 片真叶时，根长可达 20cm 以上，最长主根的长度相当于地上部分的 18～20 倍。胡杨幼苗地上部分第 2 年仍生长缓慢，主要集中发育根系，这种特性使胡杨在幼龄期能有效避开土壤表层干旱的威胁（魏庆莒，1990）。

胡杨幼苗子叶为椭圆形，真叶披针形；灰杨幼苗真叶、子叶均为椭圆形。幼苗上胚轴很短，下胚轴较长，根系发达。由于当年生幼苗茎较短（幼苗停止生长时茎高平均为 0.5cm），真叶都簇生在茎的顶端。此时胡杨幼苗真叶数平均为 5.7 个，灰杨为 5.2 个。在幼苗生长初期，胡杨、灰杨根的伸长生长速度很快，到 10 月中旬根开始加粗生长。11 月上旬生长基本停止，胡杨根的平均长度由 10 月中旬的 9.719cm 增加到 12.705cm，根粗平均为 0.134cm；而灰杨根的平均长度由 10 月中旬的 8.22cm 增加到 11.23cm，根粗平均为 0.107cm。

胡杨和灰杨一年生幼苗生长阶段表现出明显的阶段性，其高生长、地径生长均符合“S”形曲线，一年生幼苗年生长可划分为生长初期、速生期与硬化期 3 个时期；地径生长速生期起始时间均早于高生长，而结束时间要晚于高生长；胡杨幼苗高生长与地径生长进入速生期的时间要早于灰杨，但灰杨幼苗的速生期持续天数高于胡杨。从速生期生长速率来看，胡杨幼苗株高、地径生长速率均高于灰杨，反映了两个物种实生幼苗生长阶段的种间差异（刘建平等，2004c）。

胡杨、灰杨具有克隆生长特性。克隆生长过程，不定芽具有以前期克隆分株为中心向两端延伸发生分布的空间格局特征（郑亚琼等，2016；赵正帅等，2016）。灰杨当年生克隆分株在生长季结束时高达 159.17cm。不论是同一年份的不同生境还是同一生境的不同年份，4～6 月都是灰杨克隆分株株高、基茎快速生长时期，7 月开始株高、基茎生长速率逐渐降低，10 月底株高、基径生长趋于停止。林缘、林内同一时期相比较，克隆分株株高、基径生长速率均是林缘显著高于林内，林缘不同年份同一时期相比较，分株株高和基径生长速率均是 2014 年显著高于 2015 年（Zheng et al.，2016）。

# 1.6 生态学特性

## 1.6.1 胡杨生态学特性

从系统发育的历史来看，胡杨系地中海-亚洲中部成分，是新疆荒漠中古地中海的典型代表。它独特的生物生态学特点的形成，大致是与古地中海干热气候相联系，从而形成它喜光抗热、能忍受一定低温、抗大气干旱和抗风沙、耐盐碱、要求沙质土等适应荒漠条件的生物生态学特性（《新疆森林》编辑委员会，1989；王世绩等，1995），概述如下。

喜光、强阳性特点：胡杨在自然状态下，冠疏阔，要求较大的空间，是河漫滩裸地上成林的先锋树种。苗期能在全光照下生长，而在郁闭度大、光照弱的条件下生长不良，差异较大。胡杨在幼年阶段，树高和胸径随着郁闭度的增加而递减，幼树枯木量则随之增大。在胡杨大树遮阴下，幼树更新很少，更新出来的幼树多分布在林间空地而不在其冠下。胡杨趋光性很强，其生长随着光照条件变化而变化，树木主干向最强光方向生长，背阴面的年轮窄，向阳面年轮宽。胡杨分布的地理现象表明，在光能充沛、年总辐射值 135～150kcal[①]/($cm^2$·年)的地区胡杨能大片成林（《新疆森林》编辑委员会，1989；王世绩等，1995）。

喜温暖能耐一定寒冷的特点：胡杨对温度的适应幅度，是新疆天然杨树林中较宽的一种。从它分布北界来看，大致与 1 月的平均温度–17℃等温线相吻合，极端最低气温在–34～–31℃，南界大致与 1 月平均温度–10℃等温线相近，极端最低气温在–25～–20℃。胡杨适应于≥10℃年积温 2000～4500℃的温带荒漠气候，在积温 4000℃以上的暖温带生长最旺盛，而且对温度大幅度变化的适应能力很强，能在年平均气温 5～13℃，极端最高气温 40～45℃，极端最低气温达–40℃的盆地和扇缘带生长。

喜带盐碱的沙土特点：胡杨生长在 pH 8.9～9.5 或更高的碱土上，叶内碳酸氢钠的含量高，其中，$K^+$、$Na^+$含量较多，约为 17.4%，$OH^-$、$CO_3^-$ 含量分别为 1.3%、13.4%，属碱性土树种。胡杨种的系统发育过程，形成它适应肥沃、碱性的沙壤质土的习性，天然分布局限于这类土壤。

耐盐力强但并非盐生树种：胡杨之所以耐盐碱，一是能分泌盐碱，二是树体（树干、树皮、叶、根）本身含盐量也很高。在胡杨树干龟裂和受到机械损伤部位，以及在伐根部位，常有树液流出，在春季树液流动季节，如果钻孔至树心，树液甚至可通过钻孔喷射出来。树液干燥后凝结成白色结晶体，通称“胡杨碱”，当地人称为“胡杨泪”，其含碱量为 56.15%～71.62%，pH 为 9.6 以上，其中各类盐分

① 1cal=4.184J。

所占的比重与树体内各部分含盐情况大致相似。胡杨树体内含有很多盐分这一事实，说明胡杨在个体发育过程中，能够从土壤中吸收大量的可溶性盐类。由于它的各个营养器官组织中盐分聚集和增加，其细胞液渗透压也相对提高，特别是根细胞渗透压的提高，从而增强了胡杨的耐盐性和抗旱性。这种情况，在其他杨树中是绝无仅有的（魏庆莒，1990；王世绩等，1995）。

胡杨虽然能耐盐，但在不同发育阶段，对盐分的反应不同，在发芽至幼苗期具有很强的吸水能力，较弱的吸盐能力。研究表明，当土壤可溶性盐总量大于0.5%时，胡杨种子发芽才受到抑制；当可溶性盐总量在1%时，幼树生长不良；当可溶性盐总量在2%之内，成年树尚可正常生长，2%～5%时成年树生长受到抑制。如果0～100cm土壤中均匀分布1.33%～2.25%的含盐量，则胡杨是不能正常生长的。当平均含盐量达 3.23%时，胡杨胸径生长量明显下降，树梢枯死，长势衰退（王世绩等，1995）。也有研究报道，除地表盐结皮外，土壤总盐量 1%、$Cl^-$在 0.2%以下时，胡杨大都生长良好；总盐量大于3%、$Cl^-$大于0.7%时，胡杨生长受到抑制，出现枯梢现象；总盐量大于5%，$Cl^-$大于1%时，胡杨根蘖萌发能力完全丧失，甚至大片死亡（魏庆莒，1990）。

喜湿润能耐大气干旱的特点：胡杨种子萌发到形成当年生幼苗离不开地表湿润的立地条件。种子萌发后的幼苗阶段，其地上部分生长缓慢，地下根系迅速深入到土壤稳定的湿润层，以保证幼年阶段个体生长过程中水分循环的平衡。在长成以后，它们有庞大的扩散水平根系，从大范围的土地上吸收土壤水分（魏庆莒，1990）。胡杨根可塑性大，在河漫滩水位较高，表现为浅根型，侧根发达；在沙丘上、距河岸较远或地下水位变深，主根随地下水位的下降而向下延伸，直至扎入深水层，或侧根具有向潜水层（河岸）附近延伸的能力，把这种现象称为胡杨的“趋水性”（王世绩等，1995；张胜邦等，1996；李志军等，2003；郑亚琼等，2013）。

胡杨以减少蒸腾或以其他特有的生理作用，调节体内水分的平衡，增强抗旱性。在胡杨的粗根中，通常含有50%以上的水分；在树干组织内，也储存大量的水分。这些水分对胡杨在干旱或耗水量多的情况下调节平衡水分和保证正常的生理活动起重要作用（魏庆莒，1990）。

胡杨为了适应干旱缺水的生境，在形态上表现为叶的异形性和革质、叶面有蜡质覆被、叶细长和硬而厚、小枝披有蜡质和短茸毛等有利于折射强光的辐射和减少水分消耗等抗旱形态特征。叶片表皮由2～3层细胞组成、上下表皮内侧具多层栅栏组织（等面叶），充分显示出胡杨从叶片结构上适应荒漠干旱气候的生态特征（魏庆莒，1990；蒋进，1991；王世绩等，1995；李志军等，1996）。

抗沙耐腐蚀能力：胡杨、灰杨既有明显的主根，又有发达的水平侧根系，这种独特的根系结构，对于树体抗风有较强的平衡作用。胡杨根茎粗壮、树干短粗、树冠稀疏、枝短叶稀、透风性强。因此，在各地胡杨林区内，除有些枯死的腐朽木外，很少看到风倒木。在沙漠前沿地带，流沙强烈移动，林内积沙逐年增加，生长在林缘的胡杨树干经常被沙漠所淹没，仅残留树冠于沙丘上，对流沙起到阻截作用。胡杨根蘖性强，可分蘖许多植株，具有“一棵胡杨一大片”的特点。正是由于胡杨的这个特点，虽然部分枝干被流沙埋没，但仍具有强烈的生命力，这种繁殖特点是胡杨天然更新的一种重要方式，也是能在荒漠区遗留的一个重要原因，所以称为沙漠固沙的优良树种。胡杨由于失水后遗留的枯立木，很长时间仍屹立不动，即使倒木也长时间不会腐烂。因此有“千年不死，千年不倒，千年不烂”之说，形容它生命力旺盛、抗风耐腐蚀能力强的特性（魏庆莒，1990；王世绩等，1995；张胜邦等，1996）。

### 1.6.2 灰杨生态学特性

灰杨要求较高热量、充足的潜水，但不能忍受较久的低温、强盐渍化和黏重土壤（《新疆森林》编辑委员会，1989；王世绩等，1995）。

喜光、强阳性特点：灰杨是一个强阳性树种，从种子到裸地成林，都在不遮阴条件下进行。很少见到在大树遮阴下有根蘖植株发生，即使在水分较好条件下发生新株，也因不耐遮阴而难生长。由于灰杨要求全光照条件，在林分中很难容忍其他乔木树种与其混生。河湾的灰杨幼龄林、杆材林中，基本上没有胡杨伴生，而在阶地生态差的林分中，因郁闭度低，胡杨相应增多，可占 20%～30%或更多（《新疆森林》编辑委员会，1989）。

喜温暖能耐一定寒冷的特点：灰杨喜高温，也能耐一定寒冷。它的分布没有脱离开暖温带的塔里木盆地，越过天山进入温带的准噶尔盆地就难生存。灰杨林集中生长于叶尔羌河一带，这里太阳辐射值最高，为 142～148kcal/($cm^2$·年)，日照时数达 2700～2800h；年平均气温 11.5～12℃，1 月平均气温–7.6℃，极端最低气温–19.1℃～–17.9℃，7 月平均气温 26℃，极端最高气温 40～42℃，≥10℃年积温 4159～4368℃，这很可能是灰杨所喜欢的光照和气温生长环境（《新疆森林》编辑委员会，1989）。

喜沙壤质土特点：灰杨喜生于比较肥沃的沙壤质土。在此种类型质地上，灰杨一般长势较好，如 35 年生的灰杨林，郁闭度 0.6，平均树高 13m，最高达 15m，平均胸径 24cm，每公顷株数 700 株。灰杨不宜在黏重土上生长，在地形相一致的条件下，其局部土壤质地不同，生长差异也较大（《新疆森林》编辑委员会，1989）。

具有一定耐盐力的特点：灰杨耐盐碱，但忍耐能力不及胡杨。在叶尔羌河漫滩至漠境，土壤盐生态系列是非盐化—轻盐化—强盐化，灰杨数量和生长以非盐化—轻盐化最多、最好，多形成纯林；中盐化后，灰杨数量减少，胡杨相应增加；到强盐化后则为胡杨纯林。在 1m 土层内，总盐量超过 2%时，灰杨长势极差且大部分都枯死。幼苗和幼树耐盐碱性较胡杨差，只能忍受轻度盐渍化，土层盐分超过1%时不易成苗，幼树也大都枯萎（《新疆森林》编辑委员会，1989）。

喜湿润能耐大气干旱的特点：灰杨林分布范围的地貌显示出，灰杨比胡杨更喜土壤湿润，不能在漠境干河床上生长，常在河水漫溢的河滩上成为纯林，在地下水位1～3m土壤上生长比胡杨快、通直、繁茂。在阶地上，随地下水位下降，灰杨生长缓慢，10年生平均树高4m，30龄后衰老，枯梢枯枝增多，心材变成棕黄色，逐渐中空。

灰杨能耐大气干旱，它长期生活在降雨极少（降雨量为41～46mm）、蒸发量大（相当于降水量的50倍以上）、空气相对湿度低于40%的荒漠干旱地区，形成适应大气干旱的形态结构和生理特征（《新疆森林》编辑委员会，1989）。叶中黏液细胞数量多于胡杨，尤其是叶片下皮层细胞及部分栅栏组织细胞成为黏液细胞，具较高的保水能力（李志军等，1996）。

## 1.7 胡杨、灰杨响应干旱胁迫的研究进展

胡杨和灰杨分布在荒漠河流两岸，长期适应极端干旱的大陆性气候，对温度大幅度变化的适应能力很强，有其独特的抗干旱胁迫机制。

### 1.7.1 胡杨、灰杨种子萌发对干旱胁迫的响应

在新疆干旱区，胡杨和灰杨种子成熟季节恰遇冰峰融化，河水横溢为种子萌发创造了良好的条件。长期的进化和适应，使胡杨在新疆分布区内6月至10月中旬都有成熟的种子播散（王世绩等，1995），并且胡杨种子能在较宽的温度范围内萌发（张肖等，2015）。胡杨种子散布后在自然条件下能否繁殖成功取决于河滩地土壤水分和盐分含量（李志军等，2003；高瑞如等，2004）。在水分充足的条件下，胡杨种子的发芽率可达到86%，随着土壤中水分含量的降低，胡杨种子的萌发率也下降，当土壤中水分降到一定程度，种子无法从土壤中吸收水分，所有种子全部死亡（张玉波等，2005）；胡杨在一定干旱胁迫下仍能正常萌发，胚的生长与对照组无显著差异，说明胡杨在种子萌发期对各种胁迫也具有一定的抗性（张肖等，2015）。灰杨种子在受盐分和干旱胁迫下发芽率降低。在10%聚乙二醇6000（polyethylene glycol 6000，PEG6000）处理下灰杨种子发芽率均高于其他浓度PEG6000的处理（席琳乔等，2012）。

### 1.7.2 胡杨、灰杨生理特性对干旱胁迫的响应

#### 1.7.2.1 胡杨生理特性对干旱胁迫的响应

Kramer（1983）将多数植物的耐旱性分为延迟脱水（高水势耐旱）和忍耐脱

水（低水势耐旱）两种类型。胡杨日平均净光合速率（net photosynthesis rate，Pn）、蒸腾速率（transpiration rate，Tr）、水分利用效率（water use efficiency，WUE）、气孔导度（stomatal conductance，Gs）均高于灰杨，它属于高光合、高蒸腾、高水分利用型树种（刘建平等，2004d），也属于低水势忍耐脱水类型（邓雄等，2002a，2002b），在特定的环境条件、发育阶段及经过一定的诱导处理，胡杨可以因诱导而表现出一些 $C_4$ 植物特性（邓雄等，2003）。胡杨在整个生长期蒸腾作用都很强烈，气孔扩散阻力随着相对湿度（relative humidity，RH）的不断下降而减少，当 RH<15%左右时，气孔扩散阻力增大，叶片蒸腾作用下降（蒋进，1991）。胡杨的这种反应使得其在极端干燥空气中免于过度失水，因而具有调节和保护意义。不同年龄、不同生境的胡杨对极端干旱条件的反应差别及其逐渐适应的过程有所不同。

（1）干旱胁迫下胡杨叶片的光合特征：在干旱胁迫条件下，植物的净光合速率可以作为植物光合作用状况综合评价指标（刘建伟等，1994）。植物遇到干旱时，净光合速率下降（刘爱琴和冯丽贞，1991）。随着水分胁迫的加剧，不同抗性树种的净光合速率降低幅度不同，抗旱性强的植物净光合速率降低的程度比抗旱性弱的小（汤章城，1983a，1983b）。胡杨幼苗期处在轻度和重度干旱胁迫下，净光合速率经历急剧下降又缓慢回升最后又缓慢下降，表明胡杨在幼苗期能抵御一定的干旱胁迫（李志军等，2009）。干旱胁迫下，2 年生胡杨幼苗的最大净光合速率（maximum photosynthetic rate，$Pn_{max}$）、表观光合量子速率（apparent quantum yield，AQY）、光饱和点（light saturation point，LSP）下降，而干旱胁迫对光补偿点（light compensation point，LCP）、暗呼吸速率（dark respiration rate，Rd）的影响不大（伍维模等，2007）。这一结果表明，水分胁迫使 2 年生胡杨幼苗叶片的光合能力下降，使其对光强的利用范围变窄，降低了对光环境的适应能力。胡杨成年植株在地下水位埋深为 4～8m 时，仍能通过自身调节保持光系统Ⅱ基本功能（朱成刚等，2011）。胡杨可通过无机离子选择性的吸收及减少 ATP 消耗，增加气孔阻力降低叶片蒸腾作用减少水分散失等方法来适应干旱环境的胁迫（杨永青等，2006）。对塔河下游 50～55 年生的胡杨的研究结果表明，胡杨净光合速率的降低是由气孔因素引起还是由非气孔因素引起，取决于地下水位的深度（Chen et al.，2006）。

（2）干旱胁迫下胡杨叶片水势变化：叶片水势代表植物水分运动的能量水平，可反映植物组织的水分状况，是衡量植物抗旱性能的一个重要生理指标（孙鸿乔，1985；王沙生等，1990；黄子琛和沈渭寿，2000）。胡杨的水势值较低（王海珍等，2007），介于旱生植物与中生植物之间，偏于中生植物（孙鸿乔，1985），属于低水势、忍耐脱水型植物，能以较宽的水势变幅来适应环境条件的剧烈变化（蒋进，1991；李洪建等，2001）。

在干旱胁迫下，胡杨叶片水势也发生相应变化。一般认为，植物受到水分胁迫时，其水势会明显下降（曾凡江等，2002）。在日变化过程中，从 8:00～18:00 胡杨水势呈先下降后上升趋势，在 12:00～14:00 达到全天最低值。平均日变幅为 –0.60～–2.18MPa，总变幅为–0.31～–1.58MPa（司建华等，2005）。也有研究与该结论相反。胡杨茎叶水势表现出早晚低、午间高的日变化趋势。产生这种反梯度现象的原因可能是多方面的，其中一个原因可能是在水分从土—根—叶—大气的传输过程中得以体现的。水势会受到气温、空气相对湿度、可见光强度、光合有效辐射、植物叶片的蒸腾速率等多种因素的影响，而且这些因素之间又存在明显的反馈关系（庄丽等，2006），但具体原因有待进一步研究。在季节变化过程中，从 4～9 月，胡杨的物候期表现为萌芽、开花、展叶、迅速生长、生长缓慢停止，伴随着胡杨生理生态特征和外界环境条件（主要是气温）的变化，胡杨水势的季节变化呈缓慢降低（4～6 月）、迅速降低（6～8 月）、回升（8～9 月）的趋势（司建华等，2005；庄丽等，2006；李向义等，2007）。

由于处于不同位置的叶片年龄及其周围环境的差异，同一植株不同部位的叶片水势不同。胡杨上部叶片的水势比下部低。这是水分总是由高水势处向低水势处移动的缘故（司建华等，2005）。另外，胡杨叶型多变，不同发育阶段长出不同形状的叶片。一般幼树、成年树下部的叶片呈线状披针形、狭披针形或披针形，成年树的叶片呈卵状菱形、卵圆形或肾形。相关研究表明，胡杨披针叶的水势比阔卵叶的水势高，原因是同一棵胡杨的披针叶一般位于阔卵叶下部（司建华等，2005）。

（3）干旱胁迫下胡杨渗透调节物质的变化：干旱胁迫下，甜菜碱（betaine）和脯氨酸（proline，Pro）等的积累可降低渗透胁迫（Hong，2000）。在干旱胁迫下，植物体内会迅速积累 Pro，通过质量作用定律进行渗透调节，以维持一定的细胞含水量和膨压势（Tang，1989），从而增强植物的抗旱能力和抗逆性（Bohnert and Jensen，1996；燕平梅和章艮山，2000；刘娥娥等，2000）。因此，研究人员多把 Pro 含量作为植物抗旱性指标（Leviit，1972；汤章诚，1983a，1983b）。可溶性糖（soluble sugar）也是植物体中主要的渗透调节物质，在抵御逆境胁迫过程中与 Pro 具有同样重要的作用。研究表明，随着地下水埋深度的增加，干旱胁迫加重，导致胡杨叶片游离 Pro 和可溶性糖含量增加，抗旱性增强（王燕凌等，2003；陈亚鹏等，2003，2004a；陈敏等，2007；杨玉海等，2014；王海珍等，2015）。渗透物质含量的升高提高渗透能力，减少胡杨的水分散失，有利于胡杨抵御干旱胁迫。

（4）干旱胁迫对胡杨叶片抗氧化酶系统的影响：植物在遭受干旱胁迫时，其内部的生理生化反应会发生一系列的变化，如抗氧化酶系统发生变化，植物体内氧自由基增多，膜系统受损等，严重时导致植物细胞死亡（Chaves et al.，2003）。丙二醛（malondialdehyde，MDA）是膜脂过氧化的主要产物之一，其积累是活性氧伤害作用的表现。MDA 含量高低和细胞膜系统透性变化是反映膜脂过氧化作用强弱和膜系统被破坏程度的重要指标（Bailly et al.，1996；Chen，1989），也是反映水分胁迫对植物造成伤害的重要参数。地下水位变化对胡杨叶片 MDA 含量有影响，随着地下水位的下降，干旱胁迫程度明显增强，胡杨叶片 MDA 含量增加（陈亚鹏等，2004b；王燕凌等，2003）。无论是胡杨幼苗还是成熟植株，在干旱胁迫下过氧化物酶（peroxidase，POD）和超氧化物歧化酶（superoxide dismutase，SOD）活性均呈上升趋势（李菊艳等，2009；王海珍等，2015；杨玉海等，2014；陈亚鹏等，2003，2004a；徐海量等，2003；袁月等，2009）。SOD 与 POD 活性的升高有利于抵御干旱环境下自由基对细胞膜的破坏，有利于胡杨抵御干旱胁迫。

#### 1.7.2.2 灰杨生理特性对干旱胁迫的响应

灰杨具有很强的水分吸收和减少水分丧失的能力，还具有很强的忍耐脱水能力，属于低水势忍耐脱水型的植物（王海珍等，2007）。灰杨属光温型树种，其净光合速率（Pn）日变化、气孔导度（Gs）日变化均呈单峰型曲线；胞间 $CO_2$ 浓度（intercellular carbon dioxide concentration，Ci）日变化呈近“V”字形曲线（刘建平等，2004d）；光合作用——光响应曲线符合非直角双曲线函数，土壤水分胁迫能显著降低灰杨 $Pn_{max}$、AQY、LSP，而对 LCP 及 Rd 无显著影响（伍维模等，2007）；在干旱胁迫进程中，轻度和重度干旱胁迫下灰杨的净光合速率经历了急剧下降—缓慢回升—下降 3 个阶段（李志军等，2009）。灰杨整个生长季的耗水量大于胡杨，属耗水较多的树种。水分胁迫影响灰杨的光合能力和 PSⅡ光化学活性，加重光抑制，经抗旱锻炼后，中度胁迫对其光合生理影响不大，反而提高其对水分利用效率及对干旱环境的适应性，表明生长在不同地下水位的灰杨成年树光合作用、PSⅡ化学活性不同，还表明地下水位是影响灰杨天然林光合生理的主要生态因子（罗青红等，2006）。灰杨生长期的蒸腾耗水量表现出适宜水分>轻度胁迫>中度胁迫>重度胁迫，月蒸腾耗水量呈单峰变化，最高值出现在 7 月；不同土壤水分条件是决定树木蒸腾耗水量的主要因素（王海珍等，2009）。

### 1.7.3 胡杨、灰杨抗旱的分子机制研究现状

2002 年，美国能源部启动杨树全基因组测序计划，以毛果杨无性系‘Nisqually-1’为材料，于 2006 年完成了世界上首次对木本植物全基因组的测序，发起了从基因组水平研究木本植物进化、发育和遗传的热潮（朱成刚等，2011）。兰州大学、深圳华大基因研究院和中国科学院青岛生物能源与过程研究所等单位竭诚合作，截至 2013 年，我国首次完成了对胡杨基因组的测序，最终得到了 496.5Mb 胡杨全基因组序列，并对基因组进行了注释，包括重复序列、非编码 RNA

等，基因家族分析表明有327个家族为胡杨所特有（杨永青等，2006）。

现有研究表明，干旱胁迫下，胡杨一些基因的表达谱会发生相应的变化。GRAS/SCL转录因子是植物生长发育中特有的蛋白家族，胡杨中分离到的*PeSCL7*基因在胡杨耐盐、耐旱机制中起着重要的作用，将分离得到的胡杨*PeSCL7*基因在拟南芥（*Arabidopsis thaliana*）中过表达，在干旱胁迫下，转基因植株比野生型拟南芥长势更好（Ma et al.，2010）。DREB转录因子在胡杨耐旱中起作用，将*PeDREB2a*基因在百脉根（*Lotus corniculatus*）中过表达，在干旱胁迫下转基因百脉根的长势较野生型好，水含量和可溶性糖含量较野生型高，MDA含量较野生型少（Zhou et al.，2012）。*PeNF-YB7*转录因子与干旱存在响应关系（严东辉，2013），NF-Y调控干旱响应的途径与现有的ABA依赖型和非依赖型途径存在区别（Nelson et al.，2007），胡杨*PeNF-YB7*参与干旱响应，在PEG6000处理1h之内表达量上升，该研究结果为寻求树木专化性的NF-Y抗旱转录调控途径提供了参考。钙调磷酸酶B类似蛋白（calcineurin B-like protein，CBL）是植物体特有的钙离子结合蛋白，在植物体应对逆境时，CBL能且只能和CIPK（丝氨酸/苏氨酸蛋白激酶）结合才可有效应对逆境的变化，发生相应的生理生化反应（Shi et al.，1999；Batistic and Kudla，2004），将*PeCBL6*、*PeCBL10*基因在拟南芥中过表达，300mmol/L甘露醇处理提供干旱胁迫，*35S:PeCBL10*转基因拟南芥萌发率是野生型种子萌发率的2倍多，对成株进行干旱处理并测定各植株体内的叶绿素含量，结果表明转基因拟南芥中叶绿体含量明显高于野生型拟南芥，*35S:PeCBL10*转入三倍体毛白杨中，在干旱胁迫下，转基因三倍体毛白杨萎蔫比例39.1%～48.6%，野生型三倍体毛白杨萎蔫比例67.6%，且转基因三倍体毛白杨中叶绿素含量下降程度较野生型三倍体毛白杨小（李旦旦，2012），表明*PeCBL6*、*PeCBL10*基因具有一定的耐旱功能。SKn类型的脱水蛋白在植物抵抗干旱胁迫中起重要作用，且能在沸水中保持稳定，从胡杨中分离的*Pedhn*基因，能成功转到欧洲山杨和银白杨的杂交体中，并在其中过表达，在干旱胁迫下，转基因杂交体比野生型杂交体长势好，且其保水能力和相对含水量较野生型高（Wang et al.，2011）。在植物中，apyrase的功能包括可抵抗植物体内的外源性物质、清除磷酸盐和调节生长过程等（Riewe et al.，2008），对胡杨中*APY*基因的耐旱性实验研究结果表明，*PeAPY1*的过表达会使拟南芥的抗旱性明显提高，同时对ABA的响应更加敏感，推测*PeAPY*通过调节eATP的浓度，放大了ABA的信号效应，提高了植物的抗旱耐盐性（檀叶青，2014）。

马涛（2014）完成了胡杨基因组测序，得到496.5Mb胡杨全基因组序列并对基因进行了功能注释。从转录组水平上分析胡杨响应干旱胁迫，对照组与干旱胁迫组分别有12 542和17 274个独有的假定转录本，通过分析转录水平的差异推测胡杨响应干旱胁迫可能在控制光合作用，抑制气孔关闭，渗透物产生，氧化应激，植物激素代谢和蛋白质降解等方面的基因发生转录的上调（Tang et al.，2013）。

很多与抗旱有关的基因被克隆并在其他植物中表达且已验证其功能。从胡杨中分离的 SCL 基因（植物特异性的 GRAS/SCL 类转录因子）*PeSCL7*，并在拟南芥中进行功能验证，结果表明与对照组相比，转基因拟南芥的抗盐和抗旱能力增强（Ma et al.，2010）。从胡杨中分离的新的 bHLH 类转录因子 *PebHLH35* 在拟南芥中表达，与对照相比提高了转基因拟南芥的抗旱能力（Dong et al.，2014）。从胡杨分离的 DREB 基因（DREB 类转录因子）*PeDREB2a*，并通过 rd29A 启动子在拟南芥和百脉根中表达，与对照组相比转基因拟南芥的抗盐和抗旱能力增强，转基因百脉根的抗旱能力增强（Zhou et al.，2012）。从胡杨中分离得到的两个钙调磷酸酶 B 类似蛋白（CBL）基因 *PeCBL6* 和 *PeCBL10* 并在转基因三倍体毛白杨（*Populus tomentosa*）验证了它们的功能，发现过表达这两个基因的转基因毛白杨 MDA 含量和相对电导率降低，且它们的抗旱、抗冷、耐盐能力提高，说明这两个基因与胡杨抗旱有关（Li et al，2012）。从胡杨中分离的 SK2 型脱水素蛋白基因（*Pedhn*）并通过 35S 启动子在欧洲山杨（*Populus tremula*）和银白杨（*Populus alba*）的混交杨表达，转基因品系与野生型相比，具有高的保水能力，且水分散失较慢，这两项指标都能说明转基因植株的抗旱性能增强（Wang et al.，2011）。分离得到的胡杨的一个钙依赖的蛋白激酶（CDPK）基因 *PeCPK10* 在拟南芥中表达，转基因拟南芥与对照组相比具有更强的抗旱和抗寒能力（Chen et al.，2013）。从胡杨中分离得到腺三磷双磷酸酶（apyrase）基因 *PeAPY*，并在拟南芥上进行功能分析。APY 酶是水解 eATP 的关键酶，而 eATP 是植物调控生长发育及响应抗性反应中重要的信使分子。*PeAPY1* 和 *PeAPY2* 过表达影响了植物气孔发育和开度，提高了植物的保水力和抗旱性，且耐盐性也有明显提高（檀叶青等，2014）。从胡杨中分离的核转录 Y 因子 B 亚基蛋白（NF-YB）基因 *PeNF-YB* 基因家族与胡杨响应干旱胁迫过程有关（严东辉，2013）。

综上所述，有关胡杨、灰杨对干旱胁迫的反应和相应的机制做了大量的工作，但对胡杨、灰杨个体发育过程不同发育阶段对干旱响应的差异及其内在调节机制尚缺乏系统的了解，特别是在分子水平上的工作也远远不够。由于抗旱性和许多基因相联系，能同时诱导多种基因的表达，共同帮助植物抵抗逆境。由此有必要监测植物对干旱的感知和信号的传导，以及相应的调控因子，从分子水平上探明胡杨、灰杨的抗旱机制，为保护和恢复胡杨林提供了理论依据，也为充分利用胡杨、灰杨的抗旱基因资源提供了可能。

## 参 考 文 献

陈敏, 陈亚林, 李卫红, 等. 2007. 塔里木河中游地区 3 种植物的抗旱机理研究. 西北植物学报,

27(4): 747-754.
陈亚鹏, 陈亚宁, 李卫红, 等. 2003. 干旱胁迫下的胡杨脯氨酸累积特点分析. 干旱区地理, 26(4): 420-424.
陈亚鹏, 陈亚林, 李卫红, 等. 2004a. 塔里木河下游干旱胁迫下的胡杨生理特点分析. 西北植物学报, 24(10): 1943-1948.
陈亚鹏, 陈亚林, 李卫红, 等. 2004b. 新疆塔里木河下游生态输水对胡杨叶片MDA含量的影响. 应用与环境生物学报, 10(4): 408-411.
邓雄, 李小明, 张希明, 等. 2002a. 4 种荒漠植物气体交换特征的研究. 植物生态学报, 26(5): 605-612.
邓雄, 李小明, 张希明, 等. 2002b. 塔克拉玛干 4 种荒漠植物气体交换与环境因子的关系初探. 应用与环境生物学报, 8(5): 445-452.
邓雄, 李小明, 张希明, 等. 2003. 四种荒漠植物的光合响应. 生态学报, 23(3): 598-605.
高瑞如, 黄培祐, 赵瑞华. 2004. 胡杨种子萌发及幼苗生长适应机制研究. 淮北煤炭师范学院学报, 25(2): 47-50.
胡文康, 张立运. 1990. 克里雅河下游荒漠河岸植被的历史、现状和前景. 干旱区地理, (01): 46-51.
华鹏. 2003. 胡杨实生苗在河漫滩自然发生和初期生长的研究. 新疆环境保护, 25(4): 14-17.
黄培祐.1988. 荒漠区耐旱树种在异质生境中完成生活周期现象初探. 新疆大学学报, 5(4): 87-93.
黄培祐.1990.新疆荒漠区几种旱生树种自然分布的制约因素研究. 干旱区资源与环境, 4(1): 59-67.
黄培祐. 2002. 干旱区免灌植被及其恢复. 北京: 科学出版社: 86-93.
黄子琛, 沈渭寿. 2000. 干旱区植物的水分关系与耐旱性. 北京: 中国环境科学出版社.
蒋进. 1991. 极端气候条件下胡杨水分状况及其与环境的关系. 干旱区研究, (2): 35-38.
李旦旦. 2012. 胡杨钙离子结合蛋白 *PeCBL6*、*PeCBL10* 基因的克隆与功能研究. 北京林业大学博士学位论文.
李洪建, 王孟本, 柴宝峰. 2001. 黄土区 4 个树种水势特征的研究. 植物研究, 21(1): 100-105.
李菊艳, 赵成义, 孙栋元, 等. 2009. 水分对胡杨幼苗光合及生长特性的影响. 西北植物学报, 29(7): 1445-1451.
李俊清, 卢琦, 褚建明, 等. 2009. 额济纳绿洲胡杨林研究. 北京: 科学出版社: 63-71.
李利, 张希明, 何兴元. 2005. 胡杨种子萌发和胚根生长对环境因子变化的响应. 干旱区研究, 22(4): 520-525.
李向义, 林丽莎, 张希明, 等. 2007. 塔克拉玛干绿洲外围胡杨林的水分特征研究. 应用与环境生物学报, 13(6): 763, 766.
李志军, 于军, 徐崇志, 等. 2002. 胡杨、灰杨花粉成分及生活力的比较研究. 武汉植物学研究, 20(6): 453-456.
李志军, 焦培培, 王玉丽, 等. 2011a. 濒危物种灰叶胡杨的大孢子发生和雌配子体发育. 西北植物学报, 31(7): 1303-1309.
李志军, 焦培培, 周正立, 等. 2011b. 胡杨横走侧根及不定芽发生的形态解剖学研究. 北京林业大学学报, 33(5): 42-48.
李志军, 焦培培, 周正立, 等. 2012. 灰叶胡杨根蘖繁殖的形态解剖学特征. 植物学报, 47(2): 133-140.

李志军, 刘建平, 于军, 等.2003. 胡杨、灰杨生物生态学特性调查. 西北植物学报, 23(7): 1292-1296.

李志军, 吕春霞, 段黄金. 1996. 胡杨和灰叶胡杨营养器官的解剖学研究. 塔里木农垦大学学报, 8(2): 21-25.

李志军, 罗青红, 伍维模, 等.2009.干旱胁迫对胡杨和灰叶胡杨光合作用及叶绿素荧光特性的影响. 干旱区研究, 26(1): 45-52.

刘爱琴, 冯丽贞. 1991. 干旱胁迫对杉木无性系光合特性的影响. 福建林学院学报, 18(3): 238-241.

刘娥娥, 宗会, 郭振飞, 等. 2000. 干旱、盐和低温胁迫对水稻幼苗脯氨酸含量的影响. 热带亚热带植物学报, 8(3): 235-238.

刘建平, 李志军, 何良荣, 等. 2004a. 胡杨、灰叶胡杨种子萌发期抗盐性的研究. 林业科学, 40(2): 165-169.

刘建平, 周正立, 李志军, 等. 2004b. 胡杨、灰叶胡杨花空间分布及数量特征研究. 植物研究, 24(3): 278-283.

刘建平, 周正立, 李志军, 等. 2004c. 胡杨、灰叶胡杨不同种源苗期生长动态研究. 新疆环境保护, 26(增刊): 107-111.

刘建平, 韩路, 龚卫江, 等. 2004d. 胡杨、灰叶胡杨光合、蒸腾作用比较研究. 塔里木农垦大学学报, 16(3): 1-6.

刘建平, 周正立, 李志军, 等. 2005. 胡杨、灰叶胡杨果实空间分布及其数量特性的研究. 植物研究, 25(3): 336-343.

刘建伟, 刘雅荣, 王世绩. 1994. 不同杨树无性系光合作用与其抗旱能力的初步研究. 林业科学, 30(1): 83-87.

罗青红. 2006. 胡杨、灰杨对水分胁迫的光合生理响应. 石河子大学硕士学位论文.

罗青红, 李志军, 伍维模, 等. 2006. 胡杨、灰叶胡杨光合及叶绿素荧光特性的比较研究. 西北植物学报, 26(5): 983-988.

马涛. 2014. 胡杨抗盐的基因组遗传基础研究. 兰州大学博士学位论文.

买尔燕古丽·阿不都热合曼, 艾里西尔·库尔班, 阿迪力·阿不来提, 等. 2008. 塔里木河下游胡杨物候特征观测. 干旱区研究, 25(4): 524-532.

司建华, 冯起, 张小由. 2005. 极端干旱区胡杨水势及影响因子研究. 中国沙漠, 25(4): 505-510.

孙鸿乔. 1985. 水势问题. 植物生理学通讯, 21(3): 48-53.

孙万忠. 1988. 和田河中下游地区的灰杨林. 干旱区地理, (1): 18-24.

檀叶青. 2014. 胡杨 *PeAPY1* 和 *PeAPY2* 在提高植物抗旱耐盐性上的功能解析. 北京林业大学硕士学位论文.

檀叶青, 邓澍荣, 孙苑玲, 等. 2014. 胡杨 *PeAPY1* 和 *PeAPY2* 在提高植物抗旱耐盐性上的功能解析. 基因组学与应用生物学, 33(4): 860-868.

汤章城. 1983a. 植物对水分胁迫的反应和适应性Ⅱ. 植物对干旱的反应和适应性. 植物生理学通讯, (4): 1-7.

汤章城. 1983b. 植物干旱生态生理研究. 生态学报, (3): 196-204.

王海珍, 韩路, 李志军, 等. 2009. 胡杨、灰杨蒸腾耗水规律初步研究. 干旱区资源与环境, 23(8): 186-189.

王海珍, 韩路, 周正立, 等. 2007. 胡杨、灰杨水势对不同地下水位的动态响应. 干旱地区农业研究, 25(5): 125-129.

王海珍, 徐雅丽, 张翠丽, 等. 2015. 干旱胁迫对胡杨和灰胡杨幼苗渗透调节物质及抗氧化酶活性的影响. 干旱区资源与环境, 29(12): 125-130.

王沙生, 高荣孚, 吴贯明. 1990. 植物生理学. 北京: 中国林业出版社: 175-186.

王世绩, 陈炳浩, 李护群. 1995. 胡杨林. 北京: 中国环境科学出版社: 13-25.

王世绩. 1996. 全球胡杨资源的保护和恢复现状. 世界林业研究, 6: 37-44.

王烨. 1991. 14 种荒漠珍稀濒危植物的种子特性. 种子, 3: 23-26.

王燕凌, 刘君, 郭永平. 2003. 不同水分状况对胡杨、柽柳组织中几个与抗逆能力有关的生理指标的影响. 新疆农业大学学报, 26(3): 47-50.

王战, 方振富.1984. 中国植物志(第二十卷第二分册). 北京: 科学出版社: 76-78.

魏庆莒. 1990. 胡杨. 北京: 中国林业出版社: 1-99.

伍维模, 李志军, 罗青红, 等. 2007. 土壤水分胁迫对胡杨、灰杨光合作用-光响应特性的影响. 林业科学, 43(5): 30-35.

席琳乔, 孙利杰, 史卉玲, 等. 2012. PEG-6000 和 NaCl 对灰胡杨种子萌发的影响. 新疆农业科学, 49(10): 1865-1873.

《新疆森林》编辑委员会. 1989. 新疆森林. 乌鲁木齐: 新疆人民出版社: 208-246.

徐海量, 宋郁东, 王强. 2003. 胡杨生理指标对塔里木河下游生态输水的响应. 环境科学研究, 16(4): 24-27.

徐纬英. 1960. 杨树选种学. 北京: 科学出版社.

严东辉. 2013. 胡杨干旱响应转录组及 *NF-YB* 基因表达谱. 北京林业大学博士学位论文.

燕平梅, 章艮山. 2000. 水分胁迫下脯氨酸的累积及其可能的意义. 太原师范专科学校学报, (4): 27-28.

杨昌友, 沈观冕, 毛祖美. 1992. 新疆植物志(第一卷). 乌鲁木齐: 新疆科技卫生出版社: 122.

杨永青, 王文棋, Ottow E A, 等. 2006. 干旱胁迫下胡杨生理适应机制的研究. 北京林业大学学报, (S2): 28: 6-11.

杨玉海, 李卫红, 陈亚宁, 等. 2014. 极端干旱区胡杨幼株对渐进式土壤干旱的生理和生长响应. 东北林业大学学报, 42(6): 58-62.

于晓, 严成, 朱小虎, 等. 2008. 盐分和贮藏对胡杨种子萌发的影响. 新疆农业大学学报, 31(1): 12-15.

袁月, 吕光辉, 徐敏, 等. 2009. 干旱胁迫下不同胸径胡杨生理特点分析. 新疆农业科学, 46(2): 299-305.

曾凡江, 张希明, Foetzki A, 等. 2002. 新疆策勒绿洲胡杨水分生理特性研究. 干旱区研究, 19(2): 26-30.

张宁, 李宝富, 徐彤彤, 等. 2017. 1960—2012 年全球胡杨分布区干旱指数时空变化特征. 干旱区资源与环境, 31(7): 121-126.

张胜邦, 田剑, 闫超锋, 等. 1996. 柴达木盆地胡杨生境及生物生态学特性调查. 青海农林科技, 4: 28-30.

张肖, 王瑞清, 李志军. 2015. 胡杨种子萌发对温光条件和盐旱胁迫的响应特征. 西北植物学报, 35(8): 1642-1649.

张肖, 王旭, 焦培培, 等. 2016. 胡杨(*Populus euphratica*)种子萌发及胚生长对盐旱胁迫的响应. 中国沙漠, 36(6): 1597-1605.

张玉波, 李景文, 张昊. 2005. 胡杨种子散布的时空分布格局. 生态学报, 25(8): 1994-2000.
赵能, 刘军, 龚固堂. 2009. 杨亚科植物的分类与分布. 武汉植物学研究, 27(1): 23-40.
赵正帅, 郑亚琼, 梁继业, 等. 2016. 塔里木河流域胡杨和灰叶胡杨克隆分株空间分布格局.应用生态学报, 27(2): 403-411.
郑亚琼, 张肖, 梁继业, 等. 2016. 濒危物种胡杨和灰叶胡杨的克隆生长特征. 生态学报, 36(5): 1331-1341.
郑亚琼, 周正立, 李志军. 2013. 灰叶胡杨横走侧根空间分布与克隆繁殖的关系. 生态学杂志, 32(10): 2641-2646.
周正立, 李志军, 龚卫江, 等. 2005. 胡杨、灰叶胡杨开花生物学特性研究. 武汉植物学研究, 23(2): 163-168.
朱成刚, 李卫红, 马晓东, 等. 2011. 塔里木河下游干旱胁迫下的胡杨叶绿素荧光特性研究. 中国沙漠, 31(4): 927-935.
庄丽, 陈亚林, 李卫红, 等. 2006. 渗透胁迫条件下植物茎叶水势的变化——以塔里木河下游胡杨为例. 中国沙漠, 26(6): 1002-1008.
Bailly C, Benamar A, Corbineau F. 1996. Changes in malondialdehyde content and in super oxide dismutase, catalase and glutathione activities in sunflower seed as related to deterioration during accelerated aging. Physiologia Plantarum, 97: 104-110.
Batistic O, Kudla J. 2004. Integration and channeling of calcium signaling through the CBL calcium sensor/CIPK protein kinase network. Plantarum, 219(6): 915-924.
Bohnert H J, Jensen R G. 1996. Strategies for engineering water-stress tolerance in plants. Trends in Biotechnology, 14: 89-95.
Chaves M M, Pereira J S, Maroco J. 2003. Understanding plant response to drought from genes to the whole plant. Functional Plant Biology, 30(3): 239-264.
Chen J H, Xue B, Xia X, et al. 2013. A novel calcium-dependent protein kinase gene from *Populus euphratica*, confers both drought and cold stress tolerance. Biochemical and Biophysical Research Communications, 441(3): 630-636.
Chen S Y. 1989. Relationship between membrane lipid peroxidation and the stressed plants.Chinese Bulletin Botany, 6(4): 211-217.
Chen Y P, Chen Y N, Li W H, et al. 2006. Characterization of photosynthesis of *Populus euphratica* grown in the arid region. Photosynthetica, 44(4): 622-626.
Dong Y, Wang C P, Han X, et al. 2014. A novel bHLH transcription factor *PebHLH35* from *Populus euphratica* confers drought tolerance through regulating stomatal development, photosynthesis and growth in *Arabidopsis*. Biochemical and Biophysical Research Communications, 450(1): 453-458.
Hong Z, Lakkineni K, Zhang Z, et al. 2000. Removal of feedback inhibition of delta(1)-pyrroline-5-carboxylate synthetase results in increased proline accumulation and protection of plants from osmotic stress. Plant Physiol, 122(4): 1129-1136.
Kramer P J. 1983. Water Relations of Plants. San Diego: Academic Press.
Leviit J. 1972. Response of Plant to Environmental Stress. New York: Academic Press.
Li D D, Song S Y, Xia X L, et al. 2012. Two CBL genes from *Populus euphratica* confer multiple stress tolerance in transgenic triploid white poplar. Plant Cell Tissue & Organ Culture, 109(3): 477-489.
Ma H, Liang D, Shuai P, et al. 2010. The salt-and drought-inducible poplar GRAS protein SCL7 confers salt and drought tolerance in *Arabidopsis thaliana*. Journal of Experimental Botany,

61(14): 4011-4019.

Nelson D E, Repetti P P, Adams T R, et al. 2007. Plant nuclear factor Y(NF-Y)B subunits confer drought tolerance and lead to improved corn yields on water-limited acres. Proceedings of the National Academy of Sciences of the United States of America, 104(42): 16450-16455.

Riewe D, Grosman L, Fernie A R, et al. 2008. The potato-specific apyrase is apoplastically localized and has influence on gene expression, growth, and development. Plant Physiology, 147(3): 1092-1109.

Shi J R, Kim K N, Ritz O, et al. 1999. Novel protein kinases associated with calcineurin B-like calcium sensors in *Arabidopsis*. Plant Cell, 11(12): 2393-2405.

Tang S, Liang H Y, Yan D H, et al. 2013. *Populus euphratica*: the transcriptomic response to drought stress. Plant Molecular Biology, 83(6): 539-557.

Tang Z C. 1989. The accumulation of free proline and its roles in water-stressed sorghum seedlings. Plant Physiology Journal, 15(1): 105-110.

Wang Y Z, Wang H Z, Li R F, et al. 2011. Expression of a SK2-type dehydrin gene from *Populus euphratica* in a *Populus tremula* × *Populus alba* hybrid increased drought tolerance. African Journal of Biotechnology, 10(46): 9225-9232.

Zheng Y Q, Jiao P P, Zhao Z S, et al. 2016. Clonal growth of *Populus pruinosa* Schrenk and its role in the regeneration of riparian forests. Ecological Engineering, 94: 380-392.

Zhou M L, Ma J T, Zhao Y M, et al. 2012. Improvement of drought and salt tolerance in *Arabidopsis* and *Lotus corniculatus* by overexpression of a novel DREB transcription factor from *Populus euphratica*. Gene, 506(1): 10-17.

# 第2章　种子萌发对干旱胁迫的响应

种子萌发和早期生长是植物生活史的重要阶段，在植物生活周期中植物死亡至少有95%发生在种子阶段，因而种子萌发阶段是植物体最脆弱的阶段（Gutterman，1994），也是植物体重建至关重要的阶段（Dürr et al.，2015）。这一时期植物体较为弱小，抵抗胁迫的能力低，死亡率也较高，因此成为影响植物种群定居和分布最为关键的时期（Wolfgang et al.，2002），对植物繁殖及种群维持、扩展和恢复有着重要的意义（Wolfgang et al.，2002）。

种子萌发状况受到自身因素和环境条件的影响（Gutterman，1994；苌伟等，2007；任珺等，2011）。有些种子的萌发还受到光照的调节（Qaiser and Qadir，1971；姜勇等，2013；黄振英和Gutterman，2000；Socolowski et al.，2010）。外界环境因子能够调节种子萌发的季节及萌发苗的分布，从而有利于出苗和幼苗的建立（张佳宁和刘坤，2014）。干旱荒漠区降水稀少，蒸发强烈并伴随有土壤盐碱化，荒漠植物常常以其特殊的种子萌发机制来确保在合适的时间与地点完成种子萌发与幼苗生长发育，从而保证在极端严酷的环境条件下生存（张勇等，2005）。荒漠植物种子萌发依赖的最重要的环境因子是降雨次数与分布、雨量大小及土壤含水量（苌伟等，2007；任珺等，2011；黄振英和Gutterman，2000；张勇等，2005）。温度也是影响种子萌发的关键环境因素之一，影响植物种子休眠的打破、萌发速率和最终萌发率（Dürr et al.，2015；任珺等，2011）。不同物种及同一物种不同生态型的种子其萌发对温度有不同的需求（杨帆等，2013；马海鸽等，2014；高瑞如等，2004；Socolowski et al.，2008；宋兆伟等，2010；刘有军等，2010），变温促进种子萌发（苌伟等，2007；刘龙昌等，2007）。对种子萌发温度的敏感性分析能够更好地预测温度对植物生活周期重要阶段的潜在影响（Walck et al.，2011）。在干旱半干旱荒漠地区，光照不是制约种子萌发的主要因素（任珺等，2011），大多数荒漠植物种子的萌发无论在光照条件下还是在黑暗条件下都能萌发（杨帆等，2013；马海鸽等，2014；宋兆伟等，2010；刘有军等，2010；刘龙昌等，2007；黄振英等，2001），只有一小部分植物种子萌发需要严格的光照（Qaiser and Qadir，1971；黄振英和Gutterman，2000；Socolowski et al.，2010；Huang and Gutterman，1999），光照可以通过影响种子的萌发影响植物的分布（张佳宁和刘坤，2014；Socolowski et al.，2008）。

胡杨种子个体微小，基部着生多根白色细长的冠毛，适应随风在空中飘浮传播。胡杨种子寿命短暂，蒴果成熟后一个月种子萌发率即近于零（黄培祐，1990）。胡杨种子散布后落于湿润地表后即可萌发（华鹏，2003），在 25℃条件下将胡杨种子浸入水中 4h 后种子开始萌发（李利等，2005），在恒温 30℃条件下胡杨种子有较高的最终萌发率（刘建平等，2004）。寿命短暂的胡杨种子，飘落在土壤水分含量瞬息万变的河漫滩上是如何响应环境温度和光照变化而实现种子繁殖的？本项研究将在人工控制条件下研究探讨恒温、变温和光照周期对胡杨种子萌发的温度范围、最适宜萌发温度、种子萌发进程的影响，旨在阐明种子萌发与主要环境因子温、光的关系，揭示胡杨种子萌发阶段占据生境资源的生态适应策略，为胡杨、灰杨天然林种子繁殖更新和提高植被恢复效果提供科学依据。

## 2.1　材料与方法

温度、光照和干旱胁迫试验材料来源于塔里木河上游新疆生产建设兵团第一师九团人工胡杨、灰杨混交林，采集胡杨、灰杨成熟蒴果于室内通风处自然干燥，待果皮自然开裂后将其置于纱网上轻轻揉搓，使冠毛和种子分离。收集后的种子置于棕色瓶里密封，储藏在 4℃条件下用于种子萌发试验和播种试验（张肖等，2015，2016）。

（1）不同温度、光照周期处理下的种子萌发试验：温度处理为 10℃/15℃、15℃/20℃、20℃/25℃、25℃/30℃、30℃/35℃和 35℃/40℃；光照处理为 24h 光照（Light，L）、12h 光照/12h 黑暗（Light/Dark，L/D）及 24h 黑暗（Dark，D），温度、光照两因素处理组合共计 18 个。

（2）干旱胁迫条件下的种子萌发试验：设置 PEG6000 溶液渗透势为–0.10MPa、–0.20MPa、–0.40MPa、–0.60MPa、–0.80MPa、–1.00MPa、–1.20MPa，以水为对照，在 12h 光照/12h 黑暗、25℃/30℃条件下培养种子。

以上种子萌发试验每个处理 100 粒种子，3 个重复。种子萌发试验在 RTOT 型培养箱中进行，种子萌发以胚根突破种皮为标准，试验持续 7 天，胚生长观察持续 9 天。每 12h 统计一次萌发，每 12h 在 NIKOSM1500 体式显微镜下观察、测量下胚轴长、子叶长和胚根长等指标参数。实验结束后按以下公式计算相关指标：

种子最终萌发率（final germination percentage，FGP）$=\sum n/N$

种子萌发速率（germination rate，GR）$=\sum 100n/N\times D$

平均萌发时间（mean germination time，MGT）$=\sum (D\times n)/\sum n$

式中，$N$ 是供试种子数；$D$ 是从萌发开始的时间；$n$ 是在时间 $D$ 的种子萌发数。

## 2.2 种子萌发特性

胡杨种子最终萌发率在 24h 光照、24h 黑暗和 12h 光照/12h 黑暗条件下均表现为随温度增高而增大，35℃/40℃显著高于 10℃/15℃。在 20℃/25℃、35℃/40℃条件下，24h 光照处理下的种子最终萌发率显著高于 24h 黑暗和 12h 光照/12h 黑暗条件下的，在 10℃/15℃条件下，24h 光照、12h 光照/12h 黑暗处理下的种子最终萌发率显著高于 24h 黑暗条件下的，其余温度条件下三种光照处理间种子最终萌发率无显著差异（表 2-1）。

胡杨种子萌发速率在 24h 光照、24h 黑暗和 12h 光照/12h 黑暗条件下均表现为在 10℃/15℃至 30℃/35℃范围随温度增高而增大。在 20℃/25℃、30℃/35℃条件下，三种光照处理间种子萌发速率无显著差异，其余温度条件下三种光照处理间种子萌发速率有显著差异或无显著差异（表 2-1）。

胡杨种子平均萌发时间在 24h 光照、24h 黑暗和 12h 光照/12h 黑暗条件下均表现为随温度增高而减少。35℃/40℃与 10℃/15℃种子平均萌发时间差异显著。在 20℃/25℃、30℃/35℃条件下，三种光照处理间种子平均萌发时间无显著差异，其余温度条件下三种光照处理间种子平均萌发时间有显著差异或无显著差异（表 2-1）。

温度和光照对胡杨种子萌发进程也有一定影响。三种光照处理下，25℃/30℃、30℃/35℃、35℃/40℃的种子累计萌发率在 48h 内均达 90%以上，胡杨种子表现出在较短时间内集中快速萌发的特点；在 10℃/15℃、15℃/20℃、20℃/25℃种子萌发达到最大萌发率的时间延长（图 2-1）。

灰杨种子最终萌发率在 24h 光照、24h 黑暗条件下均表现为随温度增高而增大，在 12h 光照/12h 黑暗条下不同温度处理间无显著差异。在 10℃/15℃、15℃/20℃、20℃/25℃条件下，三种光照处理间种子最终萌发率无显著差异；在 25℃/30℃、30℃/35℃、35℃/40℃条件下，三种光照处理间种子最终萌发率有显著差异或无显著差异（表 2-2）。

灰杨种子萌发速率在 24h 光照、24h 黑暗和 12h 光照/12h 黑暗条件下呈现随温度增高而增大的趋势，35℃/40℃显著高于 10℃/15℃。除了 15℃/20℃条件下三种光照处理间的种子萌发速率无显著差异外，其余温度条件下三种光照处理间种子萌发速率有显著差异或无显著差异（表 2-2）。

灰杨种子平均萌发时间在 24h 光照、24h 黑暗和 12h 光照/12h 黑暗条件下均随温度增高而减少，35℃/40℃与 10℃/15℃种子平均萌发时间差异显著。在各温度条件下，三种光照处理间种子平均萌发时间有显著差异或无显著差异（表 2-2）。

表 2-1　温度和光照对胡杨种子萌发的影响

| 指标 | 处理 | 10℃/15℃ | 15℃/20℃ | 20℃/25℃ | 25℃/30℃ | 30℃/35℃ | 35℃/40℃ |
|---|---|---|---|---|---|---|---|
| 最终萌发率/% | L | 91.00±3.06a（c） | 92.67±1.76a（bc） | 96.00±1.53a（ab） | 97.67±1.20a（a） | 98.67±0.88a（a） | 97.33±0.33a（a） |
| | L/D | 88.33±1.45a（d） | 89.67±1.2a（d） | 90.67±0.88b（cd） | 95.00±2.08a（ab） | 96.67±1.86a（a） | 93.33±0.88b（bc） |
| | D | 77.67±1.20b（b） | 93.33±2.33a（a） | 93.66±1.76ab（a） | 95.66±0.88a（a） | 95.33±1.20a（a） | 93.33±0.33b（a） |
| 萌发速率/（%/h） | L | 2.22±0.10a（c） | 2.53±0.11b（c） | 3.06±0.07a（b） | 3.48±0.08b（a） | 3.59±0.08a（a） | 3.63±0.10a（a） |
| | L/D | 1.71±0.06b（e） | 2.52±0.04b（d） | 2.99±0.05a（c） | 3.46±0.02b（ab） | 3.65±0.15a（a） | 3.41±0.01b（b） |
| | D | 1.74±0.07b（c） | 3.03±0.18a（b） | 3.08±0.05a（b） | 3.76±0.04a（a） | 3.60±0.07a（a） | 3.74±0.02a（a） |
| 平均萌发时间/h | L | 51.91±0.95b（a） | 37.44±2.08ab（b） | 30.39±0.57a（c） | 23.93±0.94a（d） | 22.49±0.65a（d） | 20.80±1.59a（d） |
| | L/D | 66.10±1.63a（a） | 41.86±1.23a（b） | 32.81±1.55a（c） | 23.70±0.71a（d） | 20.32±1.05a（d） | 22.02±0.52a（d） |
| | D | 48.77±1.56b（a） | 32.99±2.24b（b） | 30.82±0.81a（b） | 17.14±0.85b（c） | 19.19±1.67a（c） | 16.03±0.40b（c） |

注：L. 24h 光照；D. 24h 黑暗；L/D. 12h 光照/12h 黑暗；同行括号内不同字母表示温度处理间在 0.05 水平上存在显著性差异，而同列括号外不同字母表示光照处理间在 0.05 水平上存在显著性差异

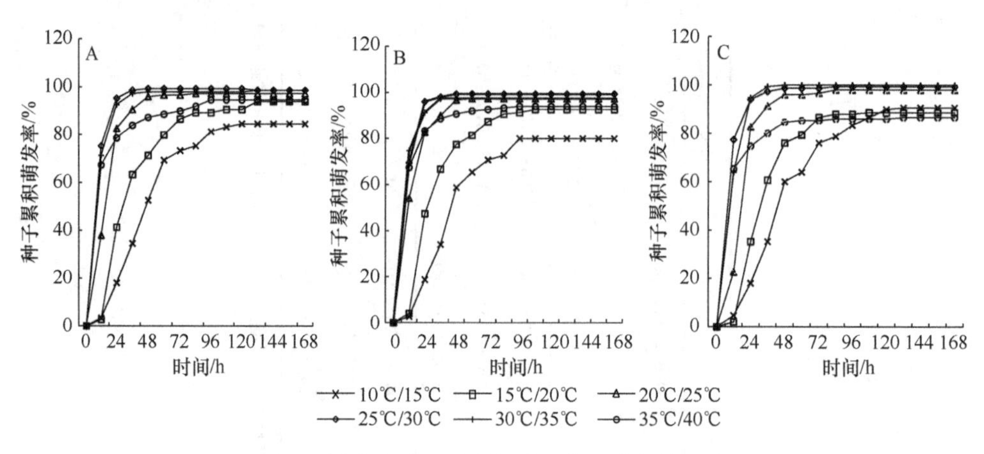


图 2-1 温度和光照对胡杨种子萌发进程的影响

A. 24h 光照；B. 12h 光照 12h 黑暗；C. 24h 黑暗

温度和光照对灰杨种子萌发进程也有一定影响。三种光照处理下，25℃/30℃、30℃/35℃、35℃/40℃的种子累计萌发率在 48h 内均达 80%以上，灰杨种子表现出在较短时间内集中快速萌发的特点；10℃/15℃、15℃/20℃、20℃/25℃种子萌发达到最大萌发率的时间明显延长（图 2-2）。

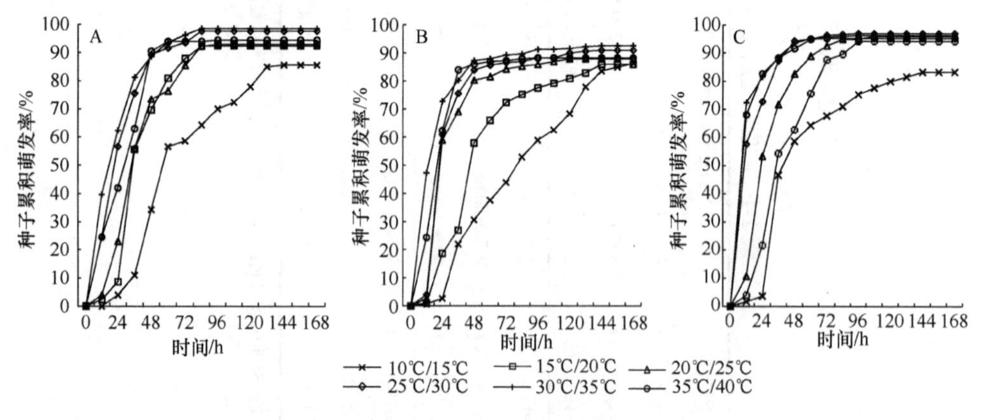


图 2-2 温度和光照对灰杨种子萌发进程的影响

A. 24h 光照；B. 12h 光照 12h 黑暗；C. 24h 黑暗

对胡杨和灰杨种子最终萌发率、种子萌发速率、种子平均萌发时间以及种子萌发进程综合分析。结果表明，胡杨、灰杨种子均可以在 24h 光照、24h 黑暗和 12h 光照/12h 黑暗条件下，在 10℃/15℃至 35℃/40℃范围内萌发，胡杨、灰杨最适萌发温度均为 25℃/30℃、30℃/35℃，此温度与三种光照的组合处理对种子萌发率无影响。由此说明，胡杨、灰杨在三种光照条件下都有宽泛的种子萌发温度范围，较高的温度有利于种子在短时间内集中快速萌发。

表 2-2　温度和光照对灰杨种子萌发的影响

| 处理 | | 10℃/15℃ | 15℃/20℃ | 20℃/25℃ | 25℃/30℃ | 30℃/35℃ | 35℃/40℃ |
|---|---|---|---|---|---|---|---|
| 最终萌发率/% | L | 85.67±3.71b（a） | 93.00±2.08ab（a） | 92.50±0.50ab（a） | 97.67±1.45a（a） | 98.67±0.33a（a） | 94.50±3.50a（ab） |
| | L/D | 86.33±1.76a（a） | 86.00±4.04a（a） | 88.00±5.29a（a） | 91.00±1.00a（b） | 92.67±1.20a（b） | 88.33±0.88a（b） |
| | D | 83.33±5.46b（a） | 94.33±0.88a（a） | 96.00±1.15a（a） | 97.00±1.53a（a） | 96.33±0.33a（a） | 95.33±1.67a（a） |
| 萌发速率/（%/h） | L | 1.37±0.04d（ab） | 1.94±0.14cd（a） | 2.25±0.02bc（b） | 3.14±0.16a（b） | 3.28±0.03a（b） | 2.81±0.54ab（b） |
| | D | 1.24±0.01d（b） | 1.91±0.05c（a） | 2.99±0.12b（a） | 3.10±0.07b（b） | 3.39±0.04a（b） | 3.12±0.05b（ab） |
| | L/D | 1.57±0.07d（a） | 2.17±0.18c（a） | 3.00±0.05b（a） | 3.51±0.04a（a） | 3.69±0.07a（a） | 3.68±0.02a（a） |
| 平均萌发时间/h | L | 68.78±4.48a（b） | 44.78±2.65b（b） | 42.68±0.10bc（a） | 30.96±1.85d（a） | 27.81±0.22d（a） | 32.53±7.43cd（a） |
| | L/D | 80.67±3.43a（a） | 54.61±2.16b（a） | 33.26±1.20c（b） | 24.71±0.11d（b） | 24.65±1.58d（a） | 25.51±0.58d（ab） |
| | D | 53.42±1.41a（c） | 45.63±2.25b（b） | 34.26±0.48c（b） | 21.72±1.74d（b） | 18.36±0.89d（b） | 18.42±0.29d（b） |

注：L. 24h 光照；L/D. 12h 光照/12h 黑暗；D. 24h 黑暗；同行括号外不同字母表示温度处理间在 0.05 水平上存在显著性差异，而同列括号内不同字母表示光照处理间在 0.05 水平上存在显著性差异

## 2.3 温度和光照对胚生长的影响

胡杨、灰杨种子在最适萌发条件下（25℃/30℃、12h 光照/12h 黑暗）6h 内胚根即可突破种皮。随后，胚根逐渐伸长并出现根毛，两片子叶逐渐展开变绿色，48h 后子叶展平且子叶逐渐呈深绿色。胡杨种子萌发后平均 5.23 天第一对真叶开始露出（图 2-3），灰杨种子萌发后平均 6.04 天第一对真叶开始露出（图 2-4），幼苗形成。

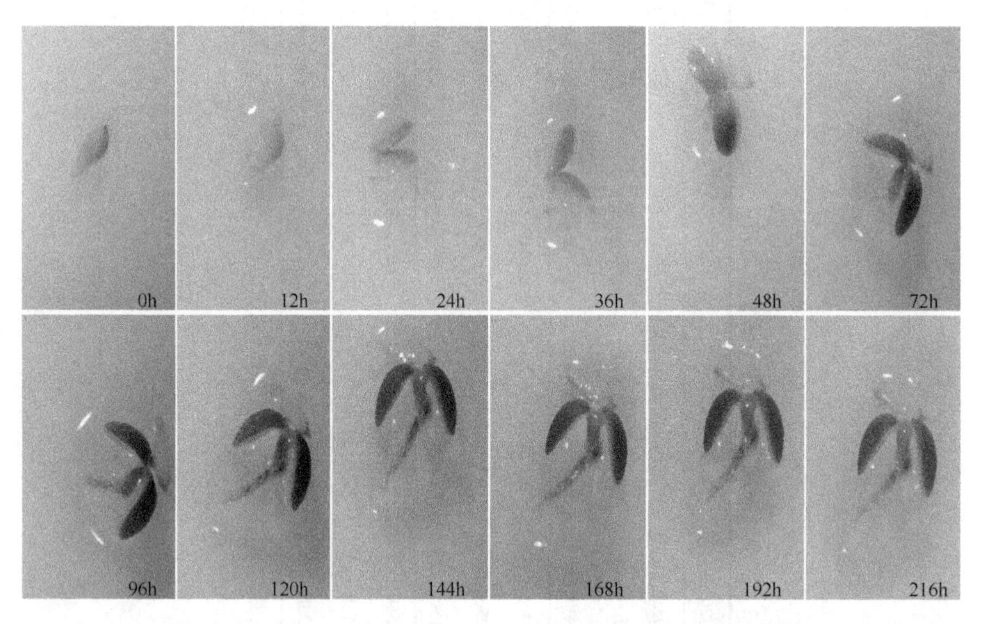


图 2-3 最适条件下胡杨种子萌发及胚生长过程的形态变化（彩图请扫封底二维码）

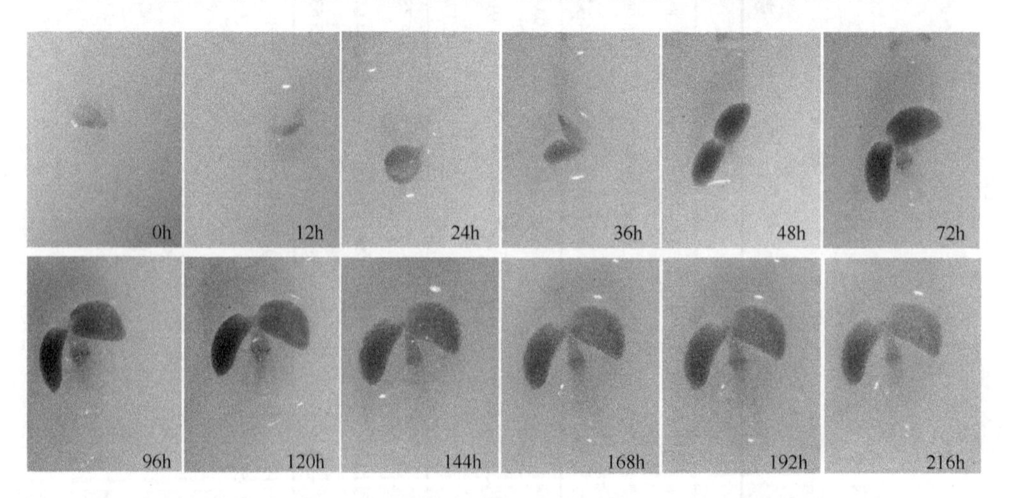


图 2-4 最适条件下灰杨种子萌发及胚生长过程的形态变化（彩图请扫封底二维码）

胡杨种子萌发后，胚在不同温度和光照组合处理下的生长有所不同。在三种光照与 35℃/40℃变温组合处理下（图 2-5、图 2-6 和表 2-3），胚根生长处于停滞状态；在其余变温处理下，胚根长度随培养时间延长逐渐增加。三种光照与 10℃/15℃、35℃/40℃组合处理下胚根伸长最慢，表明较高、较低的变温对胚根伸长生长有显著的抑制作用。12h 光照/12h 黑暗、20℃/25℃、25℃/30℃、30℃/35℃适宜胚根的伸长生长。

在各变温处理下（图 2-5、图 2-6 和表 2-3），下胚轴均表现出 24h 黑暗条件下的生长量显著高于 12h 光照/12h 黑暗和 24h 光照处理下的生长量。在 12h 光照/12h 黑暗、24h 光照处理下，温度处理对下胚轴长度影响不显著。在 24h 黑暗、25℃/30℃

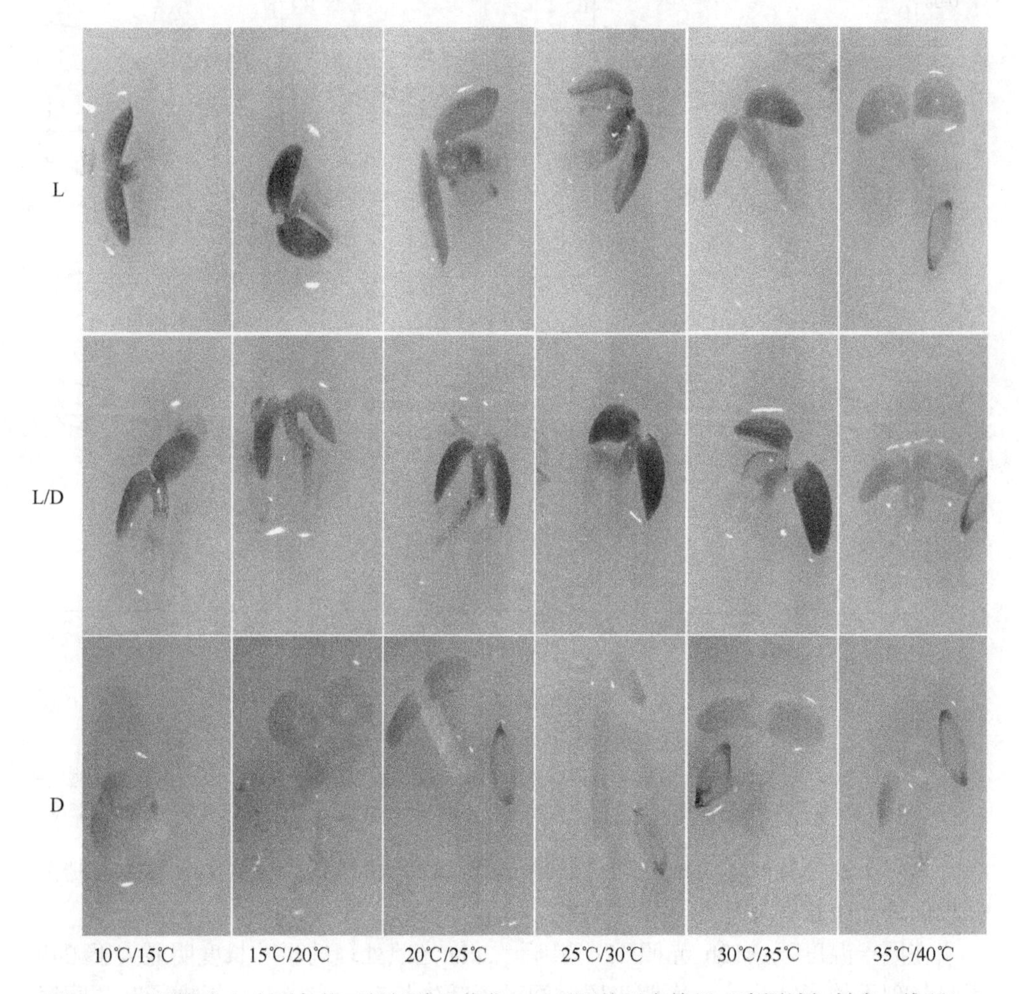


图 2-5　不同温度和光照条件下胡杨种子萌发 7 天后胚的形态特征（彩图请扫封底二维码）

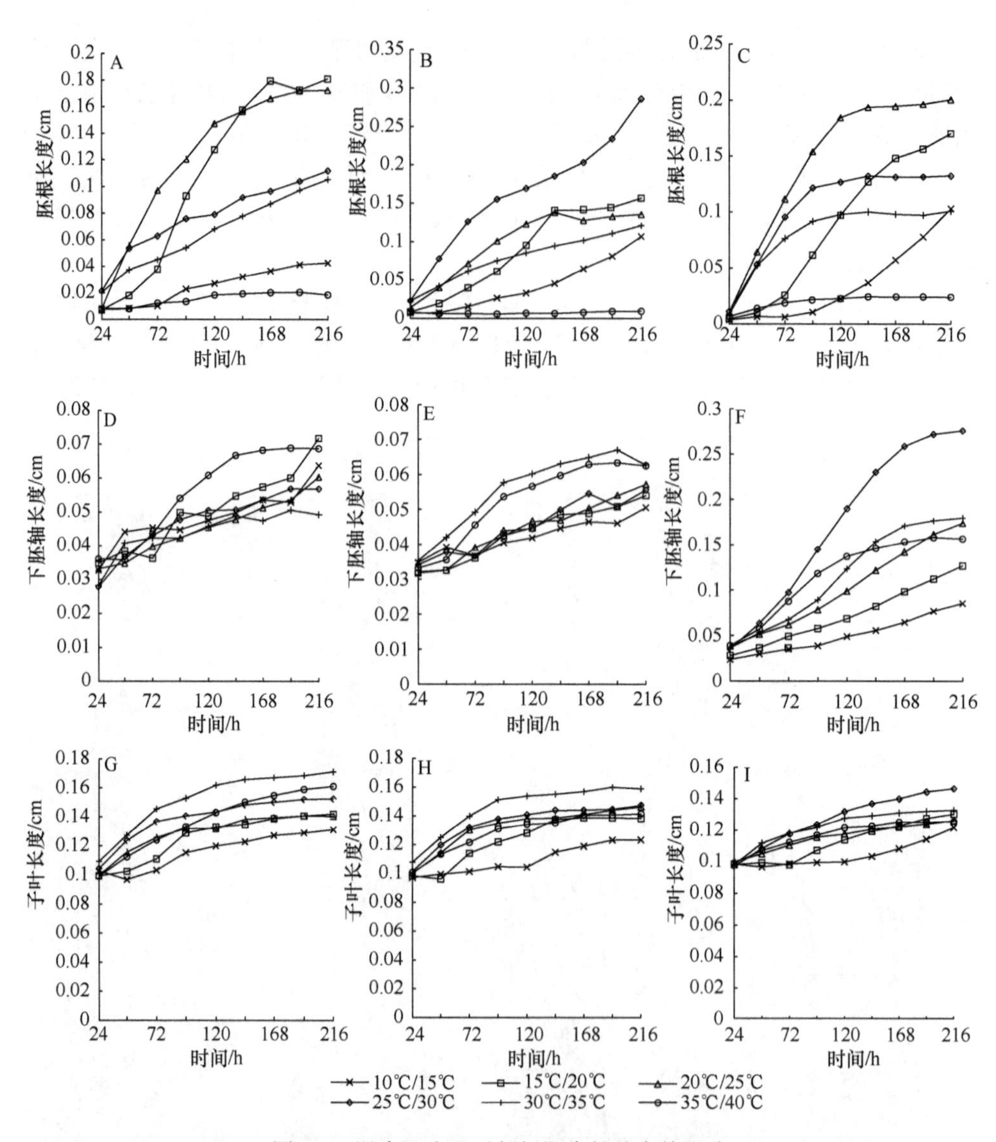


图 2-6 温度、光照对胡杨胚生长动态的影响

A、B、C 分别为 24h 光照、12h 光照/12h 黑暗、24h 黑暗处理下的胚根长度；D、E、F 分别为 24h 光照、12h 光照/12h 黑暗、24h 黑暗处理下的下胚根长度；G、H、I 分别为 24h 光照、12h 光照/12h 黑暗、24h 黑暗处理下的子叶长度

组合处理下，下胚轴的伸长生长达到最大值，较低和较高的温度都会显著抑制下胚轴的伸长生长。

在同一温度下，12h 光照/12h 黑暗、24h 光照处理的子叶长度明显大于 24h 黑暗处理下的子叶长度，表明光照时间对子叶生长有一定影响。根据子叶、胚根和胚轴生长量情况综合分析得出，12h 光照/12h 黑暗与 20℃/25℃、25℃/30℃、30℃/35℃组合是胡杨胚生长的最适温度和光照条件。

**表 2-3　不同温度和光照条件下胡杨种子萌发 7 天后胚根、下胚轴及子叶长的比较**　　（单位：cm）

| 形态指标 | 温光处理 | 10℃/15℃ | 15℃/20℃ | 20℃/25℃ | 25℃/30℃ | 30℃/35℃ | 35℃/40℃ |
|---|---|---|---|---|---|---|---|
| 胚根长 | L | 0.0372b（c） | 0.2045a（a） | 0.1709ab（a） | 0.1123b（b） | 0.1099a（b） | 0.0181ab（c） |
| | L/D | 0.1098a（b） | 0.1567b（b） | 0.1381b（b） | 0.3155a（a） | 0.1319a（b） | 0.0089b（c） |
| | D | 0.1134a（c） | 0.1726ab（ab） | 0.2089a（a） | 0.1381b（bc） | 0.1056a（c） | 0.0223a（d） |
| 下胚轴长 | L | 0.0605b（ab） | 0.0696b（a） | 0.0603b（ab） | 0.0553b（ab） | 0.0492c（c） | 0.0695b（a） |
| | L/D | 0.0501b（a） | 0.0540b（a） | 0.0571b（a） | 0.0560b（a） | 0.0627b（a） | 0.0618b（a） |
| | D | 0.0860a（d） | 0.1268a（c） | 0.1707a（b） | 0.2601a（a） | 0.1785a（b） | 0.1550a（b） |
| 下胚轴横径 | L | 0.0420b（c） | 0.0406b（c） | 0.0430b（c） | 0.0459b（bc） | 0.0506b（ab） | 0.0518b（a） |
| | L/D | 0.0430b（c） | 0.0433b（bc） | 0.0416b（c） | 0.0406c（c） | 0.0471b（ab） | 0.0511b（a） |
| | D | 0.0527a（b） | 0.0592a（a） | 0.0559a（ab） | 0.0567a（a） | 0.0575a（a） | 0.0575a（a） |
| 子叶长 | L | 0.1320a（d） | 0.1421a（bc） | 0.1389a（cd） | 0.1495a（b） | 0.1698a（a） | 0.1615a（a） |
| | L/D | 0.1226b（d） | 0.1384ab（c） | 0.1458a（bc） | 0.1461a（b） | 0.1604b（a） | 0.1410b（bc） |
| | D | 0.1240b（c） | 0.1316b（b） | 0.1243b（c） | 0.1489a（a） | 0.1317c（b） | 0.1266c（bc） |

注：同行括号内不同字母表示温度处理间在 0.05 水平上存在显著性差异，而同列括号外不同字母表示光照处理间在 0.05 水平上存在显著性差异

图2-7和表2-4显示，在24h光照、12h光照/12h黑暗处理下，灰杨胚根长均是在20℃/25℃最长；在24h黑暗处理下，15℃/20℃、20℃/25℃、25℃/30℃、30℃/35℃的胚根长相互间无显著差异，但均显著长于10℃/15℃、35℃/40℃的胚根长（图2-7和表2-4）。同一温度不同光照处理相比较，下胚根长在24h黑暗、12h光照/12h黑暗处理显著大于24h光照处理。说明黑暗有利于胚根生长，较低和较高的温度均会抑制胚根生长，24h黑暗与15℃/20℃、20℃/25℃、25℃/30℃或30℃/35℃组合是灰杨胚根生长的适宜温度、光照条件。

图2-7和表2-4显示，在24h光照处理下，不同温度处理间下胚轴长没有显著差异；在12h光照/12h黑暗处理下，10℃/15℃的胚轴长度显著小于其余温度处理下的，而20℃/25℃、30℃/35℃、35℃/40℃差异显著。在24h黑暗处理下，下胚轴长在20℃/25℃、25℃/30℃条件下显著大于其余温度处理下的。在6个温度处理下，24h黑暗的下胚轴长度显著大于24h光照、12h光照/12h黑暗处理下的。结果表明，较低的温度及光照对下胚轴伸长生长有一定的抑制作用，24h黑暗与20℃/25℃或25℃/30℃组合是下胚轴生长的适宜条件。

从图2-7和表2-4可以看出，同一光照不同温度处理相比较，10℃/15℃、35℃/40℃的灰杨子叶长小于其余的温度处理。同一温度不同光照处理相比较，子

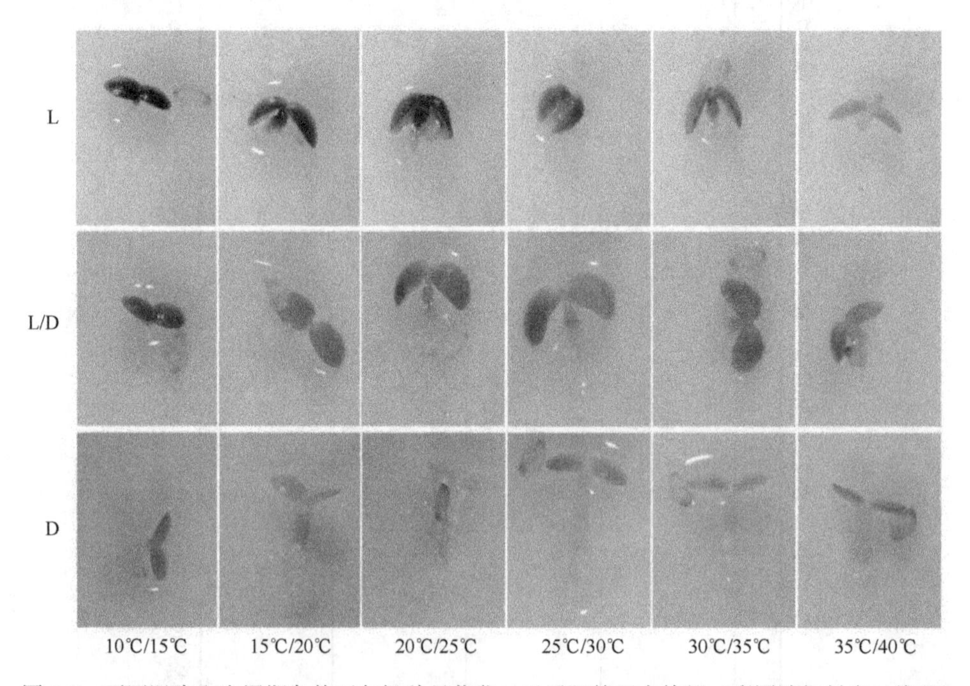


图2-7　不同温度和光周期条件下灰杨种子萌发7天后胚的形态特征（彩图请扫封底二维码）

表 2-4　不同温度和光照条件下灰杨种子萌发 7 天后胚根、下胚轴及子叶长的比较　（单位：cm）

| | | 10℃/15℃ | 15℃/20℃ | 20℃/25℃ | 25℃/30℃ | 30℃/35℃ | 35℃/40℃ |
|---|---|---|---|---|---|---|---|
| 胚根长 | L | 0.0277±0.0033c（b） | 0.0963±0.0117b（b） | 0.1277±0.0171a（b） | 0.0792±0.0084b（c） | 0.0855±0.0070b（a） | 0.0204±0.0031c（b） |
| | L/D | 0.0635±0.0041cd（a） | 0.1827±0.0164b（a） | 0.2713±0.0234a（a） | 0.1945±0.0147b（a） | 0.0938±0.0111c（a） | 0.0248±0.0025d（b） |
| | D | 0.0580b±0.0051c（a） | 0.1079±0.0065a（b） | 0.1121±0.0045a（b） | 0.1133±0.006a（b） | 0.0978±0.0054a（a） | 0.0411±0.0021c（a） |
| 下胚轴长 | L | 0.0540±0.0032a（b） | 0.0557±0.0022a（b） | 0.0546±0.0036a（b） | 0.0554±0.0025a（b） | 0.0501±0.0028a（c） | 0.0567±0.0030a（c） |
| | L/D | 0.0392±0.0016d（c） | 0.0503±0.0024c（b） | 0.0561±0.0028bc（b） | 0.0625±0.0032ab（b） | 0.0710±0.0038a（b） | 0.0686±0.0040a（b） |
| | D | 0.0671±0.0034d（a） | 0.1207±0.0055c（a） | 0.1733±0.0086a（a） | 0.1901±0.0126a（a） | 0.1424±0.0068b（a） | 0.1231±0.0049bc（a） |
| 子叶长 | L | 0.1053±0.0027c（a） | 0.1279±0.0026ab（a） | 0.1290±0.0034ab（a） | 0.1319±0.0029ab（b） | 0.1348±0.0027a（b） | 0.1249±0.0029b（a） |
| | L/D | 0.1093±0.0018d（a） | 0.1290±0.0025bc（a） | 0.1345±0.0030b（a） | 0.1430±0.0032a（a） | 0.1469±0.0036a（a） | 0.1255±0.0026c（a） |
| | D | 0.0974±0.0019e（b） | 0.1041±0.0021d（b） | 0.1158±0.0026bc（b） | 0.1197±0.0031ab（c） | 0.1230±0.0023a（c） | 0.1113±0.0017c（b） |

注：L. 24h 光照；L/D. 12h 光照/12h 黑暗；D. 24h 黑暗；同行括号外不同字母表示温度处理间在 0.05 水平上存在显著性差异，而同列括号内不同字母表示光照处理间在 0.05 水平上存在显著性差异

叶长在24h光照和12h光照/12h黑暗处理显著大于24h黑暗处理。表明持续黑暗、较低和较高的温度均对子叶长有显著影响，12h 光照/12h 黑暗与 25℃/30℃或30℃/35℃组合是灰杨子叶生长的适宜温度、光照条件。

综合分析得出，12h光照/12h黑暗和25℃/30℃是灰杨种子萌发和胚生长的最适温度和光照条件。此温度、光照条件下灰杨种子表现出集中快速萌发的特点，胚根、子叶和胚轴生长较好。

## 2.4 干旱胁迫对种子萌发的影响

在 12h 光照/12h 黑暗、25℃/30℃条件下进行 PEG6000 模拟干旱胁迫种子萌发试验。在PEG6000溶液渗透势为–1～0Mpa时，胡杨种子最终萌发率达到85%以上且各处理间无显著差异，但当PEG6000溶液渗透势由–1.0MPa降到–1.20MPa后，最终萌发率则随渗透势的降低显著下降（图 2-8A），萌发速率则从–0.40MPa开始随渗透势的降低显著下降，种子最终萌发率和萌发速率至–1.40MPa降到最低值（图2-8C）。PEG6000溶液渗透势为–0.2～0MPa对种子萌发进程无影响，且在初始 12h 种子萌发率达到 65%以上，在 24h 内基本完成萌发，但溶液渗透势为–1.4～–0.2MPa 时，胡杨种子萌发进程随着渗透势的降低初始萌发率逐渐降低，萌发高峰期逐渐向后推移（图 2-8B），至–1.6MPa 没有种子萌发。根据种子萌发率、萌发速率和萌发进程对PEG干旱胁迫响应情况综合分析认为，–1.0MPa为胡杨种子萌发期忍耐PEG6000溶液渗透胁迫的临界值，–1.40MPa为胡杨种子萌发期忍耐渗透胁迫的极限值。

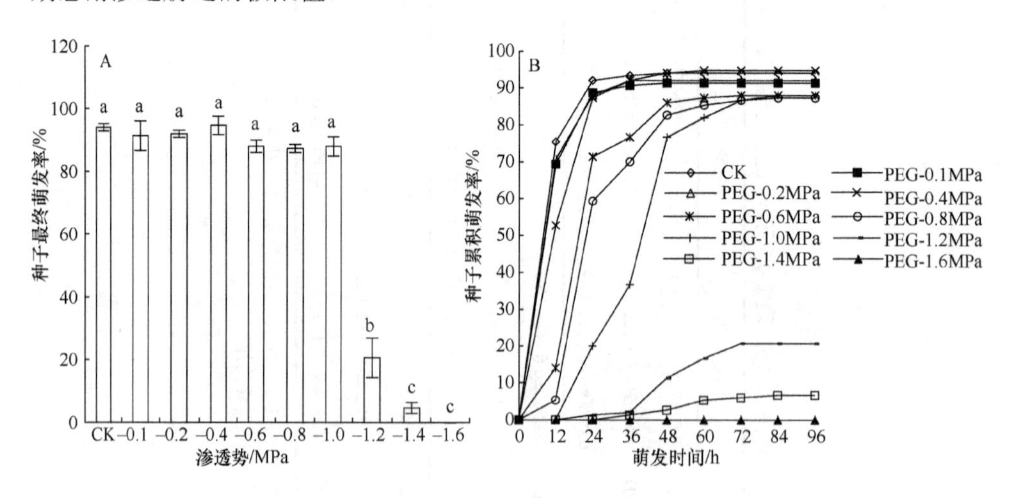

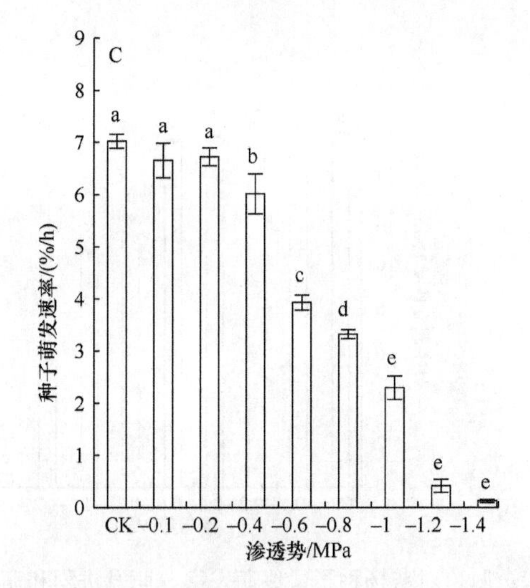


图 2-8　干旱胁迫对胡杨种子最终萌发率、萌发进程和萌发速率的影响

A. 为种子最终萌发率，B. 为种子累计萌发率，C. 为种子萌发速率；
不同字母表示处理间在 0.05 水平存在显著性差异

灰杨种子最终萌发率、种子萌发速率分别在–1.6～–1.2MPa、–1.6～–0.8MPa 随溶液渗透势的降低显著降低，种子平均萌发时间则在–1.4～–0.8MPa 随溶液渗透势的降低显著延长。种子萌发后 12h 的种子累计萌发率在–1.6～–0.8MPa 随溶液渗透势的降低显著降低（图 2-9A～C）。结果表明，在 12h 光照/12h 黑暗、25℃/30℃条件下，PEG6000 溶液渗透势达–0.8MPa 就会对灰杨种子萌发有显著的影响。

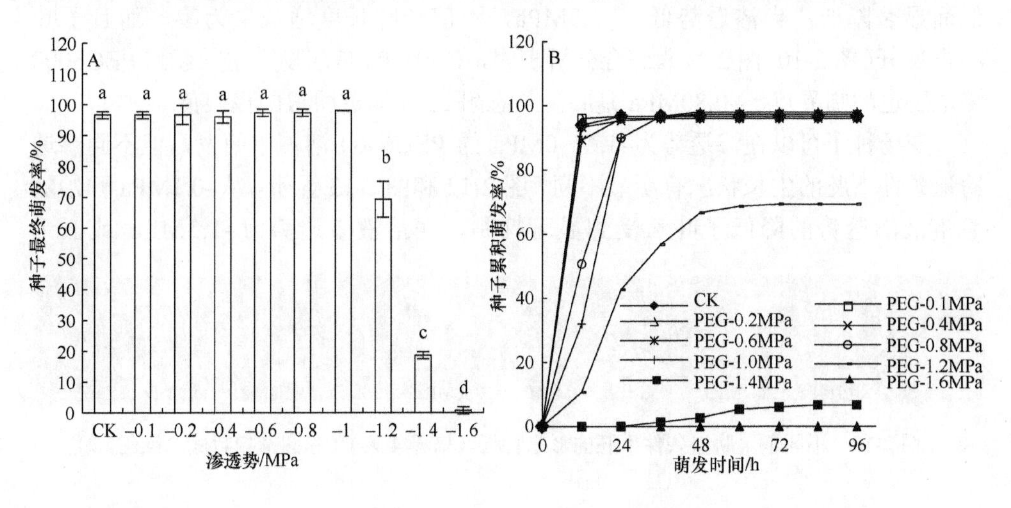

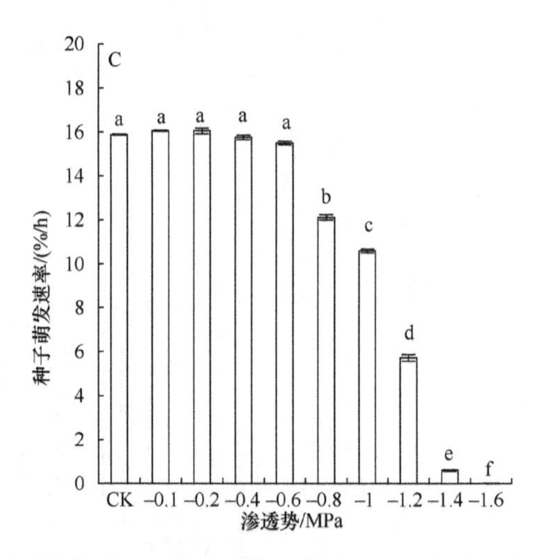


图 2-9 渗透胁迫对灰杨种子最终萌发率、萌发进程和萌发速率的影响

A. 为种子最终萌发率；B. 为种子累计萌发率；C. 为种子萌发速率；
不同字母表示处理间在 0.05 水平存在显著性差异

## 2.5 干旱胁迫对胚生长的影响

与对照相比较，在–0.1～–0.4MPa 渗透势范围，胚根和下胚轴伸长生长不受影响，渗透势低于–0.4MPa 时胚根和下胚轴伸长生长受到显著影响。在不同的渗透势溶液中培养 4 天的胚，从渗透势–0.1MPa 开始子叶长度就随渗透势降低而显著降低；当渗透势低于–1.0MPa，不但子叶长度增长量为零，而且子叶不再展开(图 2-10，图 2-11)。综合分析表明，–0.40MPa 是胡杨胚生长忍耐 PEG6000 渗透胁迫的临界点，–0.80MPa 是胚生长忍耐 PEG 渗透胁迫的极限值。

灰杨种子可以在渗透势为–1.6～0MPa 的 PEG6000 溶液中萌发，但不同渗透胁迫条件下胚的生长状况有明显不同。图 2-12 和图 2-13 显示，从–0.1MPa 开始随着溶液渗透势的降低子叶长受到显著抑制，在溶液渗透势为–1.2MPa 或低于

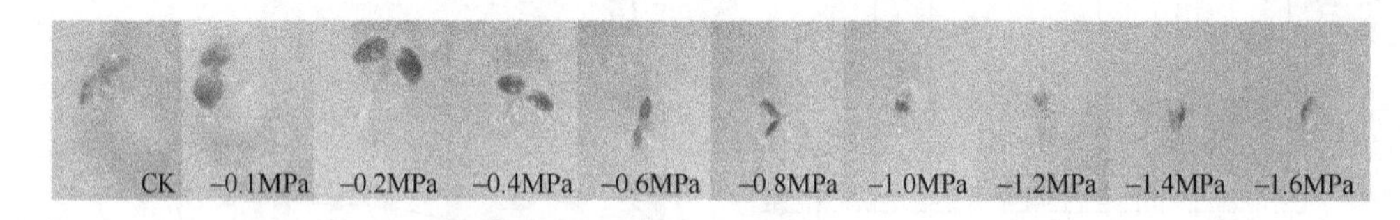


图 2-10 不同干旱胁迫条件下胚的形态特征（培养 4 天）（彩图请扫封底二维码）

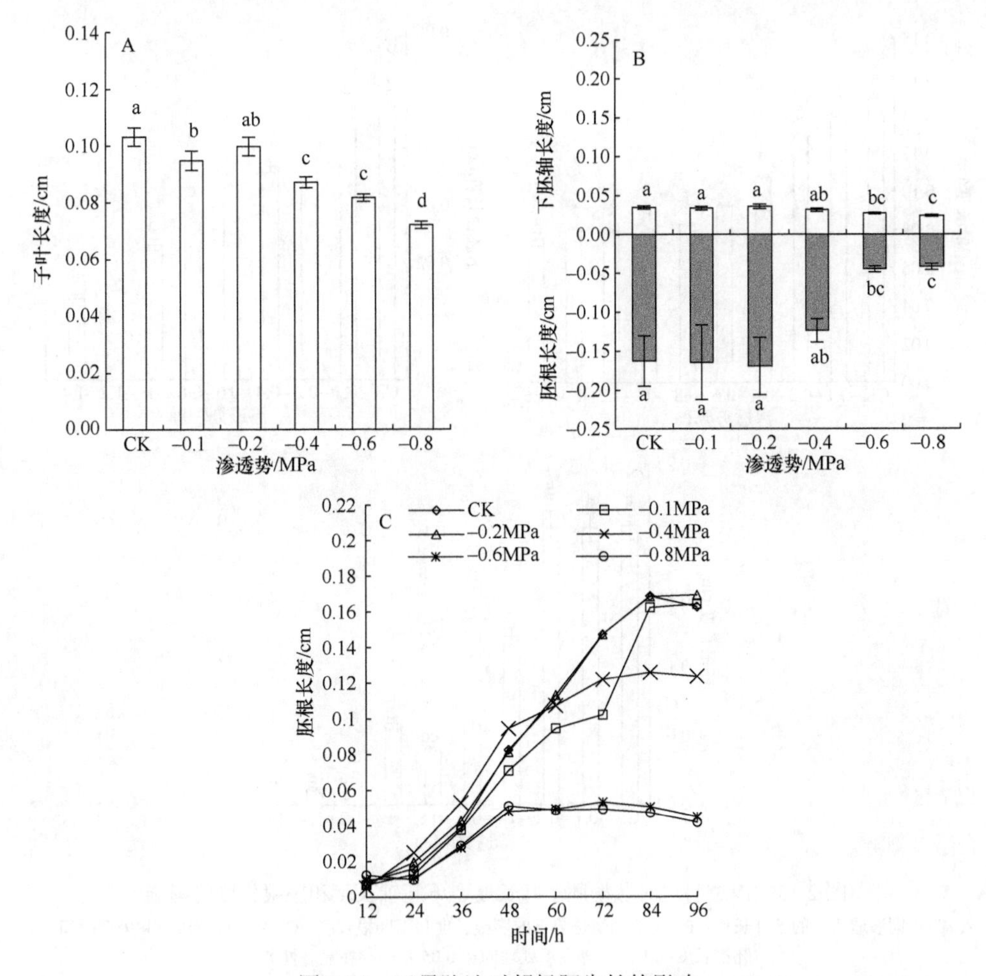


图 2-11　干旱胁迫对胡杨胚生长的影响

A. 为不同渗透势下的子叶长度；B. 为不同渗透势下的胚根长度和下胚根长度；C. 为不同渗透势和处理时间下的胚根长度；不同大写和小写字母分别表示处理间在 0.01 和 0.05 水平存在显著性差异

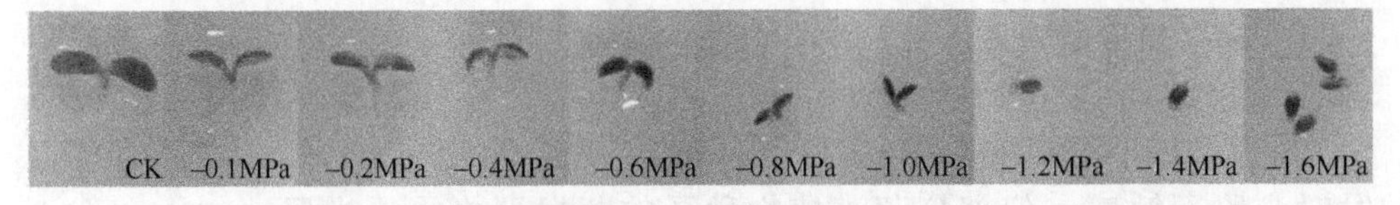


图 2-12　不同干旱胁迫条件下灰杨胚的形态特征（培养 4 天）（彩图请扫封底二维码）

–1.2MPa 情况下，子叶尽管呈现绿色但子叶展开受到影响。下胚轴和胚根伸长生长从–0.4MPa 开始随着溶液渗透势的降低受到显著抑制。结果表明，子叶长对 PEG6000 溶液渗透胁迫的敏感性强于胚根和下胚轴。

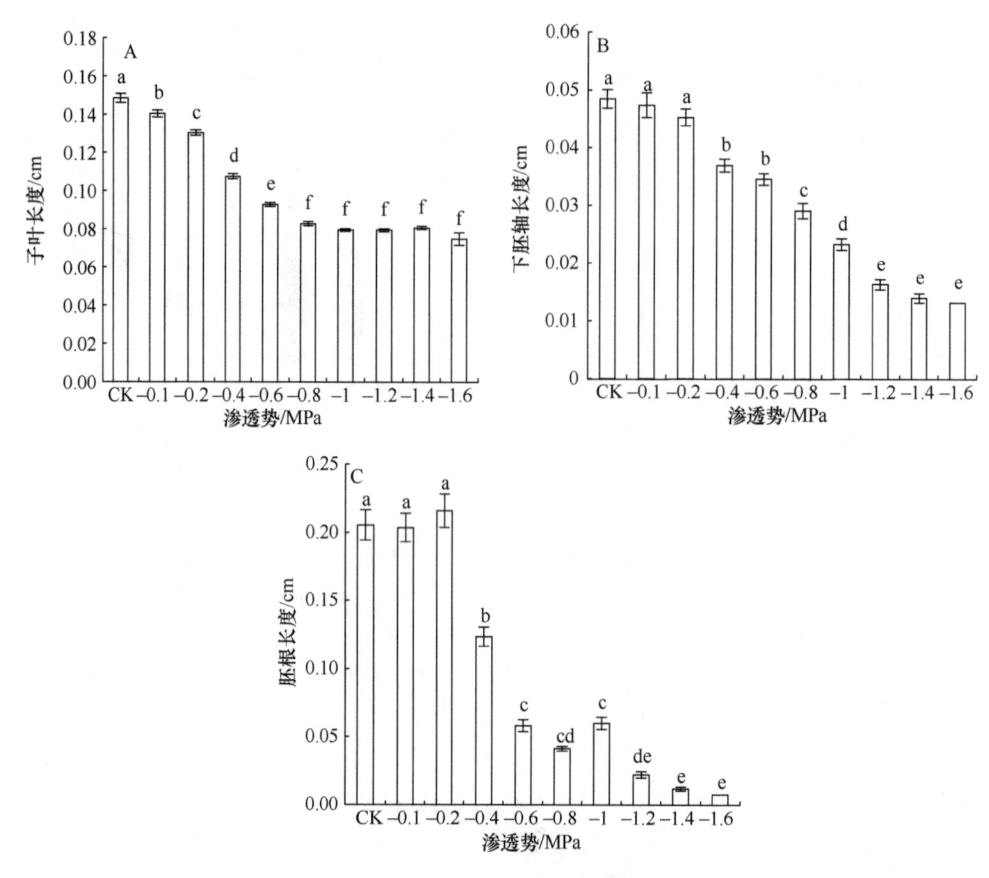


图 2-13 渗透胁迫对灰杨胚子叶长度、下胚轴长度和胚根长度的影响

A. 为不同渗透势下的子叶长度；B. 为不同渗透势下的胚根长度和下胚根长度；C. 为不同渗透势和处理时间下的胚根长度；不同字母表示处理间在 0.05 水平存在显著性差异

## 2.6 讨　论

### 2.6.1 种子萌发对温度、光照变化的响应特征

在荒漠或半荒漠地区，植物种子的萌发对光照有不同的要求，大部分种子萌发对光照不敏感，但部分荒漠植物种子的萌发严格需要光照，如 *Artemisia monosperma*、*Capparis deciduas*、*Artemisia sphaerocephala*（黄振英和 Gutterman，2000；Qaiser and Qadir，1971；Huang and Gutterman，1999）。有些植物种子要在暗中萌发，如沙芥属的沙芥和斧翅沙芥种子在适宜的萌发温度和水分条件下，光成为抑制种子萌发的重要因子，并随光强的增加和光照时间的延长，对其种子萌发有显著（$P<0.05$）的抑制作用（宋兆伟等，2010），而碟果虫实（*Corispermum patelliforme*）种子只有在连续黑暗的条件下才能萌发（刘有军等，2010）。大多数荒漠植物种子的萌发无论在光下还是在暗中都萌发得很好，如梭梭种子无论在光下和暗中均能萌发，萌发率无显著性差异（黄振英等，2001），小蓬种子的发芽不需要光照，但是全光照情况下发芽速度比在黑暗条件下快（刘龙昌等，2007）；或者在暗中的萌发较光下好，如盐生草和五星蒿种子在连续光照、连续黑暗和 14h 黑暗/10h 光照条件下都能够萌发，萌发的最佳光照条件分别为连续光照和连续黑暗（Bskin and Baskin，1998）。本试验研究结果显示，胡杨种子萌发对光照不敏感。胡杨种子极小、寿命短，当种子被风力传播到水分含量瞬息万变的河漫滩上，只要捕捉到适宜的含水量则不受光照条件的限制而迅速萌发，无疑增加了种子繁殖成功的概率。已有研究和试验观察都表明，胡杨种子在水分适宜的条件下 4～6h 即开始萌发（华鹏，2003；刘建平等，2004；李利等，2005），6～12h 子叶开始展平接受光照而很快进入幼苗的早期生长阶段，因此全光照条件是最有利于种子萌发后转入幼苗生长阶段的。本研究发现，胡杨种子在 24h 光照、24h 黑暗和 12h 光照/12h 黑暗下都能萌发，且具有较高的萌发率（在 10℃/15℃条件下最低萌发率达到 77.67%）；不同温度条件下各光照处理间最终萌发率、萌发速率和平均萌发时间相差都很小，表现出对光照变化不敏感，但光照变化却显著影响胚的生长（张肖等，2016）。分析认为，胡杨种子萌发不受光照条件限制是种子萌发阶段快速占据生境资源的生态适应策略之一。不同的植物种子需要不同的萌发温度，其最适萌发温度也不同，这是植物长期适应环境的结果。种子萌发对温度的要求确保了大部分种子在合适的季节萌发，可以增大幼苗存活的机会（张宏和樊自立，1993）。温度强烈影响种子的萌发率、萌发速率和萌发进程，适宜温度可促进种子萌发和幼苗生长（《新疆森林》编辑委员会，1989）。本研究表明，胡杨和灰杨种子在 10℃/15℃、15℃/20℃、20℃/25℃、25℃/30℃、30℃/35℃、35℃/40℃下都能萌发，最终萌发率可以达到 70%以上，萌发温度范围比较宽泛，这与李利等（2005）研究发现胡杨种子在恒温 10～40℃时萌发率均超过 50%的结果相似。另外，本研究还发现胡杨、灰杨种子在 25℃/30℃、30℃/35℃、35℃/40℃条件下呈现快速集中的萌发特点。在干旱荒漠区自然条件下，昼夜存在较大的温度变化，较宽泛的种子萌发温度范围是胡杨长期适应环境温度变化的结果。另外，胡杨种子具有较高的最适萌发温度范围，同样是对胡杨果实成熟期种子散布期地表温度较高的适应。反过来，较高的温度促使种子快速而集中萌发，胡杨种子能够在较宽的温度范围内萌发，并迅速完成萌发过程，且不受光照条件限制，这些特点弥补了其种子寿命短的缺陷，充分利用短暂适宜的萌发条件，对胡杨天然更新有着重要意义，是种子萌发阶段快速占据生境资源的生态适应策略之一。

### 2.6.2 种子萌发对干旱胁迫的响应

水势同温度一样是控制种子萌发的基本环境因子，对种子最终萌发率和萌发速率都有影响（Dürr et al.，2015）。外界环境渗透势的大小决定着种子细胞从外界吸收水分的能力，外界渗透势越小种子吸收水分的难度越大，对低渗环境的适应也是种子萌发策略的一种适应。胡杨种子萌发率在–1.0～0MPa 渗透处理胁迫下大于 90%，处理间无显著差异，与 Li 等（2006）研究结果一致，其耐渗透胁迫能力与梭梭（*Haloxylon ammodendron*）相比偏低，但比碱蓬（*Suaeda glauca*）强（杨景宁和王彦荣，2012），而与刚毛柽柳（*Tamarix hispida*）相当（孙红叶等，2007）。研究发现，当外界渗透势在–0.2～0MPa，胡杨种子萌发进程基本不受影响，且 12h 萌发率均达到 65%以上，24h 基本完成种子萌发；灰杨种子萌发在 PEG 溶液渗透势为–0.8～–1.6MPa 受到显著影响（张肖等，2015）。渗透胁迫推迟种子的初始萌发时间、延长种子的萌发时间等，这与已报道的结果一致。这些都说明胡杨、灰杨种子可以忍受一定程度的渗透胁迫，从而利用有限的水资源而快速萌发。同时，胡杨、灰杨种子虽然能在低渗溶液中萌发，但子叶展开和胚根伸长都受到影响，只有在–0.2MPa 以上时种子才能正常地生长（张肖等，2016），这也是胡杨只能在河漫滩地才能看到实生小苗，而在其他地方则很少能见到的原因。干旱荒漠地区降水稀少，蒸腾强烈，胡杨散种时间与河流洪水期一致，胡杨种子高渗透势下快速萌发对有限水资源的利用具有重要意义。河漫滩作为胡杨有性繁殖的主要场所，一方面是满足种子萌发生长对水分的需求，另一方面也可能是对盐胁迫的一种回避（张肖等，2016）。

## 参 考 文 献

苌伟, 吴建国, 刘艳红. 2007. 荒漠木本植物种子萌发研究进展. 应用生态学报, 8(2): 436-444.
高瑞如, 黄培佑, 赵瑞华. 2004. 胡杨种子萌发及幼苗生长适应机制研究. 淮北煤炭师范学院学报, 25(2): 47-50.
黄培祐. 1990. 新疆荒漠区几种旱生树种自然分布的制约因素研究. 干旱区资源与环境, 4(1): 59-67.
黄振英, Gutterman Y. 2000. 油蒿与中国和以色列沙漠中的两种蒿属植物种子萌发策略的比较(英文). 植物学报, 42(1): 71-80.
黄振英, 张新时, Gutterman Y, 等. 2001. 光照、温度和盐分对梭梭种子萌发的影响. 植物生理学报, 27(3): 275-280.
华鹏. 2003. 胡杨实生苗在河漫滩自然发生和初期生长的研究. 新疆环境保护, 25(4): 14-17.
姜勇, 李艳红, 王文杰, 等. 2013. 光和不同打破种子休眠方法对紫茎泽兰种子萌发及幼苗状态的影响. 生态学报, 33(1): 302-309.

李利, 张希明, 何兴元. 2005. 光照对胡杨幼苗定居初期生长状况和生物量分配的影响. 干旱区研究, 22(4): 104-109.

刘建平, 李志军, 何良荣, 等. 2004. 胡杨、灰叶胡杨种子萌发期抗盐性的研究. 林业科学, 40(2): 165-169.

刘龙昌, 沈芳, 买买提江, 等. 2007. 小蓬种子萌发特性和幼苗分布格局研究. 西北植物学报, 27(3): 607-611.

刘有军, 纪永福, 马全林, 等. 2010. 温度和光照对 3 种一年生植物种子萌发的影响. 中国生态农业学报, 18(4): 810-814.

马海鸽, 蒋齐, 王占军, 等. 2014. 温度和光照对不同预处理野生甘草种子萌发和幼苗生长的影响. 水土保持研究, 21(5): 225-229, 235.

任珺, 余方可, 陶玲. 2011. 荒漠植物种子逆境萌发研究进展. 植物研究, 31(1): 121-128.

孙红叶, 李利, 刘国军, 等. 2007. 刚毛柽柳种子萌发对盐分与干旱胁迫的响应. 干旱区地理, (3): 414-419.

宋兆伟, 郝丽珍, 黄振英, 等. 2010. 光照和温度对沙芥和斧翅沙芥植物种子萌发的影响. 生态学报, 30(10): 2562-2568.

《新疆森林》编辑委员会. 1989. 新疆森林. 乌鲁木齐: 新疆人民出版社: 208-246.

杨帆, 曹德昌, 杨学军, 等. 2013. 盐生植物角果碱蓬种子二型性对环境的适应策略. 植物生态学报, 36(8): 781-790.

杨景宁, 王彦荣. 2012. PEG 模拟干旱胁迫对四种荒漠植物种子萌发的影响. 草业学报, 21(06): 23-29.

张宏, 樊自立. 1993. 全球变化下的绿洲生态学研究. 干旱区资源与环境, 13(1): 43-48

张佳宁, 刘坤. 2014. 植物调节萌发时间和萌发地点的机制. 草业学报, 23(1): 328-338.

张勇, 薛林贵, 高天鹏, 等. 2005. 荒漠植物种子萌发研究进展. 中国沙漠, 25(1): 106-112.

张肖, 王瑞清, 李志军. 2015. 胡杨种子萌发对温光条件和盐旱胁迫的响应特征. 西北植物学报, 35(8): 1642-1649.

张肖, 王旭, 焦培培, 等. 2016. 胡杨(*Populus euphratica*)种子萌发及胚生长对盐旱胁迫的响应. 中国沙漠, 36(6): 1597-1605.

Bskin C C, Baskin J M. 1998. Seeds, Ecology, Biogeography and Evolution of Dormancy and Germination. San Diego: Academic Press.

Dürr C, Dickie J B, Yang X Y, et al. 2015. Ranges of critical temperature and water potential values for the germination of species worldwide: Contribution to a seed trait database. Agricultural and Forest Meteorology, 200: 222-232.

Gutterman X Y. 1994. Strategies of seed dispersal and germination in plants inhabiting deserts. The Botanical Review, 60(4): 373-425.

Huang Z Y, Gutterman Y. 1999. Influences of environmental factors on achene germination of *Artemisia sphaerocephala*, a dominant semishrub occurring in the sandy desert areas of Northwest China. South African Journal of Botany, 65: 187-196.

Li L, Zhang X M, Michael R, et al. 2006. Responses of germination and radicle growth of two *Populus* species to water potential and salinity. Forestry Studies in China, 8(1): 10-15.

Qaiser M, Qadir S A. 1971. A contribution to the autecology of *Capparis deciduas* (Forssk.) Edgew Ⅰ. Seed germination and the effect of topographic conditions on the growth, abundance and sociability. Pakistan Journal of Botany, 3(1): 37-60.

Socolowski F, Vieira D C M, Takaki M. 2008. Interaction of Temperature and Light on Seed

Germination in *Tecoma stans* L. Juss. ex Kunth (Bignoniaceae). Brazilian Archives of Biology and Technology, 51(4): 723-730.

Socolowski F, Vieira D C M, Simão E, et al. 2010. Influence of light and temperature on seed germination of *Cereus pernambucensis* Lemaire (Cactaceae). Biota Neotrop, 10(2): 53-56.

Walck J L, hidayati S N, Dixon K W, et al. 2011. Climate change and plant regeneration from seed. Global Change Biology, 17(6): 2145-2161.

Wolfgang S, Milberg P, Lamont B B. 2002. Germination requirements and seedling responses to water availability and soil type in four eucalypt species. Acta Oecologica, 23: 23-30.

# 第 3 章　幼龄植株对干旱胁迫的生理响应

当植物的失水量大于吸水量时，细胞和组织的紧张度下降，植物的正常生理活动受到干扰，这种状态称为干旱胁迫，干旱胁迫引起植物生理过程的改变称为胁变。在一定范围内，胁迫越强产生的胁变也越大。胁变的程度取决于胁迫强度和胁迫持续时间。植物胁变中的生理过程是复杂的，植物细胞的生理过程是在严密的调节之下进行的，各生理参数之间既相互联系又相互制约，以保持植物在正常环境或逆境中得以生长。植物忍耐干旱胁迫在很大程度上依赖于它们通过溶质积累以保持细胞膨压的渗透调节能力，从而保证其相对稳定生长（Wang et al., 1995）。植物在适应干旱逆境的过程中逐步形成了一套生理调节机制和防御活性氧离子毒害的保护酶系统，从而保障植物在因水分亏缺造成各种损伤之前，就对胁迫做出适应性调节反应，使其自身做出最优化的选择（程炳浩，1995），而植物体所具有的这种渗透调节功能、保护体系也是植物在长期进化过程中所演化出的适应干旱的机制和策略，是其能够忍耐干旱胁迫的重要物质基础（刘建新和赵国林，2005）。叶片的渗透调节物质及抗氧化酶活性可作为评价植物抗旱性的有效评价指标（时丽冉和刘志华，2010）。

自然条件下，胡杨成年植株对地下水位变化有明显的生理生化响应。研究表明，胡杨叶片中脯氨酸（Pro）的积累与地下水位梯度变化存在密切关系，胡杨叶片中脯氨酸含量随地下水位的降低和水分胁迫程度的加剧而增加（陈亚宁等，2003；徐海量等，2003；陈亚鹏等，2004a）；而胡杨叶片中丙二醛（MDA）的含量则随着地下水位的下降、干旱胁迫程度的加剧呈现出明显增加趋势（陈亚鹏等，2004b）。随着地下水位的下降，胡杨叶片中可溶性糖与脯氨酸含量呈增加趋势；在干旱胁迫下，胡杨植株通过可溶性糖、脯氨酸等渗透调节物质的积累来增强自身的抗旱性，可溶性糖和脯氨酸的积累存在互相补偿的关系（陈敏等，2007）。但胡杨、灰杨幼龄期不同生长阶段生理生化特性及光合生理特性对干旱胁迫的响应是否存在差异，目前尚未见系统研究。本章以 1～3 年生胡杨、灰杨幼苗（树）为试验对象，研究干旱胁迫对胡杨、灰杨叶片中渗透调节物质和保护酶活性的影响，以及对光合生理的影响，旨在阐明胡杨、灰杨抵御干旱胁迫的内在机制，为塔里木河流域退化生态系统的恢复及重建提供科学的理论依据。

# 3.1 材料与方法

## 3.1.1 一年生幼苗干旱胁迫试验

在花盆（营养土）中播种胡杨种子，覆膜后置于 30℃培养室中培养萌发。2 个月后将幼苗移栽至装有培养土的花盆中，每盆 5～7 株，幼苗移栽前 2 天浇透水，移栽时轻轻敲碎土坨，尽量避免对根的损坏。

培养 4 个月后，取出胡杨幼苗，清洗干净，转入盛有蒸馏水的容器中继续培养。当胡杨幼苗有新根长出后，用质量分数为 0（对照）、5%、10%、15%、20%、25%和 30%的聚乙二醇 6000（polyethylene glycol 6000，PEG6000）溶液对其进行胁迫处理。期间光照 16h/天，培养室保持 30℃。胁迫处理 4h、8h、12h 和 24h 后采集幼苗叶片和根部测定生理生化指标：超氧化物歧化酶（superoxide dismutase，SOD）、过氧化物酶（peroxidase，POD）、过氧化氢酶（catalase，CAT）、丙二醛（malondialdehyde，MDA）含量和叶绿素 a、b 含量。每个指标测定 3 次。

SOD 活性的测定采用氮蓝四唑（nitro-blue tetrazolium，NBT）法（李合生，1999）。取 0.1g 叶或根部组织于预冷的研钵中，加 1ml 预冷的 0.05mol/L 磷酸缓冲液（pH 7.8）和少量石英砂在冰浴上研磨成浆，继续加缓冲液使终体积为 5ml。4000r/min 下离心 20min，上清液即为 SOD 粗酶液。取 50ml 试管，分别依次加入 1.5ml 磷酸缓冲液、0.3ml 130mmol/L 甲硫氨酸溶液、0.3ml 750μmol/L NBT 溶液、0.3ml 100μmol/L EDTA-$Na_2$ 溶液、0.3ml 20μmol/L 核黄素溶液、0.1ml 酶液和 0.2ml 蒸馏水，充分混匀。以磷酸缓冲液代替酶液做两支对照。将一支对照管置于黑暗条件下，另一支对照与样品反应管置于 4000lx 日光下反应 20min。反应结束后，以黑暗环境下的对照管为空白对照，在 560nm 处测量吸光值（$A_{CK}$，$A_E$），按下面的公式计算酶活性。

$$\text{SOD 总活性（}U/\text{g）} = \frac{(A_{CK} - A_E) \times V_T}{0.5 \times A_{CK} \times W \times V_S}$$

式中，$A_{CK}$ 为对照组的吸光值；$A_E$ 为每个样品管的吸光值；$V_T$ 为提取液总体积（ml）；$V_S$ 为所用提取液体积（ml）；$W$ 为样品鲜重（g）。

CAT 活性的测定采用紫外吸收法（李合生，1999）。取 0.1g 叶或根部组织于预冷的研钵中，加适量预冷的 0.05mol/L 磷酸缓冲液（pH 7.0）及少量石英砂，在冰浴上研磨成浆，再加缓冲液使终体积为 5ml。在 4℃、15 000*g* 下离心 15min，上清液即为酶粗提液，置于 4℃下保存备用。取酶粗提液 0.2ml，加 1.5ml 磷酸缓冲液和 1ml 蒸馏水，再加入 0.3ml 0.1mol/L 过氧化氢，迅速摇匀，立即计时。1min 后用分光光度计测量 240nm 波长的吸光度值（$A_{240}$）。每隔 1min 比色测量一次吸光度值，连续记录 5min。

用杀死的酶液代替提取液作为对照组，以蒸馏水为空白对照。

以每分钟 $A_{240}$ 下降 0.01 为一个酶活单位（unit，$U$），按下式计算 CAT 活性：

$$\text{CAT 活性}[\text{U/(g·min)}]=\frac{\Delta A_{240}\times V_{\text{T}}}{W\times V_{\text{S}}\times 0.01\times t}$$

式中，$\Delta A_{240}$ 为反应时间内吸光值的变化；$V_{\text{T}}$ 为提取液总体积（ml）；$W$ 为样品鲜重（g）；$V_{\text{S}}$ 为测定时取用酶液体积（ml）；$t$ 为反应时间（min）。

POD 活性的测定采用愈创木酚法（李合生，1999）。取 0.1g 叶片或根部组织于预冷的研钵中，加适量预冷的 0.05mol/L 磷酸缓冲液（pH 6.0）及少量石英砂，在冰浴上研磨成浆，加缓冲液使终体积为 5ml。以 4000r/min 离心 10min，收集上清液，置于 4℃下保存备用。在试管中依次加入 2ml 磷酸缓冲液，1ml 2% $H_2O_2$，1ml 0.05mol/L 愈创木酚和 1ml 酶提取液，以磷酸缓冲液为空白对照。摇匀后倒入比色皿后立即计时，用分光光度计于 470nm 波长下测量吸光度值（$A_{470}$），每隔 30s 读数一次，共测 3min。以每分钟 $A_{470}$ 变化 0.01 为一个活性单位（U），按下式计算 POD 活性：

$$\text{POD 活性}[\text{U/(g·min)}]=\frac{\Delta A_{470}\times V_{\text{T}}}{W\times V_{\text{S}}\times 0.01\times t}$$

MDA 含量的测定采用硫代巴比妥酸法（李合生，1999）。取 0.1g 胡杨叶或根部组织，加入 5%三氯乙酸 5ml 和少量石英砂进行研磨，研磨后所得匀浆在 3000r/min 下离心 10min。取上清液 2ml（对照管加蒸馏水 2ml），加入 0.67%硫代巴比妥酸（thiobarbituric acid，TBA）2ml，摇匀后在 100℃水浴上煮沸 30min，迅速冷却后离心。取出离心管中的上清液，用分光光度计测定 450nm、532nm 和 600nm 处的吸光度值（$A_{450}$、$A_{532}$、$A_{600}$）。按以下公式计算提取液中 MDA 浓度 $C$（μmol/L）和叶根部组织中 MDA 含量（nmol/g）：

$$C\text{（μmol/L）}=6.45(A_{532}-A_{600})-0.56A_{450}$$

$$\text{MDA 含量（μmol/g）}=\frac{C(\text{μmol/L})\times\text{反应体系总体积(L)}\times\dfrac{\text{提取液总取液(ml)}}{\text{测定时提取液体积(ml)}}}{\text{样品鲜重(g)}}$$

叶绿素 a、叶绿素 b 含量的测定采用双波长比色法（李合生，1999）。称取 0.1g 新鲜叶片剪碎，加入 95%乙醇共研磨成匀浆，密封后置于 26℃恒温培养箱中避光保存 24h。浸提至材料全变为白色。将浸提液倒入比色皿内，以 95%乙醇为空白对照，用分光光度计测定 665nm 和 649nm 处的吸光度值（$A_{665}$ 和 $A_{649}$），根据以下公式计算叶绿素 a、叶绿素 b 的含量（mg/g）：

$$C_{\text{a}}=13.95A_{665}-6.88A_{649}$$

$$C_b=24.96A_{649}-7.32A_{665}$$

### 3.1.2 两年生幼树干旱胁迫试验

试验材料采自新疆生产建设兵团第一师十一团苗圃。于 6 月下旬选择长势基本一致的胡杨、灰杨两年生实生苗，移栽于内径为 22cm、高度为 27cm 的生长盆里。胡杨、灰杨各栽植 18 盆，每盆栽植 3～6 株幼树，装土 7kg 左右（相当于 6.5kg 干土），在智能温室中生长至 8 月初。然后将生长盆移到遮雨棚中，开始干旱胁迫处理。

每个物种设置 3 个水分处理：适宜水分、中度干旱胁迫和重度干旱胁迫，相应的生长盆中土壤含水量分别为田间持水量的 70%～80%、50%～60%和 30%～40%。每一个水分处理下，土壤含水量的上限与下限之差为田间持水量的 10%（干旱胁迫试验设计见表 3-1）。每个处理设置 6 盆作为重复。供试土壤采自苗圃，属于林灌草甸土，田间持水量 26.47%。

**表 3-1　干旱胁迫试验设计**

| 处理代号 | 物种 | 土壤含水量 |
|---|---|---|
| NW | 胡杨 | 适宜水分，土壤田间持水量的 70%～80% |
| MW | 胡杨 | 中度干旱胁迫，土壤田间持水量的 50%～60% |
| SW | 胡杨 | 重度干旱胁迫，土壤田间持水量的 30%～40% |
| NW′ | 灰杨 | 适宜水分，土壤田间持水量的 70%～80% |
| MW′ | 灰杨 | 中度干旱胁迫，土壤田间持水量的 50%～60% |
| SW′ | 灰杨 | 重度干旱胁迫，土壤田间持水量的 30%～40% |

用重量法来确定各盆的灌水量。每次灌水时都进行称重，使生长盆中土壤湿度达到试验设计的范围。从 8 月 6 日开始，每天下午 20:00 时用感量为千分之一的电子秤称盆重，由此计算出土壤含水量，并判断是否需要灌水及灌水量。只有盆中土壤含水量低于处理的下限含水量时，才补充水分至接近上限含水量水平。整个干旱胁迫处理期间，盆中土壤含水量始终控制在试验设计的范围之内。

光合作用生理指标日变化的测定：从 8 月上旬开始，分别在干旱胁迫的初、中、后期（干旱胁迫后的 12 天、28 天、44 天）选择晴朗的天气，从每个生长盆中选取长势一致的 3 棵样株，每株选择一片中上部成熟健康叶片，即每个处理选择了 18 片叶作为测定叶（注：以下试验所有参数测定时取样部位及方法均与此相同）。测定时间为 10:00～20:00，从 10:00 开始每隔 2h 用 Li-6400 便携式光合作用测定系统（LICOR，美国）测定一次光合指标，测定时采用的是开路系统，$CO_2$

气体采自遮雨棚顶部，浓度在 380ppm[①]左右。测定的光合作用生理指标有净光合速率（net photosynthesis rate，Pn）、蒸腾速率（transpiration rate，Tr）、胞间 $CO_2$ 浓度（intercellular carbon dioxide concentration，Ci）、气孔导度（stomatal conductance，Gs）等。并用单叶净光合速率与蒸腾速率之比，即 WUE=Pn/Tr 来计算水分利用效率（water use efficiency，WUE），用净光合速率与光合有效辐射强度（photosynthetically active radiation，PAR）的比值，即 QUE=Pn/PAR 来计算光能利用效率（radiation use efficiency，QUE）。

**光化学效率参数日变化的测定：**与光合作用生理指标日变化同步，用 PAM-2100 便携式叶绿素荧光分析仪（WALZ，德国）测定光化学参数，每个处理测定 18 个叶片。测定的前一天傍晚，从每个处理的 6 个生长盆中任选 3 盆搬入暗室内，使胡杨、灰杨幼树经过一夜的充分暗适应。测量当日清晨 8:00 开始测定暗适应后叶片叶绿素荧光诱导动力学参数。然后再从 10:00 开始测定光适应后的胡杨、灰杨光化学参数的日变化参数。在 8:00 时，打开测量光[measuring light，0.1μmol/($m^2$·s)]测定暗适应叶片的最小荧光（minimal fluorescence，Fo），然后打开饱和光[saturating flash light，4000μmol/($m^2$·s)]测定暗适应叶片的最大荧光（maximal fluorescence，Fm）。在 10:00 时，每隔 2h 测定一次光适应后的光化学效率参数。先打开测量光[0.1μmol/($m^2$·s)]，测定光适应后叶片的稳态荧光（steady-state fluorescence，Fs），然后打开饱和脉冲光[光强 5000μmol/($m^2$·s)]测定光适应后的最大荧光（Fm′），关掉光化学光，打开远红光（far-red light）激发光系统Ⅱ（photosystem Ⅱ，PSⅡ），使 PSⅡ电子传递体处于氧化状态，测定光适应叶片的最小荧光（Fo′）。

光化学效率由 PSⅡ实际的光化学反应量子效率（quantum efficiency of photosystem Ⅱ，*Φ*PSⅡ）与非循环电子传递速率（electron transport rate，ETR）来表示，并按下面的公式计算光化学淬灭系数（photochemical quenching coefficient，qP）和非光化学淬灭系数（non-photochemical quenching coefficient，NPQ）（White and Critchley，1999）。

$$\Phi PSII=(Fm'-Fs)/Fm'$$

$$ETR=[(Fm'-Fs)\times PAR\times 0.5\times 0.84]/Fm$$

$$qP=(Fm'-Fs)/(Fm'-Fo')$$

$$NPQ=Fm/Fm'-1$$

固定光照强度下瞬时光合参数的测定：选择干旱胁迫后第 8 天、第 16 天、第 24 天、第 32 天、第 40 天、第 48 天，在上午 10:00～12:30，用 Li-6400 光合作用分析仪的 6400-02B 红蓝 LED 光源，将光量子通量密度控制在 1000～1200μmol/($m^2$·s)，活体测定固定光照强度条件下各处理瞬时光合参数（instantaneous apparent to photosynthetic rate，IAPR）：净光合速率、蒸腾速率、胞间 $CO_2$ 浓度、气孔导度及

① 1ppm=$10^{-6}$。

水分利用效率和光能利用效率。取样方法与部位同日变化测定，$CO_2$ 气体采自遮雨棚顶部空气，浓度在 380ppm 左右。

瞬时叶绿素荧光参数的测定：与固定光强下瞬时光合参数的测定同步，选择干旱胁迫后第 8 天、第 16 天、第 24 天、第 32 天、第 40 天、第 48 天，在上午测定叶绿素荧光诱导动力学参数。测定前一天，从每个处理的 6 个生长盆中任选 3 盆搬入暗室内。进行一夜充分的暗适应后，于次日凌晨测定叶绿素荧光诱导动力学参数。首先打开测量光[measuring light，光源为 650nm 红光二极管，强度为 0.1μmol/($m^2$·s)，频率为 0.6kHz]测定经过充分暗适应后叶片的最小荧光（Fo），然后打开一个持续 0.8s 的饱和脉冲光[saturating flash light，强度为 5000μmol/($m^2$·s)，频率为 20kHz]测量暗适应叶片的最大荧光（Fm），再打开光化光[actinic light，光源为 665nm 红光二极管，强度为 600μmol/($m^2$·s)]，使叶片受光照，进行光合作用诱导，当叶片对光适应后，打开测量光测定经过光适应后叶片的稳态荧光（Fs），然后再打开一个持续 0.8s 的饱和脉冲光，测定光适应后的最大荧光（Fm′），再关掉光化学光，打开远红光（far-red light，730nm，光强为 15w/$m^2$）激发 PSⅡ，使 PSⅡ电子传递体处于氧化状态，测定光适应叶片的最小荧光（Fo′）。计算暗适应下 PSⅡ的最大量子产额（Fv/Fm）、光适应下 PSⅡ的最大量子产额（Fv′/Fm′）。

$$Fv/Fm=(Fm-Fo)/Fm$$

$$Fv'/Fm'=(Fm'-Fo')/Fm'$$

光合作用-光响应曲线的测定：在干旱胁迫的中后期，选择晴天，利用开放气路，以 Li-6400 仪器配套的 $CO_2$ 注入系统提供的 $CO_2$ 为气源（$CO_2$ 浓度为 375μmol/mol，气体流速为 0.5L/min，相对湿度为 50%），叶室温度设为 25℃，测定不同光合有效辐射强度下叶片的光合生理指标。叶室中的光合有效辐射强度（即光强）通过 Li-6400 便携式光合测量系统的 6400-02B 红蓝 LED 光源来控制，它能在光量子通量密度（photosynthetic photo flux density，PPFD，简称光强）0～3000μmol/($m^2$·s)内根据试验要求设定。用 Li-6400 自动光响应曲线“Light-curve”测定功能，将红蓝光源设定一系列 PPFD 梯度：0μmol/($m^2$·s)、20μmol/($m^2$·s)、50μmol/($m^2$·s)、100μmol/($m^2$·s)、200μmol/($m^2$·s)、300μmol/($m^2$·s)、500μmol/($m^2$·s)、1000μmol/($m^2$·s)、1200μmol($m^2$·s)、1400μmol/($m^2$·s)、1600μmol/($m^2$·s)、1800μmol/($m^2$·s)、2000μmol/($m^2$·s)、2500μmol/($m^2$·s)、2800μmol/($m^2$·s)、3000μmol/($m^2$·s)。光响应曲线的测定时间是 9:30～13:30，每一光强下停留 3min。以光强（PPFD）为横轴，净光合速率（Pn）为纵轴绘制光合作用-光响应曲线（Pn-PPFD 曲线），拟合光合作用-光响应曲线方程，计算光补偿点（light compensation point，LCP）、光饱和点（light saturation point，LSP）、最大净光合速率（maximum net photosynthetic rate，$Pn_{max}$）及表观量子效率（apparent quantum yield，AQY）。

### 3.1.3　三年生幼树干旱胁迫试验

选择长势基本一致的三年生胡杨、灰杨幼树移栽于内径 22cm、高 27cm 的生长盆中。每盆装相当于 6.5kg 干土量的湿土，土壤采自苗圃，属于林灌草甸土，田间持水量为 24.43%。设置 4 个水分处理：适宜水分（CK，土壤相对含水量 75%～80%，即土壤实际含水量占田间持水量的 75%～80%，下同）、轻度干旱胁迫（土壤相对含水量 60%～65%）、中度干旱胁迫（土壤相对含水量 45%～50%）和重度干旱胁迫（土壤相对含水量 30%～35%）。每个处理设置 6 盆作为重复，共计 24 盆，每盆栽植 3 株幼苗，并在遮雨棚下培养，待苗木正常生长 2 个月之后，开始按试验设计进行干旱胁迫处理。

采用称重法与取土烘干法来测定盆内土壤含水量。每天 20：00 用千分之一电子天平称盆的重量，以此确定灌水量。当盆内土壤含水量低于处理的下限含水量时，再补充水分，整个试验期间，盆内土壤的含水量始终控制在试验设计的范围之内。处理后每隔 15 天选取 3 株幼苗上健康完整的叶片充分混合后测定各项生理指标。

可溶性糖含量测定采用蒽酮比色法（邹琦，2000），游离脯氨酸（proline，Pro）含量测定采用酸性茚三酮比色法（邹琦，2000）。可溶性蛋白质含量测定采用考马斯亮蓝法（邹琦，2000），MDA 含量测定采用硫代巴比妥酸法（李合生，1999），CAT 活性的测定采用紫外吸收法（李合生，1999），POD 活性的测定采用愈创木酚法（李合生，1999）。

### 3.1.4　数据分析

采用 Excel6.0 进行线性回归分析；用 SAS（The SAS System for windows 6.12）进行方差分析；用 SPSS10.0 统计分析软件进行光合作用-光响应曲线方程的拟合。

## 3.2　幼苗对干旱胁迫的生理生化响应

### 3.2.1　干旱胁迫对幼苗超氧化物歧化酶活性的影响

超氧化物歧化酶（SOD）是植物抗氧化系统中极为重要的一种保护酶，是对抗氧化损伤的第一道防线，能够催化超氧化物基团歧化产生 $O_2$ 和 $H_2O$，是植物活性氧代谢的关键酶。图 3-1 显示，当 PEG6000 质量分数低于 25%时，随着干旱胁迫时间的延长，胡杨幼苗叶片和根部 SOD 活性均显著增强（$P<0.05$）；而且随着 PEG6000 质量分数的增加而增幅变大；当 PEG6000 质量分数达到 30%时，SOD 活性先升高后降低；各处理组与对照组相比虽然也有增加，但是增幅骤减，且 24h 时与对照组无差异。叶片 SOD 活性在 PEG6000 质量分数为 20%

胁迫 24h 时达到最大值 868U/g，为对照组的 2.7 倍；根部也在 PEG6000 质量分数为 20%胁迫 24h 时达到最大值 891U/g，为对照组的 2.5 倍。随着 PEG6000 质量分数的增加，叶片与根部 SOD 活性变化趋势相似，在 PEG6000 低质量分数时（5%～25%），随着胁迫时间的延长 SOD 活性增强，消除自由基对胡杨的影响；在 PEG6000 质量分数为 30%时，SOD 活性随着胁迫时间的延长先增高后降低，但仍显著高于对照组，说明高质量分数的 PEG6000 胁迫时，SOD 继续保持较高活性水平。

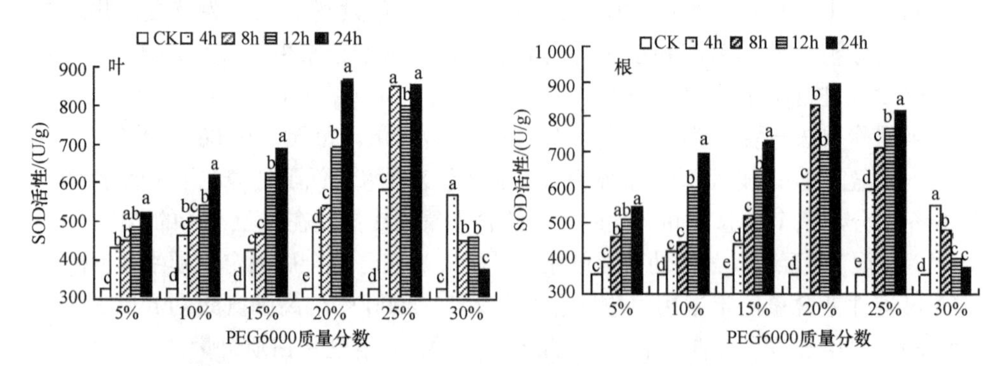


图 3-1　不同质量分数 PEG6000 胁迫不同时间对胡杨幼苗叶片和根部组织 SOD 活性的影响

### 3.2.2　干旱胁迫对幼苗过氧化物酶活性的影响

过氧化物酶（POD）的主要生理功能是催化过氧化氢及某些酚类的分解，抑制过氧化物对细胞膜系统的伤害，维持细胞膜的稳定性和完整性，提高植物抗逆性。图 3-2 显示，当 PEG6000 质量分数低于 25%时，随着干旱胁迫时间的延长，胡杨幼苗叶片和根部 POD 活性均显著增强（$P<0.05$）；而且随着 PEG6000 质量分数的增加而增幅变大；当 PEG6000 质量分数达到 30%时，POD 活性先升高后降低；各处理组与对照组相比虽然也有增加，但是增幅骤减，且 24h 时叶片和根部与对照组相比，仅为对照组的 1.05 倍和 1.18 倍。叶片 POD 活性在 PEG6000 质量分数为 25%胁迫 12h 时达到最大值 3827U/(g·min)，为对照组的 2.9 倍；根部 POD 活性也在 PEG6000 质量分数为 20%胁迫 24h 时达到最大值为 3636U/(g·min)，为对照组的 3.0 倍。随着 PEG6000 质量分数的增加，叶片与根部 POD 活性变化趋势相似，在 PEG6000 低质量分数时（5%～25%），随着胁迫时间的延长 POD 活性增强，抑制了过氧化物对细胞膜系统的伤害；质量分数为 30%时，POD 活性随着胁迫时间的延长先增高后降低，但仍显著高于对照组或无显著差异，说明高质量分数的 PEG6000 胁迫时，胡杨叶和根中 POD 继续保持较高活性水平。

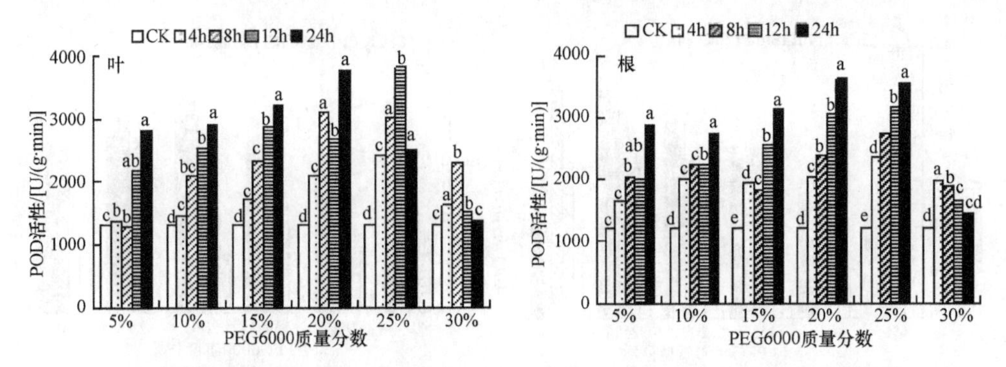


图 3-2 不同质量分数 PEG6000 胁迫不同时间对胡杨幼苗叶片和根部组织 POD 活性的影响

### 3.2.3 干旱胁迫对幼苗过氧化氢酶活性的影响

过氧化氢酶（CAT）是生物防御体系的关键酶之一，它能催化 $H_2O_2$ 生成 $H_2O$，从而清除生物体内的 $H_2O_2$，保护细胞免受 $H_2O_2$ 氧化损伤。图 3-3 显示，随着干旱胁迫时间的延长，胡杨幼苗叶片和根部 CAT 活性均显著增加（$P<0.05$）；而且随着 PEG6000 质量分数的增加而增幅变大；在 PEG6000 质量分数为 30%时，CAT 活性增幅变小且随着胁迫时间的延长呈下降趋势。叶片 CAT 活性在 PEG6000 质量分数为 25%胁迫 24h 时达到最大值 505U/(g·min)，为对照组的 3.8 倍，根部 CAT 活性也在 PEG6000 质量分数为 20%胁迫 24h 时达到最大值 454U/(g·min)，为对照组的 4.6 倍。随着 PEG6000 质量分数的增加，叶片与根部 CAT 活性变化趋势相似，在低 PEG6000 质量分数时（5%～25%），随着胁迫时间的延长 CAT 活性增强，清除了胡杨体内的过氧化氢，保护细胞免受损伤；质量分数为 30%时，CAT 活性随着胁迫时间的延长而先增高后降低，但仍显著高于对照组，说明高质量分数的 PEG6000 胁迫时，CAT 继续保持较高活性水平。

### 3.2.4 干旱胁迫对幼苗丙二醛含量的影响

图 3-4 显示，随着干旱胁迫时间的延长，不同 PEG6000 浓度溶液处理后胡杨幼苗叶片和根部丙二醛（MDA）含量均不断增加。相同 PEG6000 浓度溶液处理下，不同胁迫时间的胡杨幼苗叶片（或根部）MDA 含量之间差异显著（$P<0.05$）；而且在 PEG6000 质量分数较低时（5%～15%），随着胁迫时间延长，MDA 含量的增幅较小，当 PGE 质量分数高于 15%时，随着胁迫时间延长，MDA 含量增幅变大；叶片 MDA 含量在 PEG6000 质量分数为 30%胁迫 24h 达到最大值 57μmol/g，为对照组的 14 倍；根部 MDA 含量在 PEG6000 质量分数为 25%胁迫 24h 达到最大值 53μmol/g，为对照组的 13 倍。根部与叶片 MDA 含量变化趋势相似，但根部 MDA 含量稍低于叶片。

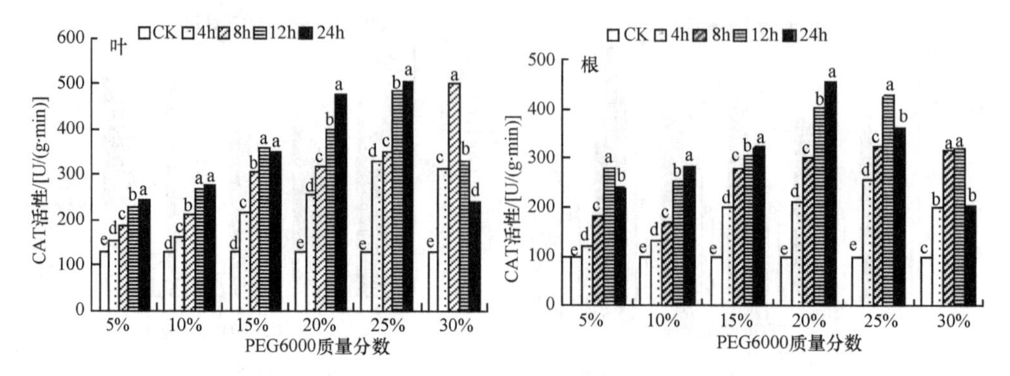


图 3-3 不同质量分数 PEG6000 胁迫不同时间对胡杨幼苗叶片和根部组织 CAT 活性的影响

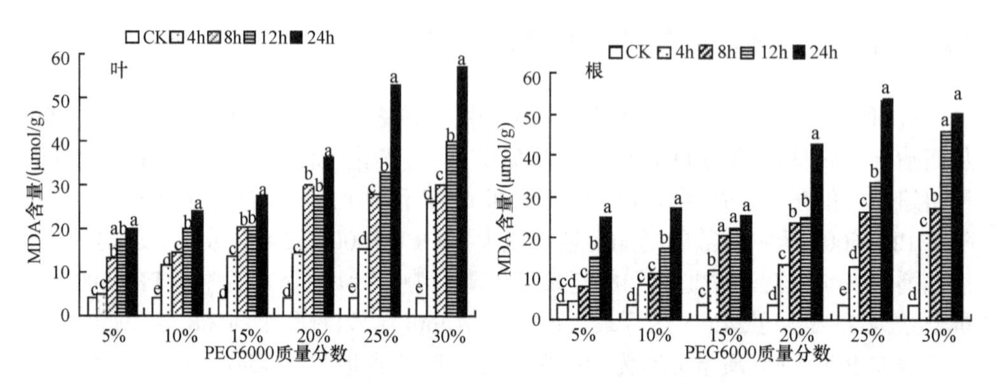


图 3-4 不同质量分数 PEG6000 胁迫不同时间对胡杨幼苗叶片和根部组织 MDA 含量的影响

## 3.2.5 干旱胁迫对幼苗叶绿素含量的影响

叶绿素能吸收和传递光能，并将 $CO_2$ 和水转变为有机物从而使光能变为化学能，所以叶绿素含量是判断植物生活活力的重要指标。图 3-5 显示，叶绿素 a 含量在 PEG6000 质量分数低于 20%时，随着胁迫时间的延长呈上升趋势，在

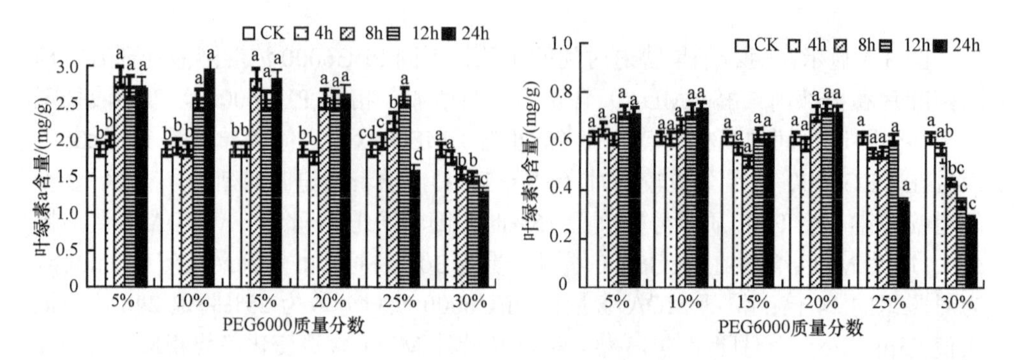


图 3-5 不同质量分数 PEG6000 胁迫不同时间对胡杨幼苗叶片叶绿素 a、b 含量的影响

PEG6000 质量分数为 25%时，随着时间的延长先上升后下降，在 PEG6000 质量分数为 30%时，随着时间的延长呈下降趋势；在 PEG6000 质量分数低于 30%时，叶绿素 b 含量各组间与对照组之间无显著差异，当 PEG6000 质量分数为 30%时，随着时间的延长呈下降趋势。可见低质量分数 PEG6000（5%～25%）对叶绿素含量无显著影响，高质量分数的 PEG6000（30%）胁迫对胡杨造成损伤，叶绿素 a、b 含量均下降。

## 3.3　幼树对干旱胁迫的生理生化响应

### 3.3.1　干旱胁迫对幼树渗透调节物质的影响

#### 3.3.1.1　干旱胁迫对幼树脯氨酸含量的影响

由图 3-6 可以看出，随胁迫时间的延长，胡杨幼树叶片的脯氨酸含量呈逐渐上升的趋势。在胁迫处理的 0～30 天内，随胁迫时间的延长，各胁迫处理的脯氨酸含量均表现为先升后降的趋势，且均高于适宜水分（CK）下的脯氨酸含量。

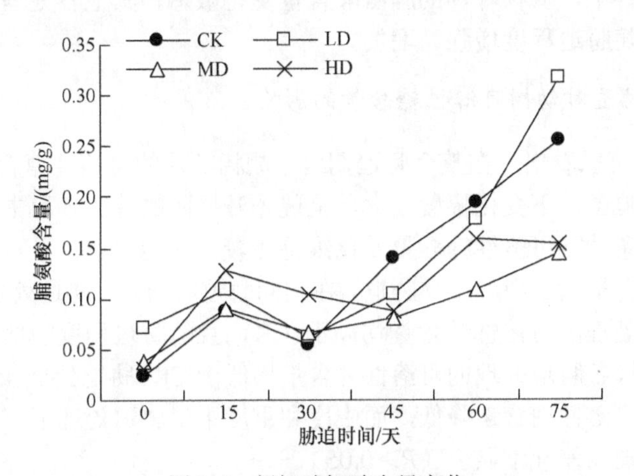


图 3-6　胡杨脯氨酸含量变化

LD、MD、HD 分别为轻度、中度、重度干旱胁迫，CK 为对照，后同

由图 3-7 可知，在整个胁迫处理期间，灰杨各胁迫处理叶片的脯氨酸含量均随胁迫时间的延长表现为曲线上升的趋势，且在胁迫处理各个阶段基本都高于 CK 下的脯氨酸含量。其中，轻度干旱胁迫条件下的脯氨酸含量变化幅度较大，其余各胁迫处理叶片的脯氨酸含量基本都低于轻度干旱胁迫；重度干旱胁迫下的脯氨酸含量又稍高于中度干旱胁迫。整个胁迫期间，灰杨叶片的脯氨酸含量呈累积增加的趋势，且各胁迫处理间差异不显著（$P>0.05$）。

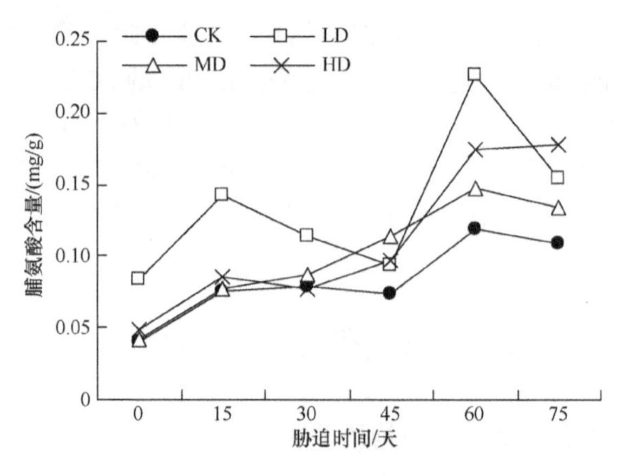


图 3-7 灰杨脯氨酸含量变化

由图 3-6 和图 3-7 可以看出，随土壤干旱胁迫时间的延长，胡杨、灰杨叶片的脯氨酸含量均呈累积增加的趋势。在胁迫处理的 0～30 天内，胡杨叶片的脯氨酸含量随胁迫时间的延长而高于对照，胁迫处理 45 天以后则基本低于对照。在轻度干旱胁迫条件下，灰杨叶片的脯氨酸含量变化敏感，其他各处理在胁迫的各个时期均表现为随胁迫程度增强而增加。

#### 3.3.1.2 干旱胁迫对幼树可溶性糖含量的影响

由图 3-8 可以看出，在整个胁迫期内，胡杨叶片的可溶性糖含量表现为 CK 和轻度干旱胁迫条件下变化幅度较大，呈现先升后降的趋势，而中度干旱胁迫和重度干旱胁迫条件下可溶性糖含量变化维持在较平稳的状态，且重度干旱胁迫条件下可溶性糖含量大于中度干旱胁迫。在相同胁迫时间内，胁迫处理 15 天时，胡杨叶片各胁迫处理的可溶性糖含量均高于 CK，且随胁迫程度的增强而增加；胁迫处理 30 天时，各胁迫处理的可溶性糖含量均低于 CK；胁迫处理 45 天以后，CK 和轻度胁迫的可溶性糖含量降低，而中度和重度干旱胁迫处理下有一定程度的升高，各胁迫处理间差异不显著（$P>0.05$）。

由图 3-9 可以看出，在整个胁迫期内，灰杨叶片各胁迫处理的可溶性糖含量呈曲线上升趋势，且在胁迫处理的各个时期均高于 CK。在相同的胁迫时间内，均表现为中度干旱胁迫＞高度干旱胁迫＞轻度干旱胁迫＞CK，随胁迫程度的增加而增加，各胁迫处理间差异不显著（$P>0.05$）。

比较胡杨、灰杨叶片在不同土壤干旱胁迫条件下的可溶性糖含量变化（图 3-8 和图 3-9）可知，胡杨叶片内可溶性糖含量高于灰杨，在整个胁迫期内，胡杨、灰杨叶片中可溶性糖含量均随着干旱胁迫时间的延长而有一定程度的升高，胡杨叶片的可溶性糖积累对 CK 和轻度干旱胁迫较敏感，而灰杨叶片的可溶性糖含量则呈现随胁迫程度的加剧而增加。

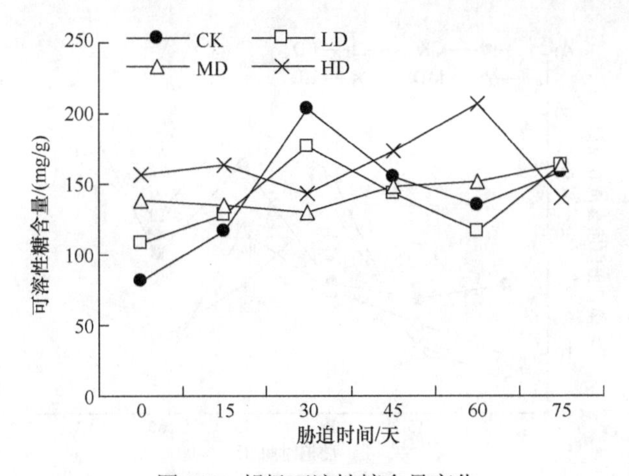


图 3-8　胡杨可溶性糖含量变化

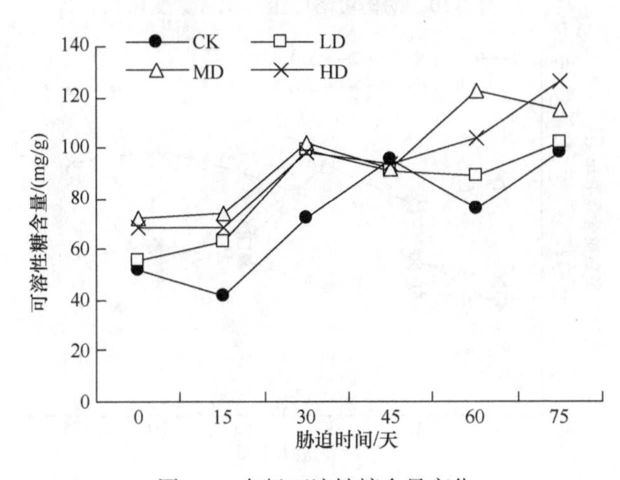


图 3-9　灰杨可溶性糖含量变化

3.3.1.3　干旱胁迫对幼树可溶性蛋白质含量的影响

由图 3-10 可以看出，随胁迫时间的延长，各胁迫处理下胡杨叶片可溶性蛋白质含量均表现为上升—下降—上升的变化趋势。重度干旱胁迫在处理 30 天以后，可溶性蛋白质含量达到峰值，而 CK、轻度干旱胁迫和重度干旱胁迫均在处理 45 天时达到第一个峰值。各胁迫处理的可溶性蛋白质含量均在 60 天以后呈升高的趋势，各胁迫处理间差异不显著（$P>0.05$）。

由图 3-11 可以看出，随胁迫时间的延长，灰杨叶片的可溶性蛋白质在轻度干旱胁迫和中度干旱胁迫下变化幅度较大，在重度干旱胁迫下呈直线上升趋势，在 CK 条件下变化幅度不大。在整个胁迫期内，各胁迫处理可溶性蛋白质含量基本都高于 CK；在胁迫处理 60 天以后，重度干旱胁迫和中度干旱胁迫条件下可溶性蛋白质含量积累高于轻度干旱胁迫和 CK，各胁迫处理间差异不显著（$P>0.05$）。

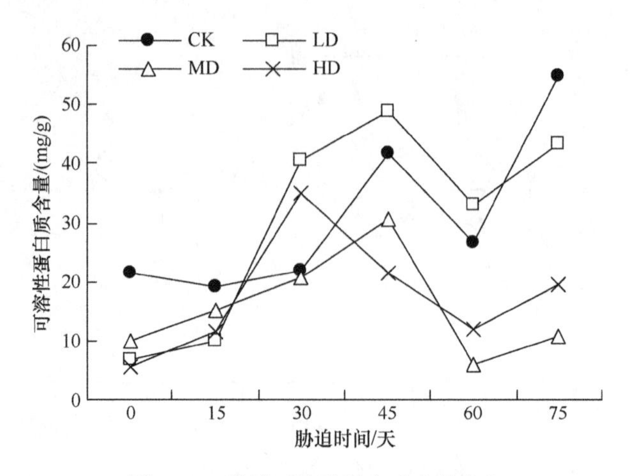


图 3-10 胡杨可溶性蛋白质含量变化

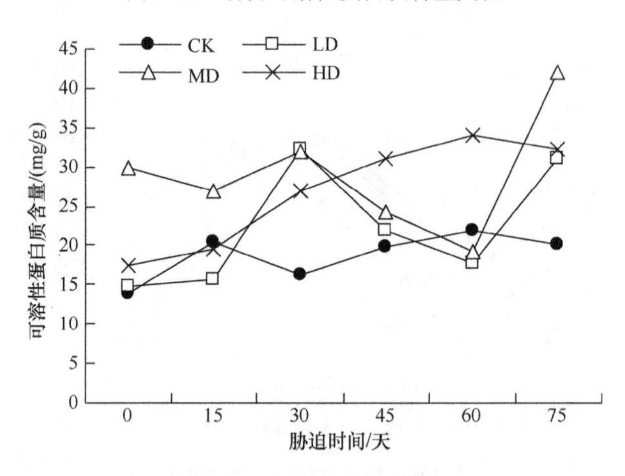


图 3-11 灰杨可溶性蛋白质含量变化

由图 3-10 和图 3-11 可以看出，不同干旱胁迫处理下，胡杨、灰杨叶片的蛋白质含量变化曲线不同，胡杨叶片内可溶性蛋白质含量略高于灰杨，且胡杨叶片的蛋白质含量在轻度干旱胁迫和 CK 条件下维持在较高水平，而灰杨叶片的可溶性蛋白质含量在重度干旱胁迫和中度干旱胁迫条件下较高。

### 3.3.2 干旱胁迫对幼树保护酶活性的影响

#### 3.3.2.1 干旱胁迫对幼树过氧化氢酶活性的影响

过氧化氢酶（CAT）是生物清除活性氧伤害的重要保护酶之一，可以将过氧化物酶（POD）等产生的 $H_2O_2$ 转化成 $H_2O$，与 POD 协同反应，使活性氧维持在较低水平上（胡景江等，1999）。

由图 3-12 可以看出，随胁迫时间的延长，胡杨叶片的 CAT 活性在重度干旱胁迫和适宜水分（CK）条件下呈双峰曲线，在轻度干旱胁迫和中度干旱胁迫处理下先上升后下降，且各胁迫处理的 CAT 活性在处理 75 天有所回升。整个胁迫期内，重度干旱胁迫处理 15 天时出现 1 个峰值，在处理 45 天时出现了第 2 个峰值，胡杨叶片的 CAT 活性在重度干旱胁迫处理的各个时期均维持在较高水平，各胁迫处理间差异不显著（$P>0.05$）。

由图 3-13 可以看出，随胁迫时间的延长，灰杨叶片各胁迫处理下 CAT 活性的变化均呈单峰曲线，且均在胁迫处理 75 天时有所回升；在相同胁迫期内（30 天、45 天）有随胁迫程度的增加而增加的趋势。灰杨在重度干旱胁迫条件下也能维持较高水平的 CAT 活性，各胁迫处理间差异不显著（$P>0.05$）。

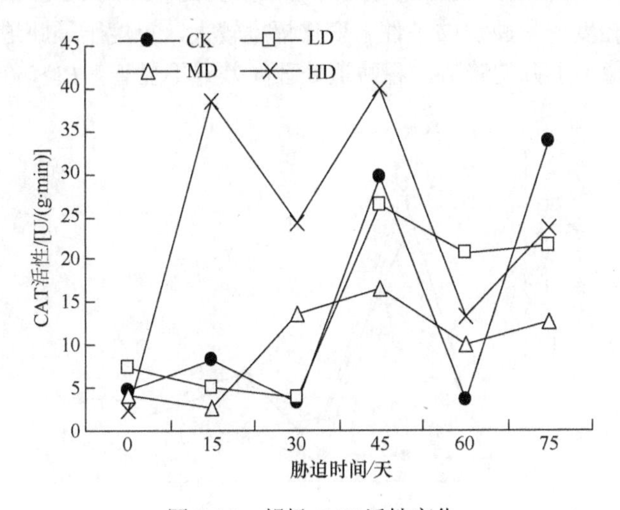


图 3-12　胡杨 CAT 活性变化

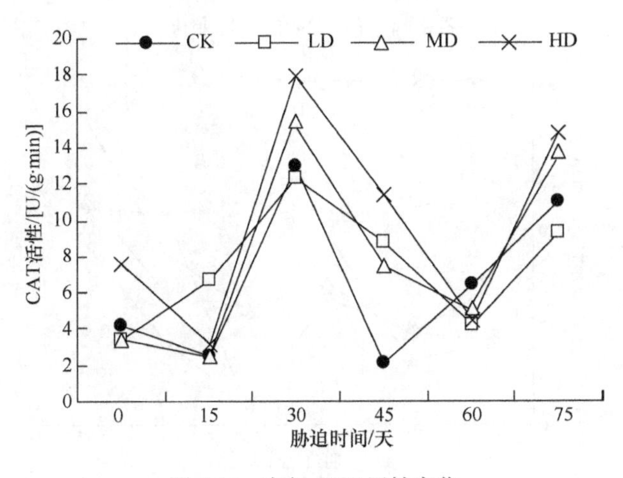


图 3-13　灰杨 CAT 活性变化

由图 3-12 和图 3-13 可以看出，胡杨叶片的 CAT 活性水平整体高于灰杨。胡杨、灰杨在重度干旱时仍能保持较高的酶活性，说明胡杨、灰杨对干旱都有较好的适应能力。

#### 3.3.2.2 干旱胁迫对幼树过氧化物酶活性的影响

由图 3-14 可以看出，在干旱胁迫处理的 0～30 天，胡杨叶片的 POD 活性变化明显呈现单峰曲线型，且随胁迫程度的增强而升高；而在胁迫处理 30 天以后，胡杨叶片的 POD 活性迅速下降并维持平稳，各胁迫处理间差异不显著（$P>0.05$）。

由图 3-15 可以看出，随胁迫时间的延长，灰杨叶片的 POD 活性有增强的趋势，在 CK 和轻度干旱胁迫的条件下变化幅度较大，重度干旱胁迫和中度干旱胁迫条件下保持稳步上升的趋势。各胁迫处理间差异不显著（$P>0.05$）。

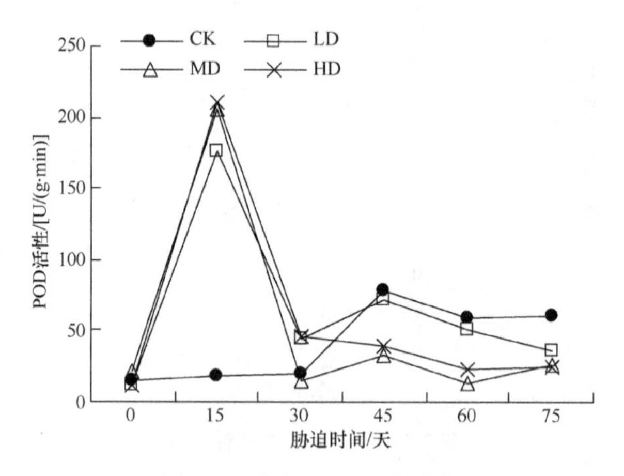


图 3-14 胡杨 POD 活性变化

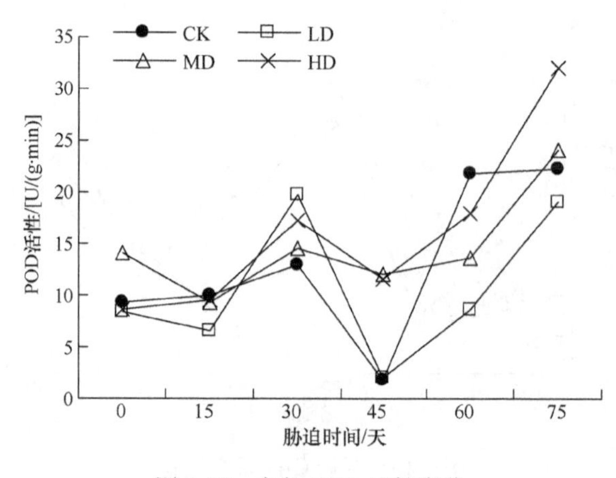


图 3-15 灰杨 POD 活性变化

由图 3-14 和图 3-15 可以看出，胡杨叶片的 POD 活性水平远远高于灰杨。说明在干旱胁迫条件下，胡杨体内的自由基清除能力大于灰杨，对逆境胁迫的适应能力更强。

### 3.3.3　干旱胁迫对幼树丙二醛含量的影响

丙二醛（MDA）是脂质过氧化的主要产物之一，其积累是活性氧毒害作用的表现。MDA 含量越高，表明细胞膜系统伤害越重。由图 3-16 看出，随胁迫时间的延长，胡杨叶片的 MDA 含量呈现上升—下降—上升的趋势，且在整个胁迫期内，胡杨各胁迫处理的 MDA 含量均高于适宜水分（CK）。除中度干旱胁迫在处理 30 天达到峰值外，其余各胁迫处理均在 45 天时达到第 1 个峰值。各胁迫处理的 MDA 含量在 75 天时有一定程度的回升，尤其是在重度干旱胁迫条件下，甚至高于第 1 个峰值，这与同期（75 天）测定的、较低的 POD 活性的研究结果相一致。各胁迫处理间差异不显著（$P>0.05$）。

由图 3-17 可以看出，灰杨在整个胁迫期间，各处理均随胁迫时间的延长呈逐渐上升的趋势，在相同胁迫时间内，各胁迫处理的 MDA 含量均高于 CK，且中度干旱胁迫和重度干旱胁迫条件下的 MDA 含量高于轻度干旱胁迫条件下的。各胁迫处理间差异显著（$P<0.05$）。

由图 3-16 和图 3-17 可以看出，土壤干旱胁迫条件下，胡杨、灰杨叶片的 MDA 含量均高于 CK，并随干旱胁迫时间的延长呈增加趋势，胡杨叶片内的 MDA 含量高于灰杨。在胁迫过程中，胡杨叶片的 MDA 含量的增幅明显，具有持续、快速累加的效应，结合同期对其保护酶活性的测定结果说明，持续较长时间的重度干旱，胡杨叶片受到不可逆的伤害，保护酶体系（POD、CAT）的整体活性降低，

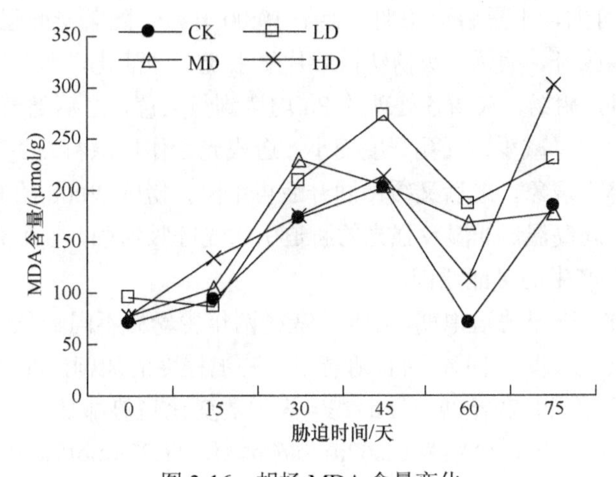


图 3-16　胡杨 MDA 含量变化

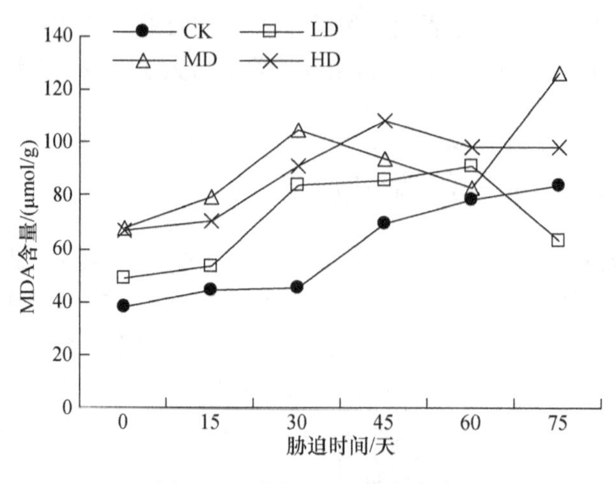


图 3-17 灰杨 MDA 含量变化

组织受到损害。但由于 CK 下胡杨、灰杨叶片 MDA 含量在生长后期也逐步增加，因此干旱胁迫后期 MDA 的累积量在一定程度上与植株进入生长末期的衰老机制有关（韩蕊莲等，2002）。

## 3.4 幼树对干旱胁迫的光合生理响应

### 3.4.1 干旱胁迫对幼树光合生理指标日变化的影响

（1）净光合速率（Pn）日变化：由图 3-18～图 3-20 可知，胡杨、灰杨两年生幼树在干旱胁迫初期、中期和后期各处理间 Pn 日变化趋势均有所不同。

由图 3-18 可知，干旱胁迫初期，上午 10:00 开始，随着光照强度增大、气温升高、气孔逐渐张开，胡杨、灰杨幼树叶片酶系统充分活化，光合作用逐渐加快，到中午 14:00 时，胡杨、灰杨各处理的 Pn 均达到最大值，之后随着相对大气湿度的降低，叶片含水量减少，气孔开度变小，造成光合作用原料 $CO_2$ 的减少，16:00 出现光合“午休”现象，之后又缓慢回升后再下降，傍晚 20:00 的 Pn 值降至一天中的最低点。午间高温、低湿及强光的胁迫引起光呼吸增强，导致光合速率下降，是光合“午休”产生的可能原因。

与初期相比，干旱胁迫中期，胡杨、灰杨两年生幼树不同干旱处理间 Pn 日变化规律均有所变化（图 3-19），而且随着干旱胁迫程度的加剧，Pn 曲线逐渐降低。适宜水分处理下胡杨、灰杨幼树 Pn 在一天中的变化趋势都是先升高后降低，Pn 最大值均在 12:00 出现，分别为 22.02μmol/($m^2$·s)、11.37μmol/($m^2$·s)，16:00 时 Pn 值出现低谷，分别为 14.10μmol/($m^2$·s)、5.41μmol/($m^2$·s)。与胁迫初期不同，中

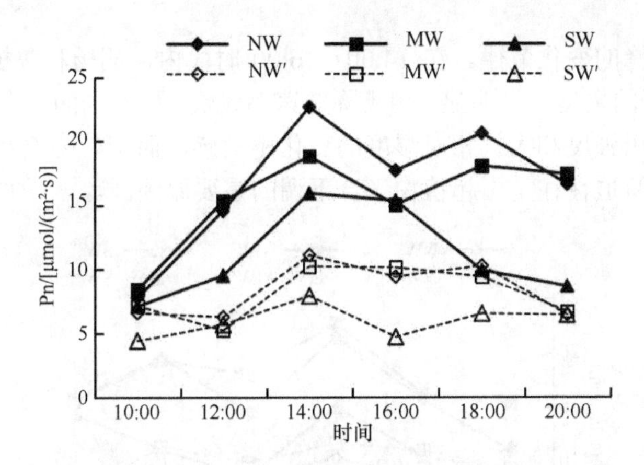


图 3-18　干旱胁迫初期幼树净光合速率日变化

NW、MW、SW 分别代表胡杨适宜水分处理、中度干旱胁迫、重度干旱胁迫；NW′、MW′、SW′分别代表灰杨适宜水分处理、中度干旱胁迫、重度干旱胁迫，后同

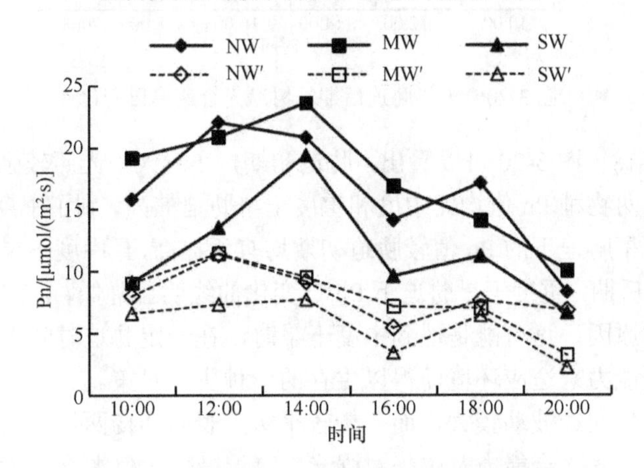


图 3-19　干旱胁迫中期幼树净光合速率日变化

期中度干旱胁迫下两物种 Pn 日变化呈单峰曲线，胡杨、灰杨 Pn 高峰分别出现在 14:00 和 12:00，峰值为 23.59μmol/($m^2$·s)和 11.44μmol/($m^2$·s)，比初期的峰值分别高出 20.31%和 10.55%。灰杨 Pn 峰值较胁迫初期提前出现，说明在中度干旱胁迫下灰杨两年生幼树的生理活动受到了影响，为了适应干旱的环境条件其生活节律有所提前。重度干旱胁迫下胡杨、灰杨两年生幼树 Pn 日变化曲线明显低于中度胁迫，表明土壤相对含水量在 30%～40%的水分条件下，两物种的两年生幼树光合作用均受到了明显的抑制。

干旱胁迫后期，胡杨、灰杨幼树各处理 Pn 日变化节律基本一致（图 3-20），都呈现出“双峰”曲线类型。Pn 最高峰均出现在 14:00，经过持续的干旱胁迫后，胡杨 Pn 最高峰出现的时间没有发生变化，而灰杨 Pn 又恢复到与干旱胁迫初期相同时间出现高峰的变化节律。在 14:00～16:00 时段内，胡杨和灰杨 Pn 均出现午降，但 Pn 下降的幅度差异明显，胡杨降低速率较快，而灰杨的光合“午休”迟缓、程度轻，对光照强度和大气相对湿度的变化不敏感，而干旱胁迫及其诱发或助长的高温、强光胁迫往往是引起植物光合下调的重要原因。

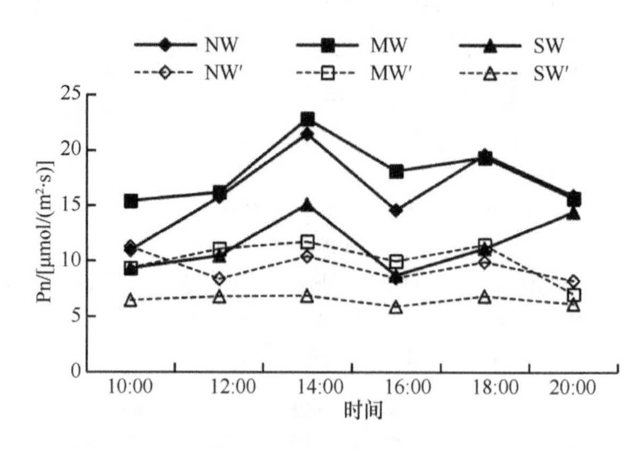


图 3-20　干旱胁迫后期幼树净光合速率日变化

综合图 3-18～图 3-20 可以看出，胁迫初期，在一天中光照较强的时段内，适宜水分条件下两物种 Pn 值均比中度和重度干旱胁迫的高，到了中期，同一时段内中度和重度干旱胁迫下的 Pn 值较胁迫初期均有所提高，且中度干旱胁迫提高的幅度较大，胁迫后期，重度干旱胁迫下 Pn 日变化曲线明显降低，而中度干旱胁迫变化不大，究其原因，这可能是遇到中度干旱时，在一定胁迫时间内，两年生幼树通过提高光合能力来适应环境而得以生存的一种生理对策。另外，胁迫处理后胡杨幼树的日变化曲线波动较大，而灰杨较平缓，表明胡杨两年生幼树经过一定的抗旱锻炼之后，其光合能力及中午对强光、高温及低大气湿度环境的适应性明显高于灰杨。相同水分处理下，胡杨幼树在一天中各个时段的 Pn 值均比灰杨的高，说明无论是适宜水分还是水分亏缺，胡杨两年生幼树的光合能力均较灰杨大，也说明了胡杨幼龄期对干旱环境的适应能力比灰杨强。

由表 3-2 可以看出，干旱胁迫下，两物种的 Pn 均有所下降，但下降的幅度不同，即光合适应能力不同。在胁迫初期至中期，随着土壤干旱程度的加剧，两物种 Pn 日均值及日变幅均呈下降趋势，说明两种幼树能够通过改变 Pn 的日均值和日变幅来适应干旱胁迫。另外，与适宜水分相比，重度干旱胁迫条件下两指标下降幅度明显较中度干旱胁迫的大。在胁迫后期，与胡杨不同的是，中度干旱胁迫和重度干旱胁迫条件下灰杨两年生幼树的 Pn 日变幅较大[胡杨为 6.85μmol/($m^2$·s)和 6.42μmol/($m^2$·s)，灰杨为 3.04μmol/($m^2$·s)和 0.96μmol/($m^2$·s)]，说明重度干旱胁迫对灰杨两年生幼树生理活动造成的不利影响大于胡杨。

**表 3-2　胡杨、灰杨两年生幼树在不同干旱胁迫时期的光合速率日平均值与日变幅**

[单位：μmol/(m²·s)]

| 干旱处理 | | 干旱胁迫初期 | | 干旱胁迫中期 | | 干旱胁迫后期 | |
|---|---|---|---|---|---|---|---|
| | | 日均值 | 日变幅 | 日均值 | 日变幅 | 日均值 | 日变幅 |
| 胡杨 | NW | 16.64 | 14.91 | 16.35 | 13.70 | 16.36 | 6.85 |
| | MW | 15.49 | 9.62 | 17.43 | 13.52 | 17.92 | 7.39 |
| | SW | 11.06 | 8.82 | 11.56 | 12.73 | 11.51 | 6.42 |
| 灰杨 | NW′ | 8.33 | 4.85 | 8.05 | 4.562 | 8.05 | 3.04 |
| | MW′ | 8.12 | 5.02 | 7.88 | 8.22 | 10.08 | 4.43 |
| | SW′ | 5.92 | 3.50 | 5.59 | 5.46 | 6.48 | 0.96 |

光合能力的强弱在相当程度上取决于物种的遗传特性，当然适宜的外部环境条件也会促使其固有光合潜能的发挥。Pn 日均值可以反映物种光合能力的大小，如表 3-2 所示，在干旱胁迫的各个时期，胡杨的 Pn 日均值都高于灰杨，表明胡杨两年生幼树的光合能力大于灰杨。进一步比较两物种的光合特性，发现随着胁迫时间的延长和胁迫程度的加剧，灰杨 Pn 日变幅始终比胡杨小，说明灰杨两年生幼树对光强、温度等外界环境的适应性不如同龄的胡杨，这可能是由物种的生理特点、气孔的构造特点及自身生长规律决定的。

综合 3 个时期 Pn 日均值和日变幅的动态变化规律来看，干旱胁迫条件下，两物种都表现出在初期急剧下降，中期又缓慢回升，之后又下降的规律。说明在胁迫出现时，两物种的光合特性都经历了一个从急速下降到逐步适应，再下降的过程。

（2）气孔导度（Gs）及胞间 $CO_2$ 浓度（Ci）日变化：植物通过改变气孔的开度来控制与外界 $CO_2$ 和水汽的交换，从而调节光合速率和蒸腾速率，以适应不同的环境条件。干旱胁迫达到一定程度时，气孔会关闭，以减少蒸腾失水，光合同化能力也会明显下降。在分析气孔与光合作用关系时，往往利用 Farquhar 和 sharkey（1982）提出的光合作用气体交换模型来判断 Gs 是否是光合速率的限制因子。

在干旱胁迫初期（图 3-21），随着土壤干旱程度的加剧，胡杨、灰杨两年生幼树 Gs 日变化曲线均逐渐降低，气孔阻力逐渐增大，重度干旱胁迫处理的最低。就物种而言，胡杨的 Gs 日变化呈双峰型曲线，14:00 达到最大值，与 Pn 达到最大值的时间相同，到了 18:00 出现次高峰，3 种干旱处理第一次峰值 Gs 的大小表现为 NW>MW>SW，第二次峰值 Gs 的大小表现为 MW>NW>SW；而灰杨的 Gs 则是单峰型，峰值出现在 12:00，比 Pn 达到最大值的时间提前。

在干旱胁迫中期（图 3-22），胡杨、灰杨两年生幼树 Gs 日变化曲线的类型及峰值出现的时间均发生了变化，其中适宜水分条件下胡杨 Gs 最大值

（0.38μmol/mol）提前至 10:00 出现，而重度干旱胁迫下 Gs 出现最大值的时间（14:00）没有变化。整体来看，与初期相比，干旱胁迫中期两物种 Gs 日变化曲线波动幅度较大。

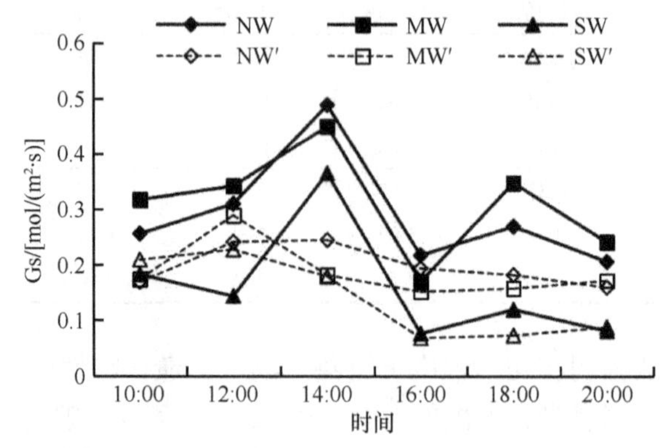


图 3-21　干旱胁迫初期幼树气孔导度日变化

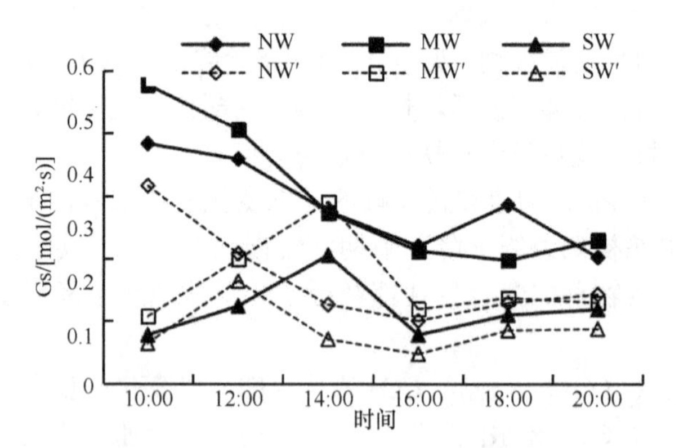


图 3-22　干旱胁迫中期幼树气孔导度日变化

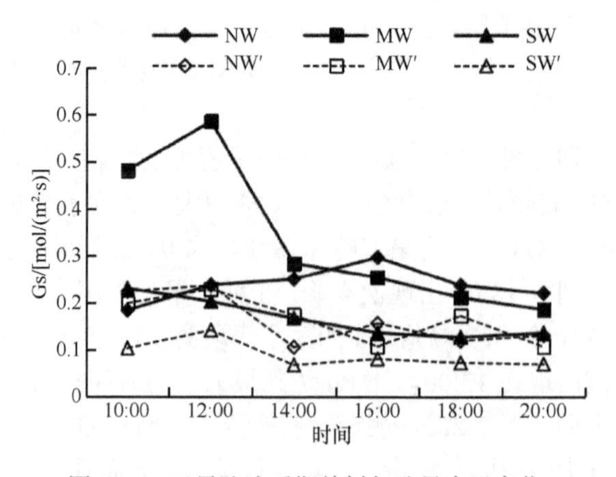


图 3-23　干旱胁迫后期幼树气孔导度日变化

到了干旱胁迫后期（图 3-23），胡杨、灰杨两年生幼树中度干旱胁迫处理的 Gs 日动态曲线相同，最大值均在 12:00 出现，随后减小，14:00 降至最低后又出现缓慢回升的趋势；重度干旱胁迫下两物种的 Gs 日变化曲线较平缓，在各个时段内的 Gs 值均较低。可见除了诸如光照、大气相对湿度、气温等环境因子对气孔的开闭产生了影响之外，土壤干旱在一定程度上也影响了气孔的开放程度。

在干旱胁迫初期（图 3-24），胡杨叶片 Ci 日变化曲线总体上呈现“V”形变化趋势；在适宜水分和中度干旱胁迫下，灰杨叶片 Ci 日变化曲线呈现“V”形变化趋势，而在重度干旱胁迫下，灰杨叶片 Ci 日变化曲线呈现“W”形变化趋势。在干旱胁迫中期（图 3-25），胡杨、灰杨叶片 Ci 日变化曲线总体上呈现“V”形变化趋势，但与干旱胁迫初期略有不同，主要表现在最大值出现在 20:00。

到了胁迫后期（图 3-26），在适宜水分和重度干旱胁迫下，胡杨叶片 Ci 日变化曲线总体上呈现“W”形变化趋势，而在中度干旱胁迫下，胡杨叶片 Ci 日变化曲线呈现先升高再逐渐下降的趋势；在适宜水分和重度干旱胁迫下，灰杨叶片 Ci 日变化曲线总体上呈现“W”形变化趋势，而在中度干旱胁迫下，灰杨叶片 Ci 日变化曲线呈现“V”形变化趋势。

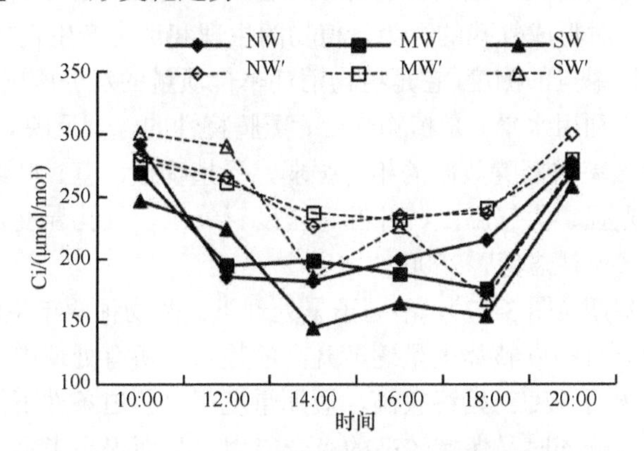


图 3-24　干旱胁迫初期幼树胞间 $CO_2$ 浓度日变化

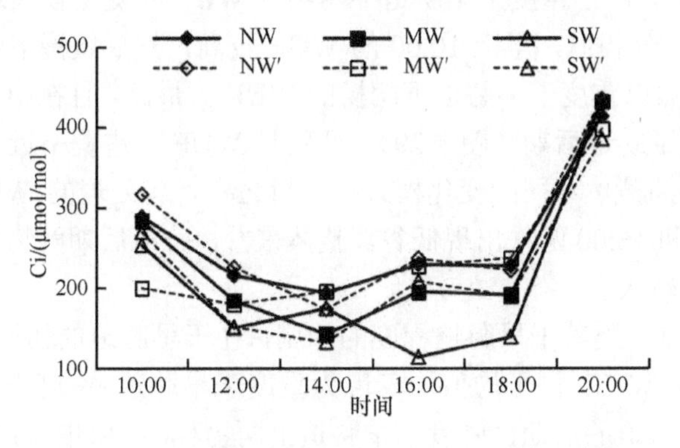


图 3-25　干旱胁迫中期幼树胞间 $CO_2$ 浓度日变化

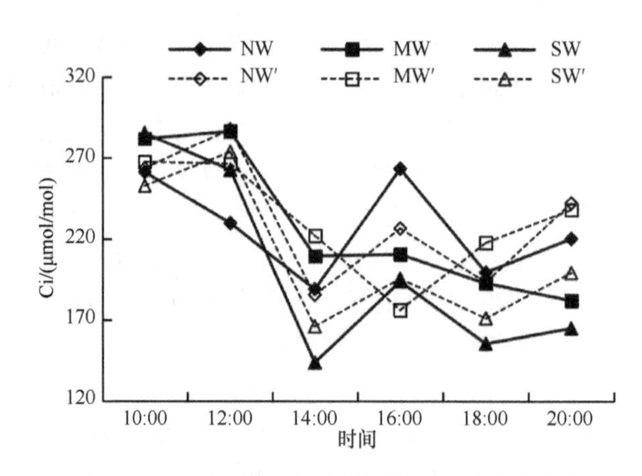


图 3-26 干旱胁迫后期幼树胞间 $CO_2$ 浓度日变化

（3）水分利用效率（WUE）日变化：$CO_2$ 和水汽扩散进出叶片共用通道是气孔。当植物叶片感知了干旱胁迫信号后，通过关闭气孔来防止水分的过度损失，同时也限制了 $CO_2$ 的获取。因此，陆生植物必须取得一个在碳固定与水分消耗之间的折中点，这一折中点对形成气孔的行为、植物的生理和形态产生直接的影响。WUE 则可以看作这一折中点的测度，它是植物消耗单位质量的水分所固定的 $CO_2$ 的量，表征植物对水分的利用水平，是植物光合、蒸腾特性的综合反映。WUE 的大小取决于 $CO_2$ 净同化效率与蒸腾效率的相对强弱，受植物根、茎、叶组织生物结构特征的影响，也与光强、大气温度、叶温、湿度、气压、气孔导度及土壤水分等环境因子密切相关（温达志等，2000）。

在干旱胁迫初期（图 3-27），不同干旱处理下，两物种两年生幼苗 WUE 日进程相似，从 10:00～18:00 整体上呈逐渐升高的趋势。所有处理中，重度干旱胁迫条件下两年生胡杨的 WUE 始终较高，短期重度干旱胁迫条件下，胡杨两年生幼苗既能高效利用水分同时又保持较高的光合能力，从而提高了水分的利用率。胁迫中期（图 3-28），除了重度干旱胁迫下两物种 WUE 的变化较大之外，其他处理 WUE 日进程均十分相似，早上 10:00 的 WUE 较高，然后缓慢下降，至 20:00 降至最低。此时仍然以重度干旱胁迫下胡杨的 WUE 为最高，且在中午 14:00 有一个明显的峰值。到了胁迫后期（图 3-29），两物种 WUE 日进程呈近“W”形，表现出了与初期和中期截然不同的变化模式：一日之中，各处理的 WUE 值均是早晚高，且在 12:00 和 16:00 两次出现低谷。整体来看，胁迫后期两物种幼树 WUE 的日变化曲线波动较大。

由表 3-3 可知，随着干旱胁迫程度的加剧，在干旱胁迫的初期和中期，胡杨、灰杨两年生幼树 WUE 日平均值均表现为重度干旱胁迫>中度干旱胁迫>适宜水分，而到了干旱胁迫的后期，中度干旱胁迫下两物种的 WUE 均上升为最高，表

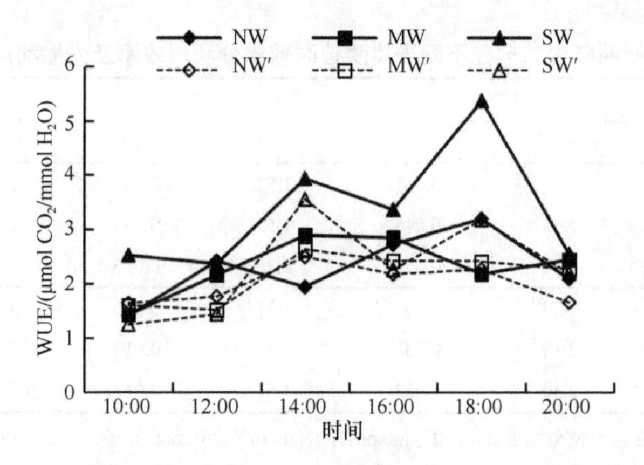


图 3-27　干旱胁迫初期幼树 WUE 日变化

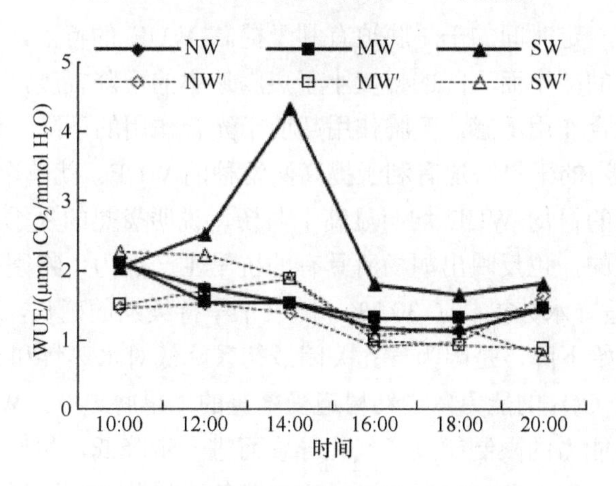


图 3-28　干旱胁迫中期幼树 WUE 日变化

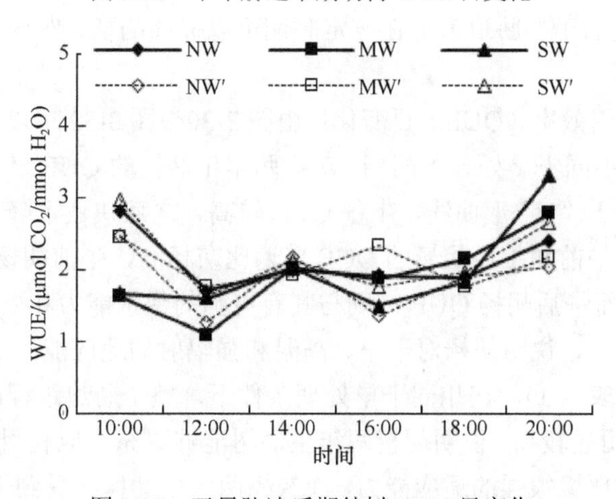


图 3-29　干旱胁迫后期幼树 WUE 日变化

表 3-3　胡杨、灰杨两年生幼树在不同干旱胁迫时期水分利用效率及光能利用效率的日平均值

| 干旱处理 | | 干旱胁迫初期 | | 干旱胁迫中期 | | 干旱胁迫后期 | |
|---|---|---|---|---|---|---|---|
| | | WUE | QUE | WUE | QUE | WUE | QUE |
| 胡杨 | NW | 2.29 | 0.061 | 1.52 | 0.037 | 2.13 | 0.016 |
| | MW | 2.32 | 0.045 | 1.55 | 0.033 | 2.93 | 0.017 |
| | SW | 3.34 | 0.033 | 2.36 | 0.025 | 1.99 | 0.009 |
| 灰杨 | NW' | 1.99 | 0.036 | 1.31 | 0.026 | 1.87 | 0.014 |
| | MW' | 2.14 | 0.035 | 1.32 | 0.014 | 2.19 | 0.010 |
| | SW' | 2.30 | 0.032 | 1.57 | 0.011 | 2.07 | 0.007 |

注：WUE 和 QUE 的单位分别是μmol $CO_2$/mmol $H_2O$、μmol $CO_2$/μmol 光子。初期、中期和后期分别是干旱胁迫 12 天、28 天和 44 天

现出一定程度及一定时间的干旱胁迫有利于提高 WUE 的特点，可能是由于光合速率随气孔导度的减小而下降的幅度小于蒸腾速率的下降幅度，蒸腾作用对干旱胁迫的响应比光合作用敏感，蒸腾作用超前于光合作用的下降，使叶片 WUE 有所提高，因此适当的干旱胁迫有利于提高两物种的 WUE。就单个物种而言，3 个干旱处理下胡杨的日均 WUE 均明显高于灰杨，说明炎热的夏季，胡杨对水分的利用是经济高效的，也反映出胡杨所具有的抗旱生产能力，特别是在中度干旱胁迫下，WUE 比适宜水分提高了 30.3%。随着干旱持续期的延长，重度干旱胁迫下的日均 WUE 开始下降，是因为气孔关闭最初只降低对水蒸气和 $CO_2$ 的导性，而不影响叶肉固定 $CO_2$ 的能力，当幼树遭受严重的干旱胁迫时，WUE 可能降低，因为对叶肉光合能力的限制超过了气孔导度而进一步降低，相似的变化在其他植物中也有所发现。以上分析表明通过一定程度的干旱胁迫可以增强胡杨、灰杨的 WUE，这与适度的干旱胁迫锻炼在一定时期可以提高胡杨、灰杨的光合速率的结果是一致的。

（4）光能利用效率（QUE）日变化：由图 3-30～图 3-32 可以看出，在干旱胁迫的各个时期，不同干旱处理下胡杨、灰杨两年生幼树的 QUE 日变化进程趋势基本一致，都近似于“L”形曲线，上午 QUE 较高，之后快速下降，中午最低，傍晚又有所回升。午前和午后胡杨的 QUE 普遍比灰杨高，午前胡杨 QUE 高与其光合能力高有关，而午后胡杨 QUE 高则与其有更强的保水能力和更强耐旱、耐高温和抗光抑制性有关，说明胡杨对干旱、高温和强辐射的适应能力更强。结合 QUE 日平均值来看（表 3-3），在相同干旱处理条件下，整个胁迫过程胡杨两年生幼树的日均 QUE 都明显较高，说明胡杨两年生幼树能够更充分地利用光能，从而表现出对低及高光强环境很强的适应能力，而灰杨两年生幼树在受到干旱胁迫后 QUE 明显降低，可能是由于受到干旱胁迫，光合作用被抑制的缘故。

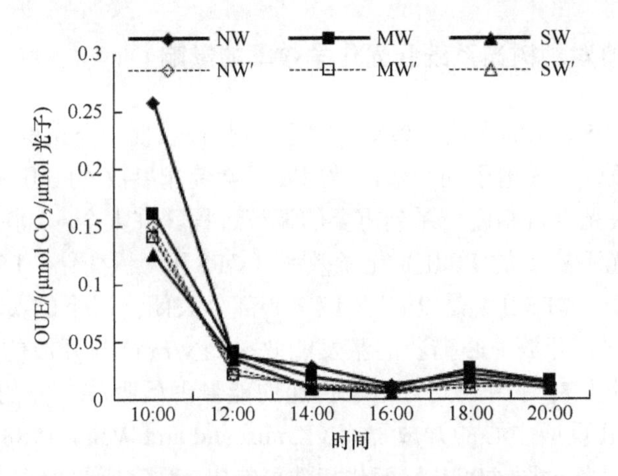


图 3-30　干旱胁迫初期幼树 QUE 日变化

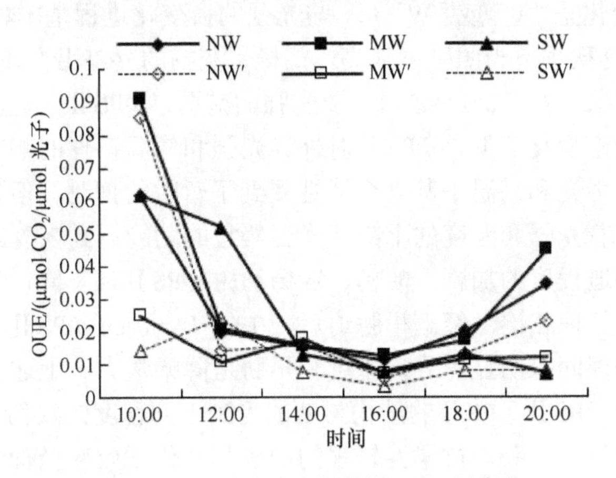


图 3-31　干旱胁迫中期幼树 QUE 日变化

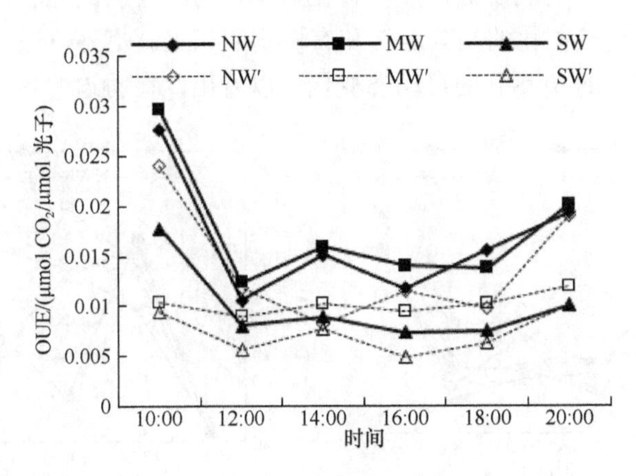


图 3-32　干旱胁迫后期幼树 QUE 日变化

### 3.4.2 干旱胁迫对幼树光系统Ⅱ光化学效率的影响

光系统Ⅱ（PSⅡ）的光化学效率，就是PSⅡ每吸收一个光量子反应中心发生电荷分离的次数或传递电子的个数，常用叶绿素荧光参数 ΦPSⅡ来表示。叶绿素荧光参数可反映光合机构内一系列重要的调节过程（许大全，2000）。

（1）作用光下实际的PSⅡ光化学效率（ΦPSⅡ）日变化：PSⅡ实际的光化学反应量子效率（ΦPSⅡ）是PSⅡ反应中心部分关闭情况下的实际PSⅡ光能捕获的效率，是PSⅡ开放中心捕获的激发能效率（Fv/Fm）与开放的反应中心（qP）之间的乘积，也是叶片用于光合电子传递的能量占所吸收光能的比例，其值大小可以反映PSⅡ反应中心的开放程度（Krauseand and Weis，1988）。从图3-33～图3-35干旱胁迫各时期 ΦPSⅡ日变化特性可看出，适宜干旱处理，胡杨、灰杨幼树 ΦPSⅡ的日变化呈“V”或“W”形，与光强的日变化进程基本相反。在12:00～18:00新疆南疆夏秋季节光照强度很高，胡杨、灰杨的 ΦPSⅡ降低，而此时Pn也出现“午休”现象，在18:00之后，随光强的减弱，ΦPSⅡ又逐渐恢复并接近早晨水平。其日动态变化表明，ΦPSⅡ对外界光强和气温条件的响应敏感，两物种光合机构在中午强光和高温下其光合活性受到了暂时的抑制，但未发生不可逆的光破坏，下午随着光强和温度的下降其光合器官的功能得到恢复。

随着干旱胁迫程度的加剧，胡杨、灰杨幼树 ΦPSⅡ都下降，但下降的幅度不同。与适宜干旱处理相比，经干旱胁迫后，中午14:00的 ΦPSⅡ有不同程度的下降，其降幅在处理间有明显差异，重度干旱胁迫降幅最大。上述结果说明：干旱胁迫降低样株的 ΦPSⅡ，PSⅡ的结构与功能受到不同程度的损伤与破坏，降幅的多少与物种的抗旱性有关，抗旱性较强的胡杨其光化学效率受抑制的程度较轻。而较高的 ΦPSⅡ值，有利于提高光能转化效率，为暗反应的光合同化积累更多所需的能量，以促进碳同化的高效运转和有机物的积累。另外，进一步比较两物种经不同干旱处理后的 ΦPSⅡ的日动态变化可以看出，在胁迫的各个时期，物种间

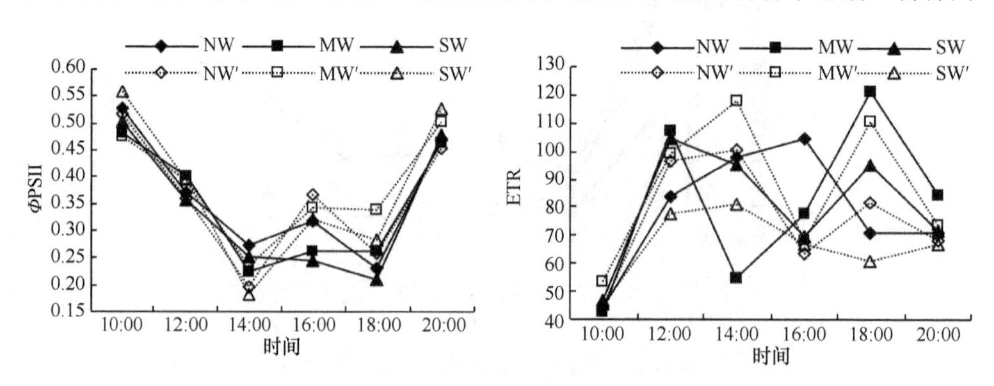


图3-33 干旱胁迫初期幼树PSⅡ实际的光化学反应量子效率、非循环电子传递速率日变化

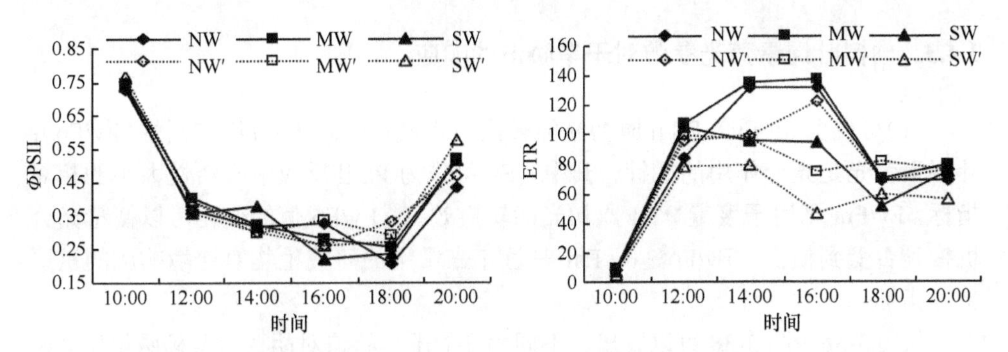

图 3-34　干旱胁迫中期幼树 PSⅡ实际的光化学反应量子效率、非循环电子传递速率日变化

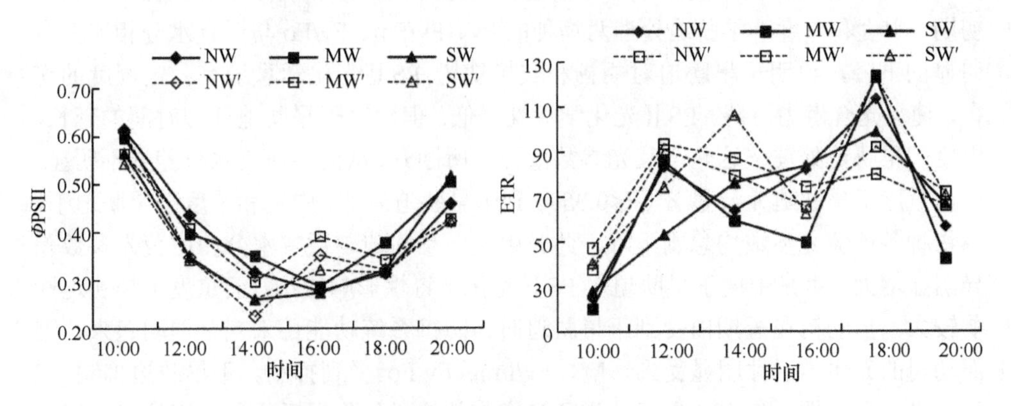


图 3-35　干旱胁迫后期幼树 PSⅡ实际的光化学反应量子效率、非循环电子传递速率日变化

ΦPSⅡ日变幅均有差异，胡杨幼树 ΦPSⅡ日变幅始终较平缓，而灰杨幼树的 ΦPSⅡ日变幅波动较大，尤其是到了中后期差异更为明显，说明灰杨两年生幼苗对干旱环境更为敏感。

（2）非循环电子传递速率（ETR）日变化：PSII 的 ETR，反映实际光强条件下的表观电子传递效率（张守仁，1999）。从图 3-33～图 3-35 可知，胡杨、灰杨两年生幼树 ETR 表现出相似的日变化规律，上午随着光强的增大，ETR 也逐渐增大，当中午光强超过了光合作用的饱和光强，温度超过了光合作用的最适温度 30℃时，ETR 出现明显下降。

结合前面两物种的光合速率的日变化特性，可以看出 ETR 和 Pn 的日动态变化具有一致性。这表明中午高光、高温条件会影响 ATP 和 NADPH 同化力的产生，使 ETR 下降，而 ETR 的日变化会影响光合速率的日变化，从而表现为两者的日进程类似。当然 ETR 还与光合机构内的循环式光合电子传递和与抗坏血酸的电子传递的过程有关（Krause and Weis，1988），因此，两者并不完全一致。经中度干旱胁迫后的样株，与适宜水分相比，后期 ETR 日变化峰值有所提高，而重度干旱胁迫却显著降低（$P<0.05$）。

### 3.4.3 幼树叶绿素荧光参数对干旱胁迫的响应

（1）可变荧光（Fv）、PSⅡ原初光能转换效率（Fv/Fm）、PSⅡ潜在活性（Fv/Fo）：叶绿素荧光是光合作用的探针，其中，Fv 可作为 PSⅡ反应中心活性大小的相对指标，Fv/Fm 则用于度量 PSII 原初光能转换效率，Fv/Fo 值的变化可以衡量光合机构是否受到损伤，Fv/Fo、Fv/Fm 是近年来常用的研究植物对逆境响应的重要生理指标。

从图 3-36～图 3-38 可以看出，不同程度的干旱胁迫对胡杨、灰杨两年生幼树 PSⅡ光化学特性都有一定的影响，而且在胁迫不同时期表现亦不同。在干旱胁迫初期，中度和重度干旱胁迫处理两物种的 Fv、Fv/Fm、Fv/Fo 与适宜水分相比都有明显的下降，说明干旱胁迫对胡杨和灰杨幼树 PSⅡ光化学系统有一定程度的伤害，使得光合潜力下降，PSⅡ光化学活性降低。但随着干旱胁迫处理时间的延长，中度干旱胁迫处理下这几个荧光参数值都有所回升，从而与适宜水分差异不明显，而与重度干旱胁迫差异显著（$P<0.05$）。到干旱胁迫后期，中度和重度干旱胁迫下，两物种各项荧光参数均急剧下降，此时中度干旱胁迫与适宜水分相比荧光参数差异明显增大，可见中度干旱胁迫对 PSⅡ光化学特性影响较小，而重度干旱胁迫影响较大。当幼树在短期内受到干旱胁迫时，防御系统功能还未完全调动起来，因而幼树的光化学活性明显受到影响，Fv/Fm、Fv/Fo 受到抑制。干旱胁迫抑制 PSⅡ的光化学活性，使光合电子传递和光合膜的能量化作用受抑制，直接影响了光合作用的电子传递和 $CO_2$ 同化过程，说明叶绿素荧光对干旱胁迫非常敏感。随着干旱胁迫处理时间的延长，幼树对干旱胁迫产生了一定的适应性，各项防御功能调动起来，因而胁迫对其 PSⅡ光化学活性的伤害得到缓解。但是随着胁迫时间的进一步延长和胁迫程度的加强，其 PSⅡ光化学系统受到的伤害加重，使

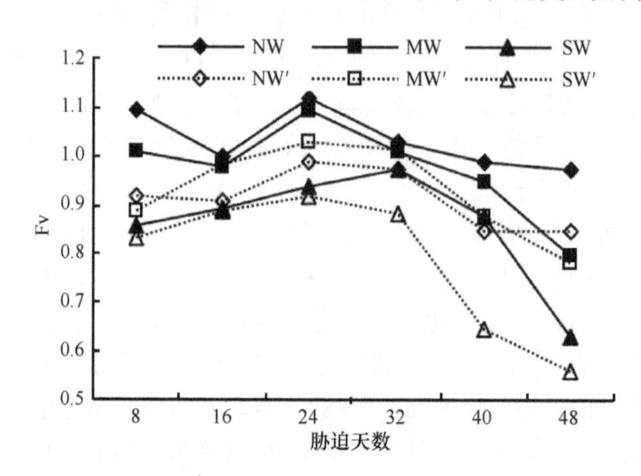


图 3-36　干旱胁迫持续过程幼树可变荧光的动态变化

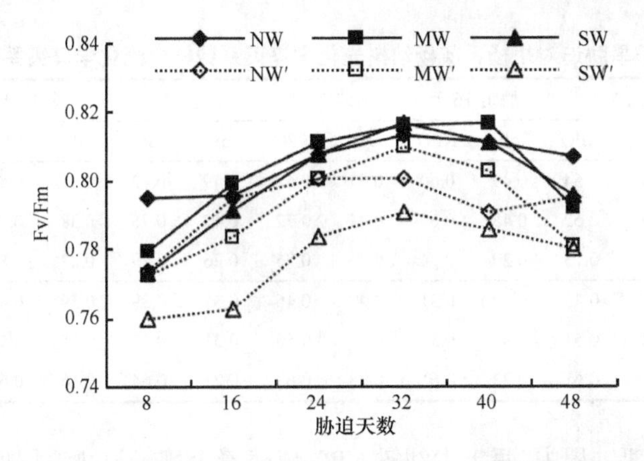


图 3-37　干旱胁迫持续过程幼树 PSⅡ原初光能转换效率的动态变化

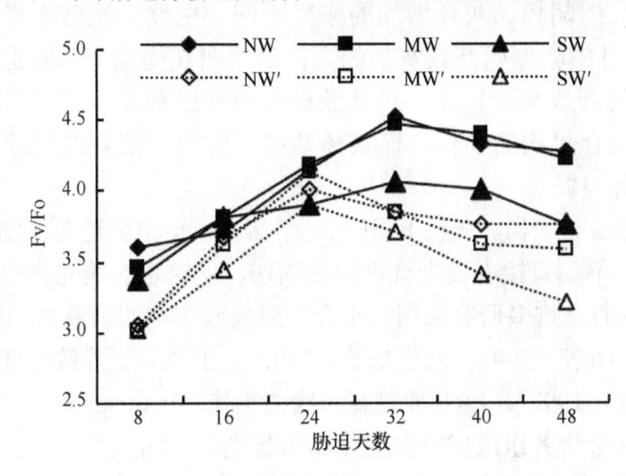


图 3-38　干旱胁迫持续过程幼树 PSⅡ潜在活性的动态变化

PSⅡ的光化学活性及能量转化率最终下降，从而影响了光合碳同化能力，表现出非气孔限制的现象。

进一步比较相同干旱处理条件下胡杨、灰杨幼树 PSⅡ光化学特性可知，随着胁迫时间的延长、胁迫程度的加剧，Fv/Fm 和 Fv/Fo 均以灰杨下降幅度较大，胡杨较小（图 3-37 和图 3-38）。不同物种在干旱胁迫条件下 Fv/Fo 中心受损、光合作用的原初反应受抑制、光化学效率下降的情况不相同，且灰杨两年生幼树在干旱条件下，PSⅡ活性下降更明显，对干旱胁迫更敏感。

非光化学淬灭系数（NPQ）值的大小反映的是 PSⅡ反应中心对天线色素吸收过量光能后的热耗散能力及光合机构的损伤程度（Schreiber et al.，1988）。PSⅡ系统通过提高非辐射性热耗散，可以消耗 PSⅡ吸收的过剩的光能，从而保护 PSⅡ反应中心免受因吸收过多光能而引起的光氧化伤害。当植物受到干旱胁迫时，NPQ 值增大，表明干旱胁迫使 PSⅡ非辐射能量的耗散增加。由表 3-4 可见，

表 3-4 干旱胁迫对胡杨、灰杨幼树光化学淬灭系数、非光化学淬灭系数的影响

| 处理 | | 胁迫 8 天 | | 胁迫 16 天 | | 胁迫 24 天 | | 胁迫 32 天 | | 胁迫 40 天 | | 胁迫 48 天 | |
|---|---|---|---|---|---|---|---|---|---|---|---|---|---|
| | | qP | NPQ | qP | NPQ | qP | NPQ | qP | NPQ | qP | NPQ | qP | NPQ |
| 胡杨 | NW | 0.49 | 0.54 | 0.49 | 0.60 | 0.41 | 0.68 | 0.49 | 0.62 | 0.51 | 0.57 | 0.49 | 0.63 |
| | MW | 0.39 | 0.62 | 0.43 | 0.69 | 0.45 | 0.72 | 0.42 | 0.75 | 0.38 | 0.79 | 0.36 | 0.84 |
| | SW | 0.29 | 0.73 | 0.29 | 0.74 | 0.33 | 0.75 | 0.26 | 0.79 | 0.22 | 0.81 | 0.19 | 0.89 |
| 灰杨 | NW′ | 0.45 | 0.43 | 0.39 | 0.51 | 0.47 | 0.46 | 0.37 | 0.39 | 0.39 | 0.43 | 0.41 | 0.47 |
| | MW′ | 0.32 | 0.51 | 0.34 | 0.53 | 0.35 | 0.56 | 0.31 | 0.57 | 0.25 | 0.58 | 0.19 | 0.63 |
| | SW′ | 0.21 | 0.61 | 0.22 | 0.61 | 0.23 | 0.63 | 0.21 | 0.64 | 0.16 | 0.65 | 0.09 | 0.71 |

在盆栽干旱处理过程中，两年生幼树 NPQ 值随着土壤干旱胁迫程度的加剧，NPQ 值均迅速增加，但胡杨、灰杨增加的幅度不同。中度、重度干旱条件下，胡杨幼树 NPQ 值上升的幅度始终较灰杨的大，这说明在受到干旱胁迫时，胡杨幼树 PS Ⅱ反应中心的开放程度较高，热耗散途径消耗过剩光能的作用得以加强，避免过剩光能对光合机构的损伤，而灰杨幼树可能通过热耗散的途径散失过剩激发能的能力相对较弱。

（2）干旱胁迫与胡杨、灰杨 PS Ⅱ光化学活性：干旱胁迫对植物光合作用的影响是多方面的，不仅直接引发光合机构的损伤，同时也影响光合电子传递及与暗反应有关的酶活性。许多研究表明，光合作用受到伤害的最原初部位是与 PS Ⅱ紧密联系的（卢从明等，1993；冯建灿等，2002）。干旱胁迫导致叶绿体光合机构的破坏（林世青等，1992），PS Ⅱ放氧复合物的损伤（Peterson et al.，1998），PS Ⅱ捕光色素蛋白复合物各组成成分的变化，引起光合 $CO_2$ 同化效率的降低（吴长艾等，2001）。叶绿素 a 荧光动力学是以光合作用理论为基础，利用体内叶绿素 a 荧光作为天然探针，研究和探测植物光合生理状况及各种外界因子对其细微影响的新型植物体活体测定和诊断技术，为研究 PS Ⅱ及其光合电子传递提供了可行性。叶绿素荧光参数 PS Ⅱ光能转换效率（Fv/Fm）降低是光合作用光抑制的显著特征，通过对叶绿素荧光动力学参数 Fv/Fm、Fv/Fo 的监测，可以很好地反映叶片光合器官受损伤状况（卢从明等，1993）。

干旱胁迫使胡杨、灰杨两年生幼树的 Fv、Fv/Fm 和 Fv/Fo 值均降低，说明叶绿素荧光对干旱非常敏感。利用不同物种叶绿素荧光参数对干旱胁迫的反应差异，筛选抗旱物种（种质）是可能的。另外，所有的高等植物都有较为完善的非光化学淬灭机制，在逆境条件下，热耗散可以防御过剩光能的破坏，提高植物的抗逆性，通过非辐射性热耗散消耗光捕获蛋白复合物吸收过剩光能，避免对光合器官的损伤（冯建灿等，2002）。从干旱胁迫对 NPQ 的影响来看，抗旱性越强的物种，NPQ 提高幅度越大，即光合机构的受损程度越小，这也在一定程度上提高了它抵

抗干旱的能力。本研究表明，在干旱胁迫发生时，胡杨两年生幼树可能有较强的非光化学淬灭机制以耗散过剩的光能，而干旱胁迫下两物种叶绿素荧光参数的变化与其抗旱性密切相关。

### 3.4.4　幼树瞬时光合参数对干旱胁迫的响应

（1）瞬时净光合速率（Pn）：图 3-39 和图 3-40 显示，干旱胁迫对胡杨、灰杨两年生幼树瞬时 Pn 都有一定的影响，不同干旱胁迫程度对瞬时 Pn 的影响在胁迫的不同阶段有所不同。与胁迫后 8 天相比，到了 16 天，中度、重度干旱胁迫下两物种的 Pn 均有所下降，之后缓慢回升，至 24 天时 Pn 达到最大，此时中度干旱胁迫下的 Pn 值显著高于重度干旱胁迫，之后两处理的 Pn 均呈现下降的趋势，且重度干旱胁迫下 Pn 的下降程度和下降速度均显著大于中度干旱胁迫。可见短期

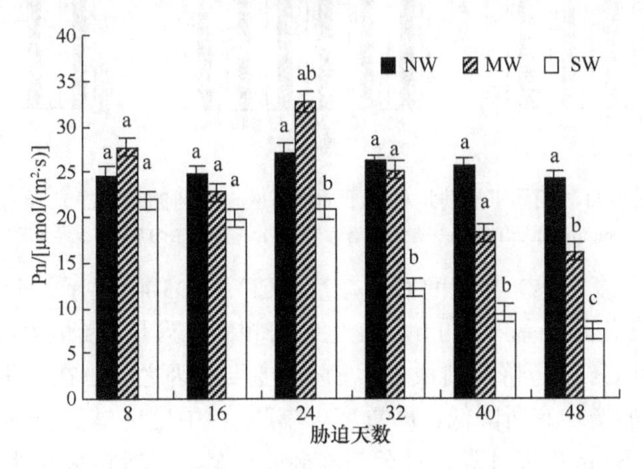


图 3-39　不同干旱胁迫处理下胡杨幼树净光合速率的动态变化

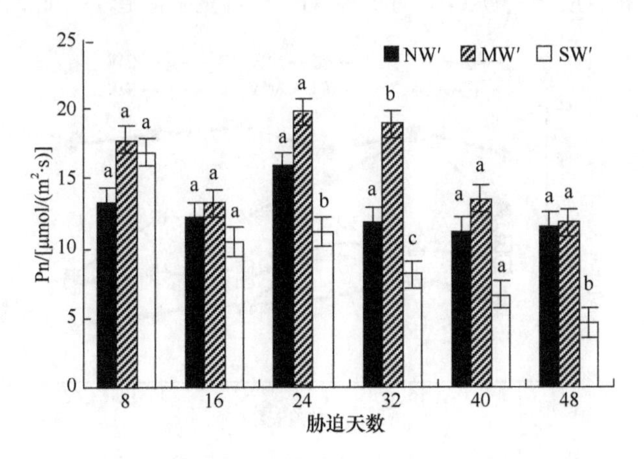


图 3-40　不同干旱胁迫处理下灰杨幼树净光合速率的动态变化

适度干旱胁迫对两物种的 Pn 均具有一定的促进作用，而长期重度干旱胁迫对胡杨、灰杨两年生幼树瞬时 Pn 都有显著的影响，说明两物种幼树光合作用对干旱胁迫具有一定的适应程度和适应期，一段时期的中度干旱胁迫使胡杨、灰杨幼树光合潜力得到充分发挥，其适应性也强于重度干旱胁迫。比较同一干旱处理条件下两物种 Pn 的差异（图 3-41）发现，随着胁迫时间的推移，初期至中期时段内，适宜水分和中度干旱胁迫下胡杨幼树的 Pn 始终是显著大于灰杨，后期重度干旱胁迫下两物种 Pn 差异不显著。与灰杨两年生幼树相比，胡杨两年生幼树具有更强的干旱适应性，但严重缺水时其光合速率将大幅度下降。

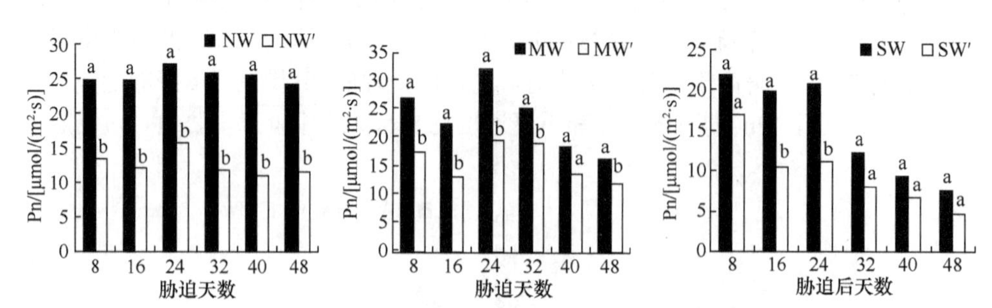


图 3-41　相同干旱胁迫处理下胡杨、灰杨幼树的瞬时净光合速率

根据 LSD（least significant difference，最小显著性差异法）检验（$P<0.05$），差异显著用不同字母表示

（2）气孔导度（Gs）与胞间 $CO_2$ 浓度（Ci）：图 3-42 显示，干旱胁迫下胡杨、灰杨瞬时 Gs 变化趋势基本与 Pn 的变化趋势相同，只是 Gs 最大值出现的时间较 Pn 提前，说明 Gs 的下降是造成 Pn 下降的主要原因之一。在干旱胁迫初期，Gs 值随胁迫程度的增加有所降低，即重度干旱胁迫<中度干旱胁迫<适宜水分，之后中度干旱胁迫下 Gs 逐渐升高，直至基本接近甚至大于适宜水分处理的 Gs 值。胁迫后期，中度和重度干旱胁迫下两物种 Gs 一直呈下降趋势，此时中度干旱胁迫

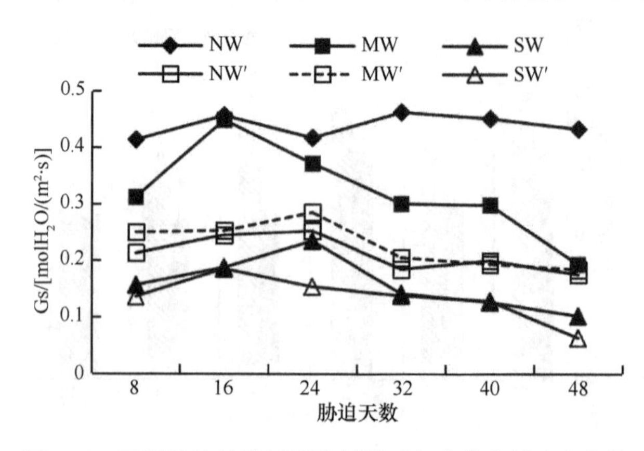


图 3-42　干旱胁迫持续过程幼树瞬时气孔导度的动态变化

下的 Gs 明显较适宜水分下的 Gs 低，而仍比重度干旱胁迫的高。在干旱胁迫初期，Gs 短期内急速下降后缓慢回升，表明气孔是 Pn 限制的主要因素。到了胁迫的后期，由于较长时间的干旱，使得中度、重度干旱胁迫，尤其是重度干旱胁迫下的叶片老化，气孔调节功能衰退，叶片光合机构遭到破坏，此时气孔成为次要因素，而非气孔因素成为 Pn 限制的主要因素。进一步比较两物种 Gs 变化可知，随着胁迫时间的推移，相同干旱处理条件下胡杨的 Gs 始终较灰杨的大。

由图 3-43 可知，随着胁迫时间的延长，两物种 Ci 呈现近“N”形变化趋势。干旱胁迫后 8～16 天，中度、重度干旱胁迫下的 Ci 出现急速上升之后下降的趋势，至 32 天时出现低谷，后期缓慢回升至基本稳定。此时各处理的 Ci 大小排序为适宜水分>中度干旱胁迫>重度干旱胁迫，表明干旱胁迫降低了叶片对 $CO_2$ 的利用效率，可能与光合作用酶系统的活性受阻有关。根据 Farquhar 和 Sharkey（1982）提出的观点，Pn 与 Gs 和 Ci 同时下降，主要是气孔因素限制 Pn；如果 Pn 的下降伴随着 Ci 的上升，则说明 Pn 的下降以非气孔（如叶肉细胞光合活性的下降）因素为主造成的。由此可见在干旱胁迫的初期两物种 Pn 的下降主要是气孔因素，随着胁迫时间的延长，非气孔因素开始出现，并逐渐成为限制 Pn 的主要因素。

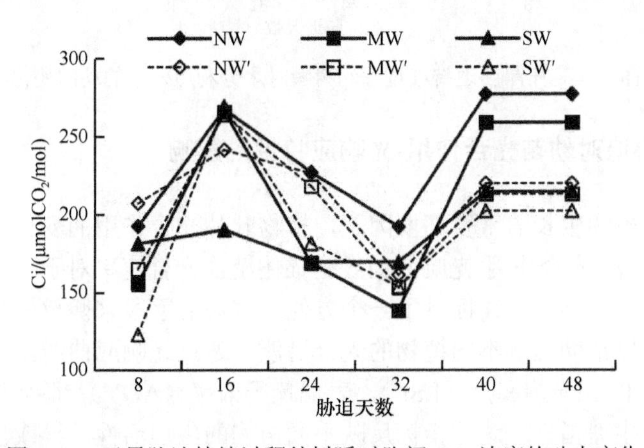


图 3-43　干旱胁迫持续过程幼树瞬时胞间 $CO_2$ 浓度的动态变化

瞬时水分利用效率（WUE）是衡量水分消耗与 $CO_2$ 固定能力的关系。由图 3-44 所示，干旱胁迫持续至中期时，胡杨、灰杨两年生幼树在中度干旱胁迫下的 WUE 一直比重度干旱胁迫和适宜水分处理的高，并在胁迫 24 天时各处理的 WUE 均达到最高峰值，之后开始缓慢降低，重度干旱胁迫下 WUE 下降的幅度最大。由此可知，中度干旱胁迫有利于两物种 WUE 的提高，重度干旱胁迫则使 WUE 降低而仅维持其生命活动。WUE 的上升，往往是以低光合速率为代价的。对蒸腾与光合作用关系的研究认为，这一现象是由于气孔阻力（stomatal resistance，Rs）增大或当叶肉阻力（mesophyll resistance，Rm）比气孔阻力和边层阻力之和大时，气孔部分关闭会使蒸腾作用的降低大于 Pn 的降低，从而提高了 WUE。在一定的干旱胁迫范围内，当叶片的 Gs 减小、蒸腾速率下降的同时，Pn 也随之下降，然而 WUE 却升高，这在许多试验中都有过报道。此外，进一步分析图 3-44 可以看出，相同干旱处理条件下胡杨两年生幼树的 WUE 始终较同龄灰杨的大，说明胡杨两年生幼树充分利用土壤水分的能力强于同龄灰杨，对干旱适应能力强。

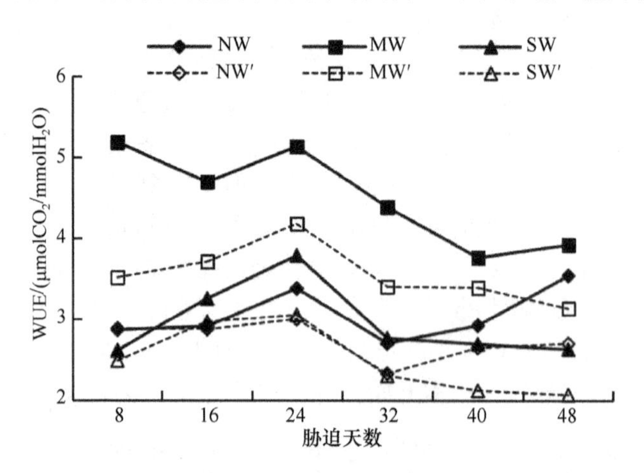


图 3-44 干旱胁迫持续过程幼树瞬时水分利用效率的动态变化

### 3.4.5 干旱胁迫对幼苗光合作用-光响应特性的影响

光是调控植物生长的重要环境因子，植物叶片光合作用的变化，受光照条件的影响最为显著。光合作用-光响应曲线是描述植物光合速率对于一系列光强度反应情况的曲线，光响应曲线提供了一个方便、客观的手段来衡量植物对光能的利用状况，它可以帮助理解不同植物的光合潜能。通过光响应曲线，我们可以获得光补偿点（LCP）、光饱和点（LSP）、表观量子效率（AQY）、暗呼吸速率（Rd）等重要的光合生理指标，这些指标反映不同植物的生理活性差异或植物对环境改变的响应。光响应曲线的形状和大小反映了控制植物光合作用的生理、生化和代谢过程。因此光响应曲线被当作生理生态学研究的基本点之一，受到高度的重视。在国内外相关文献中，描述光响应曲线的经验方程较多，如二次曲线模型、指数模型、Michaelis-Menten 方程、直角双曲线模型、非直角双曲线即 Farquhar 模型。应用不同的光响应曲线拟合模型，不同的研究者计算出了差异较大的光合生理指标值，有些甚至得出了错误的结论。鉴于此，本节首先比较了国内应用较多的二次曲线模型与非直角双曲线模型的优劣，然后采用了更能反映光合作用对光照强度响应客观规律的非直角双曲线模型来分析干旱胁迫后胡杨、灰杨光合作用-光响应特性的差异。

3.4.5.1　二次曲线模型

表 3-5 中的数据是适宜水分处理下的值。以 PPFD、Pn 两列形式输入 Microsoft Excel 电子表格，以 PPFD 为 $X$ 坐标轴，以 Pn 为 $Y$ 坐标轴生成散点图（图 3-45），用二次曲线模型对数据点进行拟合，并计算回归方程决定系数 $R^2$。

$$\mathrm{Pn} = -7\times10^{-6}\ \mathrm{PPFD}^2 + 0.0283\mathrm{PPFD} - 0.6207$$

**表 3-5　适宜水分下胡杨光合作用-光响应曲线原始数据**

| PPFD/[μmol /($m^2$·s)] | 0 | 20 | 50 | 100 | 200 | 500 | 1000 | 1500 | 2000 | 2500 | 2800 | 3000 |
|---|---|---|---|---|---|---|---|---|---|---|---|---|
| Pn/[μmol /($m^2$·s)] | –2.56 | –3.39 | –0.68 | 2.62 | 9.28 | 16.10 | 21.4 | 24.5 | 28.8 | 28.7 | 28.6 | 25.8 |

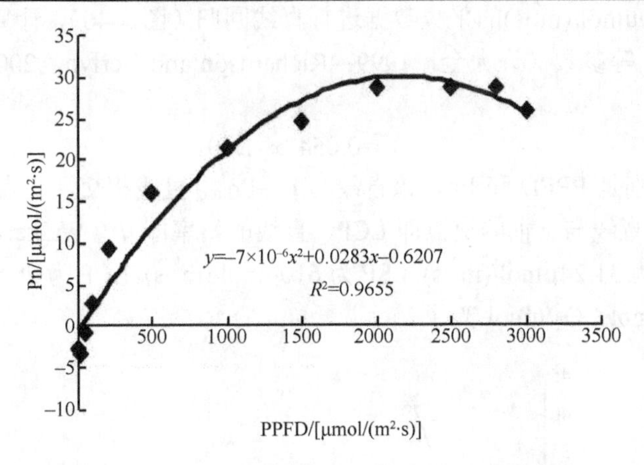


图 3-45　二次曲线模型拟合光合作用-光响应曲线

二次曲线模型的 $R^2$ 为 0.9655。设光强为零，得出 Rd 为–0.6207μmol/($m^2$·s)，求解此方程的最大极值点得出光饱和点 $\mathrm{Pn}_{max}$ 为 27.38mol/($m^2$·s)，对应的 LSP 为 1946μmol/($m^2$·s)。求解此方程与 $X$ 轴的交点得出 LCP 为 22.0μmol/($m^2$·s)。

3.4.5.2　非直角双曲线模型

非直角双曲线模型公式如下：

$$\mathrm{Pn} = \frac{\Phi I + \mathrm{Pn}_{max} - [(\Phi I + \mathrm{Pn}_{max})^2 - 4k\Phi I \times \mathrm{Pn}_{max}]^{\frac{1}{2}}}{2k} - \mathrm{Rd}$$

式中，Pn 为净光合速率；$\Phi$ 为表观量子效率（AQY）；$\mathrm{Pn}_{max}$ 为（表观）最大净光合速率；$I$ 为入射到叶片上的光强（光量子通量密度，PPFD）；$k$ 为光响应曲线曲角；Rd 为暗呼吸速率。对模型各参数的拟合，应用了 SPSS10.0 统计软件中的“Nonlinear regression”模块。在此模块的“Parameters”子对话框中，设置如下参数及其初始值：曲角（$k$）、最大净光合速率（$\mathrm{Pn}_{max}$）、表观量子效率（$\Phi$）和暗呼吸速率（Rd）；其初始值分别为 0.5、30、0.05、3。在“Constraints”子对话框中进一步设置 4 个参数的限制范围：$k\leqslant 1$、$Pn_{max}\leqslant 50$、$0.05\leqslant \Phi \leqslant 0.125$、$1\leqslant Rd\leqslant 5$，经 SPSS 软件迭代运算出结果。$k$、$Pn_{max}$、$\Phi$、Rd 分别为 0.6、31.24μmol/(m²·s)、0.0542μmol $CO_2$/μmol 光子、1.046μmol/(m²·s)，拟合曲线决定系数 $R^2$ 为 0.983。用非直角双曲线模型拟合适宜水分处理下光合作用-光响应曲线的方程是：

$$Pn=\frac{0.0542\times I+31.24[(0.0542\times I+31.24)^2-4\times 0.6\times 0.0542\times 31.24\times I]^{\frac{1}{2}}}{2\times 0.6}-1.04$$

由于在低光强下，光合速率随光强的增大呈线性增高（图 3-45 和图 3-46），对 PPFD≤200μmol/(m²·s)的采集数据进行直线回归（图 3-46），计算出 LCP、LSP 和 AQY（$\Phi$）等参数（许大全，1999；Richardson and Berlyn，2002）。该直线回归方程为

$$y=0.0542x-1.602$$

$x$ 和 $y$ 分别是 PPFD 和 Pn，该直线与 $y=Pn_{max}$ 直线相交，交点所对应的 $x$ 轴值即 LSP，该直线与 $x$ 轴的交点即 LCP，直线的斜率即 $\Phi$（Walker，1989）。本例中得出 $Pn_{max}$ 为 31.24μmol/(m²·s)，LSP 为 610μmol/(m²·s)，LCP 为 29.55μmol/(m²·s)，$\Phi$ 为 0.0542μmol $CO_2$/μmol 光子。

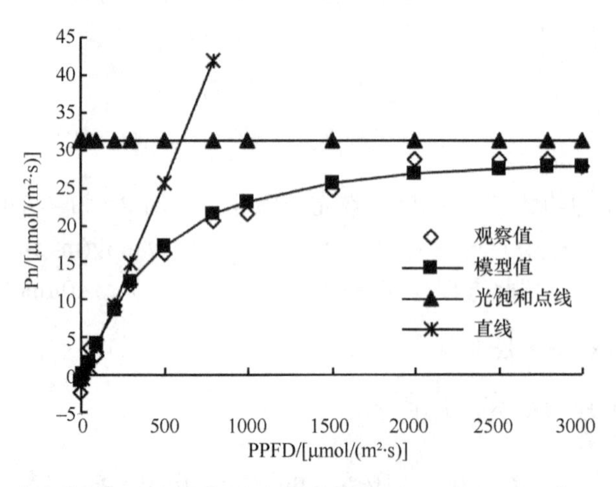


图 3-46 非直角双曲线模型拟合光合作用-光响应曲线及 0～200μmol/(m²·s) PPFD 区间，拟合的 PPFD-Pn 回归直线

通过非直角双曲线模型与二次曲线模型对光响应曲线数据分析结果比较（表 3-6）发现：从参数数量上看，二次曲线模型只能得出光响应曲线的 4 个生理指标，而非直角双曲线模型可以得到 6 个生理指标。从生物学意义上看，二次曲线模型仅从统计分析角度出发，考虑 Pn 与 PPFD 之间的简单数值关系，没有很好地考虑计

算结果的生物学意义。用二次曲线模型将得出光强超过 LSP 后，光合速率迅速下降的预测，这与事实不符。其次 LSP 值偏大也是二次曲线模型的重大缺陷。二次曲线模型计算的 LSP 值是非直角双曲线模型得到的 2 倍以上。多数植物的 LSP 在 500～1000μmol/($m^2$·s)，$C_3$ 植物的 LSP 仅有全日照的 1/4～1/2（Mohr and Schopfer，1995）。上述例子中，用二次曲线模型得到的 LSP 高达 1946μmol/($m^2$·s)，这显然有误，而用非直角双曲线模型得到的 LSP 为 610μmol/($m^2$·s)，这才是正确的结果。通过以上的比较分析，认为采用非直角双曲线模型能够很好地描述光合作用对光照强度响应的规律，得到具有光合生理意义而且是与事实相符的结果。因此，本研究对光合作用—光响应曲线的拟合采用了非直角双曲线模型，得到不同干旱胁迫处理下胡杨、灰杨光合作用-光响应曲线的特征值（表 3-7）。

**表 3-6　两种光合作用-光响应曲线模拟模型得到的参数值比较**

| 光合参数 | 二次曲线模型 | 非直角双曲线模型 |
|---|---|---|
| 最大净光合速率 $Pn_{max}$/[μmol/($m^2$·s)] | 27.38 | 31.24 |
| 表观量子效率 AQY/（μmol $CO_2$/μmol 光子） | — | 0.05 |
| 光补偿点 LCP/[μmol/($m^2$·s)] | 22 | 29 |
| 光饱和点 LSP/[μmol/($m^2$·s)] | 1946 | 610 |
| 暗呼吸速率 Rd/[μmol/($m^2$·s)] | –0.62 | 1.05 |
| 光响应曲线曲角 *k* | — | 0.60 |

**表 3-7　不同干旱胁迫处理下胡杨、灰杨光合作用-光响应特征参数**

| 处理 | | 最大光合速率 $Pn_{max}$/[μmol/($m^2$·s)] | 表观量子效率 AQY/（μmol $CO_2$/μmol 光子） | 光饱和点 LSP/[μmol/($m^2$·s)] | 光补偿点 LCP/[μmol/($m^2$·s)] | 暗呼吸速率 Rd/[μmol/($m^2$·s)] | 曲角 *k* | 决定系数 $R^2$ |
|---|---|---|---|---|---|---|---|---|
| 胡杨 | NW | 31.24 | 0.054 | 610.23 | 29.56 | 1.05 | 0.600 | 0.984 |
| | MW | 26.62 | 0.043 | 731.80 | 30.16 | 1.10 | 0.425 | 0.989 |
| | SW | 10.98 | 0.037 | 354.91 | 55.30 | 2.85 | 0.500 | 0.939 |
| 灰杨 | NW′ | 18.19 | 0.038 | 551.82 | 39.38 | 1.40 | 0.949 | 0.984 |
| | MW′ | 15.46 | 0.033 | 510.05 | 42.86 | 1.59 | 0.513 | 0.997 |
| | SW′ | 6.74 | 0.018 | 302.18 | 60.46 | 1.07 | 0.916 | 0.963 |

#### 3.4.5.3　干旱胁迫处理对光合作用-光响应曲线特性的影响

在最适温度和较适宜的湿度条件下得出的光饱和时的最大净光合速率（$Pn_{max}$）是衡量叶片光合潜力的重要指标。由表 3-7 可知，对于两年生的幼树，胡杨、灰杨两物种间及不同干旱处理间光响应曲线特征参数存在很大差异。适宜干旱条件下，胡杨、灰杨的 $Pn_{max}$ 分别是 31.24μmol/($m^2$·s)、18.19μmol/($m^2$·s)，显著高于中度和重度干旱胁迫值（$P$<0.05）；两物种 $Pn_{max}$ 值与在日变化中测定到的最大值是相当的。胡杨与灰杨都生长在干旱荒漠地区，干旱和高光强相伴出现，即

使是在 3 种不同的土壤水分条件下，胡杨 $Pn_{max}$ 始终比灰杨大，由此说明胡杨对高温、高光强及干旱的适应能力要大于灰杨。

光合作用光响应曲线最初部分的斜率称为表观光量子效率（用 AQY 或 $\Phi$ 表示，μmol $CO_2$/μmol 光子），它是光合作用中光能转化效率的指标之一，反映了植物对光能的利用情况。由表 3-7 可知，在适宜水分条件下，胡杨的 AQY（0.0542μmol $CO_2$/μmol 光子）显著高于灰杨（0.038μmol $CO_2$/μmol 光子）（$P<0.05$）。干旱胁迫使胡杨、灰杨 AQY 都有不同程度的下降，无论是适宜水分还是水分亏缺，胡杨的 AQY 值均高于灰杨，说明胡杨对光能的转化效率高。AQY 是光抑制的一个重要指标（邱国雄，1992）。当干旱胁迫后，明显地降低了胡杨与灰杨的 AQY 值，表明水分亏缺引起了光能转化效率的降低。

光饱和点（LSP）和光补偿点（LCP）分别代表光照强度与光合作用关系的上限和下限临界指标（何维明和马风云，2000），能够反映植物对强光和弱光的利用能力。LCP 是植物利用弱光能力大小的重要指标，该值越小表明利用弱光的能力越强。一般 $C_3$ 植物的 LCP 为 1000～2000lx[相当于 19～38μmol/($m^2$·s)]，$C_4$ 植物的 LCP 为 1000～3000lx[相当于 19～57 μmol/($m^2$·s)]。适宜水分条件下，胡杨、灰杨的 LCP 分别为 29μmol/($m^2$·s)、39μmol/($m^2$·s)，高于典型的阳生植物[9～27μmol/($m^2$·s)]（何维明和马风云，2000），这可能是由于两年生的胡杨、灰杨幼树在叶片器官建成初期，呼吸作用旺盛，释放 $CO_2$ 较多，并且叶绿体的结构不完善，同化 $CO_2$ 的能力很有限；LSP 反映了植物利用强光的能力，越高说明植物在受到强光刺激时不易发生抑制，植物的耐阳性越强。从这个指标看，适宜水分条件下胡杨的 LSP 为 610μmol/($m^2$·s)，灰杨为 551μmol/($m^2$·s)，在典型的阳生植物[LSP 在 360～900μmol/($m^2$·s)]（陈贻竹等，1995）中处于较高的水平。与灰杨相比，胡杨具有较高的 AQY、LSP 和低的 LCP，说明胡杨对光强的生态适应范围广，对强光的适应性较强，对弱光的利用效率和忍耐程度高。随着干旱胁迫程度的加大，两物种的 LSP 先升高后下降，LCP 却一直上升。中度干旱胁迫下，与灰杨相比，胡杨具有较高的 LSP 和低的 LCP，而重度干旱胁迫时，两物种差异不显著。说明适度的干旱胁迫下，胡杨能在更高的光强和更广的光强范围内生长。

干旱胁迫下，叶绿体在光下的碳同化过程中利用 $CO_2$ 的能力受到限制，能耗降低，光合电子传递到 $O_2$ 的比例相对增加，可形成更多的活性氧（何维明和马风云，2000），它们直接或间接启动膜脂的过氧化作用，导致膜的损伤，破坏了植物的光保护机构，对光的利用效率也相对减弱，使 LCP 上升，饱和点下降，可被利用的光强范围减小，光能转化效率降低，AQY 下降。

从图 3-47 的 PPFD-Pn 响应曲线可见，控制在自然光强范围内，不同土壤水分条件下生长的胡杨、灰杨净光合速率（Pn）随着光强的增加均呈上升趋势，在光强较低[PPFD 在 0～200μmol/($m^2$·s)]时，Pn 的增幅最大，当 PPFD 达到一定的数

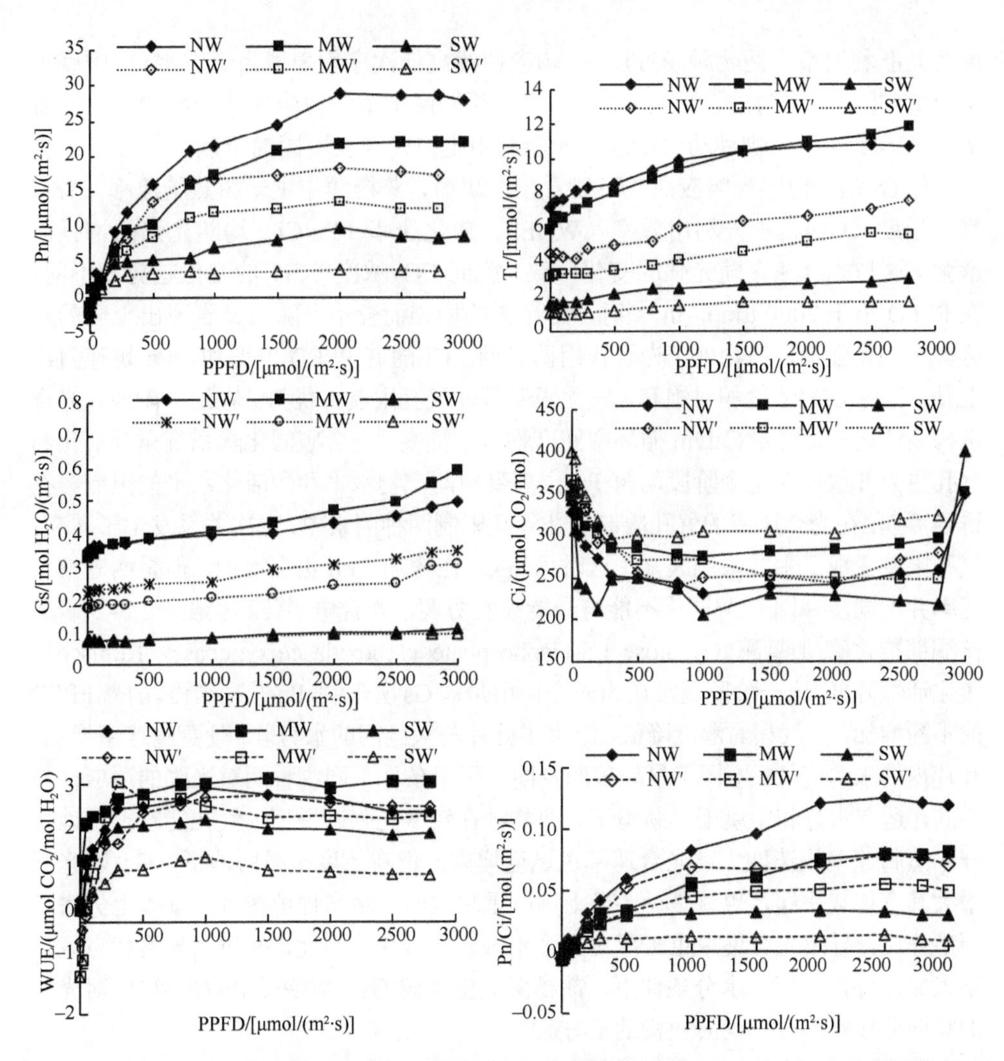


图 3-47　干旱胁迫下幼树净光合速率、蒸腾速率、气孔导度、胞间 $CO_2$ 浓度、水分利用效率及羧化速率对不同光量子通量密度的响应

值时，即到达两物种的 LSP 时，Pn 曲线则渐趋平缓。比较不同干旱处理下 PPFD-Pn 曲线的差异可知，胡杨、灰杨两年生幼树 Pn 值的大小均为适宜水分>中度干旱胁迫>重度干旱胁迫，表明适宜土壤水分下生长的胡杨、灰杨幼树的 Pn 在弱光条件下对光强的变化敏感，随着测定光强的增大，适宜水分下幼树 Pn 增强，而受干旱胁迫的样株则较早地表现出光抑制现象。两物种出现光合作用抑制现象的先后顺序为重度干旱胁迫>中度干旱胁迫>适宜水分，并且重度干旱胁迫下两物种 PPFD-Pn 响应曲线较接近，走向较平缓，与土壤湿度较大处理的形成较明显的差异。说明幼树的光能利用情况与土壤水分含量变化关系密切，干旱胁迫能降低幼

树的光能利用率。两物种 PPFD-Pn 响应曲线高低次序均表现为适宜水分>中度干旱胁迫>重度干旱胁迫，同一水分处理下，胡杨两年生幼树响应曲线位置总比同龄灰杨高，反映了两物种幼树阶段在光能利用上可能存在不同的机制。

综合光合作用-光响应曲线可以看出，胡杨、灰杨两年生幼树蒸腾速率（Tr）、气孔导度（Gs）、水分利用效率（WUE）、羧化速率（Pn/Ci）均随光强的增强而增强，这与光合速率随光强的变化一致，胞间 $CO_2$ 浓度（Ci）的变化趋势却不同，在 PPFD 小于 2000 μmol/(m$^2$·s)时，随光强的增强而变小，随后又表现出上升的趋势。在低光强下，植物处于光合作用诱导期，Ci 随着 PPFD 的增加，Pn 迅速直线上升，这时 $CO_2$ 浓度相对饱和，羧化限制等非气孔限制占优势。在这一阶段，光合机构高速运转，需要 Calvin 循环中间产物水平提高、光合碳同化酶系统充分活化和气孔更为开放，在这个阶段幼树 Pn 主要受中间产物水平和酶活化水平的限制。在诱导后期，在光合速率的气孔限制和非气孔限制两种因素中，主次关系发生了转变，气孔限制变成了主要限制因素，这时虽然 Gs 在增加，Pn 也在增加，但是两者增长速率并不同步，则 $CO_2$ 同化不能与光能吸收协调，光合电子传递受阻，1,5-二磷酸核酮糖羧化酶/加氧酶（ribulose-1,5-bisphosphate carboxylase/oxygenase，Rubisco）羧化活性降低，这一阶段通常认为光合作用是被 Gs 所限制，Pn 升高缓慢。随着 PPFD 的不断增加，大气相对湿度降低，增大了叶片与大气间的水势差，使蒸腾速率增加，叶片内的水势降低。不同干旱处理间及同一干旱条件不同物种间对光强的适应性亦不同，适宜水分和中度干旱胁迫下，两物种在较低光强刺激下，气孔能够很快地打开，蒸腾速率快速增大，光合速率也迅速增大；但在重度干旱胁迫下，Gs 随光强增大其变化较平缓，也就是说，当土壤严重缺水时，两物种植株气孔基本上失去了调节作用，导致光合速率也出现对光强不敏感的现象。因此，探讨其光饱和点意义不大。此外，在同一水分条件下，胡杨两年生幼树 Gs、WUE、Pn/Ci 和 Pn 对光强的响应曲线始终位于同龄灰杨的上方。

## 3.5 讨　论

### 3.5.1 胡杨幼苗对干旱胁迫的生理生化响应

干旱胁迫是植物生长发育过程中的主要逆境伤害之一，干旱胁迫往往会引发植物一系列复杂的生理生化反应，如活性氧自由基的积累、叶绿素含量的降低等（Srivalli et al.，2003；Patel and Hemantaranjan，2012；张娜，2014）。

植物体内存在活性氧清除系统，主要有保护酶系统和非酶系统两类，其中保护系统主要包括超氧化物歧化酶（SOD）、过氧化物酶（POD）和过氧化氢酶（CAT）等（刘建新等，2005）。一般情况下，植物体内的 SOD、POD 和 CAT 活性与植物的抗氧化能力呈正相关，这些酶活性的增高对于消除干旱胁迫下活性氧积累对细胞膜的伤害、减少膜脂质过氧化和稳定膜的选择透性有重要作用（张娜，2014）。

本研究结果表明，随着 PEG6000 质量分数的增高，一年生幼苗保护酶活性不断增高且趋势不断变大，在根部和叶片基本都在 PEG6000 质量分数为 20%或者 25%时活性达到最大值，且在质量分数为 30%活性增幅变低且随着干旱胁迫时间的延长酶活性降低，胁迫 24h 与对照组相比差异倍数较低或无显著差异。这与其他植物在轻度或短期干旱胁迫下抗氧化保护系统酶活性呈上升趋势，长期或重度干旱胁迫时酶活性会下降的趋势一致（孙存华等，2005；Patel and Hemantaranjan，2012）。说明植物在低浓度或短期干旱胁迫时能通过保护酶活性的增高清除活性氧，降低自由基对植物细胞造成的危害，长期或重度干旱胁迫时，细胞受到损伤，保护酶活性降低。这与丙二醛（MDA）含量在 PEG6000 质量分数较低时增幅较小，质量分数变大时增幅较大的变化趋势基本一致。

活性氧的积累是对植物造成重要伤害的因素之一（Srivalli et al.，2003）。植物的光合作用和呼吸作用过程中都会产生活性氧，正常状态下植物体内活性氧的产生和积累处于动态平衡的状态，植物体内活性氧浓度很低不会对植物造成损伤。干旱胁迫下会造成大量活性氧的产生，植物体内的动态平衡被打破，使植物体内的活性氧水平增高，大量的活性氧会引起膜脂发生过氧化作用，膜脂过氧化是在生物膜中不饱和脂肪酸在氧自由基诱发下发生的过氧化反应，经过一系列的反应产生 MDA。

本实验研究表明随着 PEG6000 质量分数的增高，一年生幼苗体内 MDA 含量呈现不断增高趋势，当 PEG6000 质量分数为 30%、25%时，叶部和根部的 MDA 达到最大值。与李强（2013）对荻（*Triarrhena sacchariflora*）和芒（*Miscanthus sinensis*）的干旱胁迫试验结果基本一致。说明植物在干旱胁迫下会发生膜脂过氧化作用，MDA 含量升高；低浓度（PEG6000 质量分数不高于 20%）时增幅较慢，说明低浓度时胡杨膜脂发生过氧化作用较轻，胡杨能抵御一定程度的干旱胁迫；高浓度时（PEG6000 质量分数高于 20%），胡杨膜脂发生严重过氧化作用 MDA 含量增幅变大。

叶绿素含量的高低直接影响植物的光合作用，所以叶绿素含量是判断植物抗旱能力的重要指标（Patel and Hemantaranjan，2012）。本研究结果表明，一年生胡杨幼苗叶绿素 a 在 PEG6000 质量分数低于 25%时呈上升趋势，25%时先上升后下降，30%呈下降趋势；叶绿素 b 仅在 PEG6000 质量分数 30%呈下降趋势，其他各组之间无显著差异，这与前人在菠萝（*Ananas comosus*）上的研究结果一致（陆新华等，2010）。PEG6000 质量分数较低时（低于 25%）叶绿素含量升高或者不变可能是植物体内失水和叶绿素也有一部分降解造成的；也可能是干旱条件下植物为了降低蒸腾作用而关闭气孔，胞间 $CO_2$ 浓度（Ci）降低，但抗旱植物可通过提高叶片叶绿素含量的方式来适应与抵抗干旱环境对光合作用造成的影响。

在同一干旱胁迫处理下胡杨幼苗叶和根部的变化趋势基本一致，但是根部各物质的含量或者酶活性都稍低于叶片，这与前人在研究空心莲子草（*Alternanthera philoxeroides*）时的结论一致（肖强等，2006）。为了降低干旱胁迫对植物造成的影响，植物不同的组织器官协调工作都会提高保护酶的活性，所以变化趋势一致；根部低于叶片可能与胁迫处理时根部离低水势较近，对根部组织造成一定损失引起的，或者与植物保持叶片更高的酶活性为了降低活性氧对细胞膜系统造成的伤害，由此降低水分散失的原因有关。

### 3.5.2 胡杨、灰杨幼树抗逆性与其渗透调节物质和保护酶的关系

脯氨酸是植物在干旱胁迫下进行渗透调节的重要物质，脯氨酸积累量是比较敏感的耐旱性指标。一般情况下，干旱就会引起游离脯氨酸的积累，主要发生在叶内，脯氨酸的积累量常被作为植物抗旱性强弱的标志（刘旻霞和马建祖，2010）。本研究结果表明，胡杨、灰杨叶片的脯氨酸在干旱胁迫下积累量明显增加，但其变化特征存在差异，这与胡杨、灰杨两物种防御干旱的方式不同有关。在胁迫处理的 0～30 天内，胡杨叶片的脯氨酸含量随胁迫程度的增加和胁迫时间的延长而高于对照，胁迫处理 45 天以后则低于对照。在轻度干旱胁迫条件下，灰杨叶片的脯氨酸含量变化敏感，其他各处理在胁迫的各个时期均表现为随胁迫程度增加而增加。胡杨、灰杨叶片中可溶性糖含量均随着胁迫时间的延长而有一定程度的升高，胡杨叶片中可溶性糖的积累量对适宜水分和轻度干旱胁迫较敏感，而灰杨叶片中可溶性糖的积累量则随胁迫程度的增加而增加，胡杨叶片内可溶性糖含量在整个胁迫期内均高于灰杨。可溶性蛋白质作为一种有机渗透调节物质在胁迫时起保护作用，在植物的渗透调节中既可作为结构物质，也可作为亲水胶体，其结构和活性对土壤水分变化敏感。植物体内蛋白质含量的变化非常复杂，常因干旱胁迫的程度、时间及植物种类的不同而不同（孙国荣等，2001）。本研究中，随干旱胁迫时间的延长，胡杨、灰杨叶片中蛋白质含量的变化较为复杂，胡杨在整个胁迫期内表现为上升—下降—上升的趋势，其蛋白质含量在轻度干旱胁迫和适宜水分条件下维持在较高水平，可能是由于适当的干旱胁迫会诱导胡杨叶片产生一些新的蛋白质来维持植物细胞较低的渗透势，以抵抗土壤干旱所带来的伤害。而灰杨则表现为上升的趋势，其可溶性蛋白质含量在重度干旱胁迫和中度干旱胁迫条件下较高，且胡杨叶片内可溶性蛋白质含量整体略高于灰杨，造成这种差异的原因可能与物种的不同及对干旱胁迫的响应不同有关。

POD、CAT 是保护酶系统中的关键保护酶，植物对逆境的适应能力与保护酶的活性密切相关（Limaa et al.，2002；Sundar et al.，2004；贺少轩等，2009）。本研究结果表明，胡杨和灰杨叶片即使在重度干旱胁迫条件下也能够保持较高的保

护酶活性，且胡杨体内 POD 和 CAT 的活性水平高于灰杨；同时，胡杨体内的 MDA 含量也高于灰杨，说明胡杨细胞膜系统受伤害程度更大一些。两物种对逆境胁迫都具有较高的适应能力，且胡杨的适应能力比灰杨更强。

渗透调节作用有一定的局限性如幅度有限、不能完全维持生理过程等（郭华军，2010），因为如果水分亏缺非常严重，渗透调节能力反而降低或不再增加，膨压就不能再维持下去，所以植物的渗透调节是在一定干旱范围内的适应性调节。本研究结果表明，胡杨、灰杨有很强的渗透调节能力，且保护酶活性较高，使胡杨、灰杨能够适应极恶劣的环境条件。脯氨酸含量、可溶性糖含量、可溶性蛋白质含量、POD 活性和 CAT 活性可以作为评价胡杨、灰杨抗旱性指标，但不能单一使用某一生长期、某一强度、某一次所测定的值直接进行比较评判。

### 3.5.3　胡杨、灰杨幼树对干旱胁迫的光合生理响应

水分状况是影响植物光合作用的重要因素，水分亏缺对光合作用的影响可以通过气孔导度（Gs）调节，也可以直接影响到叶肉细胞的光合能力。干旱逆境胁迫下光合作用下降的全过程分为 3 个阶段，即气孔限制阶段、非气孔限制参与且作用不断加大阶段、非气孔限制为主要因素阶段（Ogren and Evans，1992）。本研究结果显示，干旱胁迫对胡杨、灰杨两年生幼树叶片光合特性的影响也可以分为 3 个阶段：①在干旱胁迫的初期，当幼树突然受到干旱胁迫时，气孔会立即做出反应，开度减小或部分关闭，以减少水分散失，同时，气体交换受到影响而迫使 Pn 显著下降，此时 Pn 的下降主要是气孔因素，此阶段为幼树机体对干旱胁迫的快速反应调节时期；②随着干旱胁迫时间的延长，中度干旱胁迫下两物种的 Pn 开始恢复，并呈上升趋势，在一定时期内还超过适宜水分处理，Gs 也存在相同的趋势，但其升高的持续时间短于 Pn。重度干旱胁迫下 Pn 和 Gs 的升高变化时间极短，之后一直下降，此时期虽然 Gs 与适宜水分处理相比有所升高，Ci 有所降低，但中度干旱胁迫的 Pn 却高于适宜水分处理，说明此时期随着胁迫时间的延长，两物种调动了体内所有的防御系统使适应能力增强，尤其是光化学效率和光合功能增强，从而使得在略受气孔限制的条件下（中度干旱胁迫下）能够保持稳定的光合速率。但是干旱胁迫加重时，气孔限制程度增大，因而其 Pn 仍低于正常水分处理和中度干旱胁迫，由于其 Pn 下降的同时伴随着 Ci 的下降。因此，此时期仍以气孔限制为主；③随着干旱胁迫时间的进一步延长，中度和重度干旱胁迫下两年生幼树的 Pn、Gs 都开始下降，明显低于适宜水分处理，同时，由于随着 Gs 的不断降低，其敏感性下降，这样气孔限制的绝对增加因气孔敏感性的降低而越来越小（陈少裕，1991）。Gs 也开始下降，而 Ci 开始上升，至干旱胁迫处理末期，Ci 上升到最高水平，而 Gs 降低到最低水平。由此看出，这一阶段，随着干旱胁迫的加剧，重度干旱胁迫处理的叶片衰老提前，气孔调节能力丧失，Pn 下降的主要

原因为非气孔限制。总之，土壤干旱胁迫对两物种叶片光合作用的影响与其胁迫程度及胁迫持续时间都有关系。胁迫初、中期 Pn 下降的原因主要是气孔限制，而到后期，则以非气孔因素限制为主。中度干旱胁迫在短期内对幼树光合作用具有促进作用，而且有利于 WUE 的提高，而重度干旱胁迫对幼树 Pn 的影响较明显，而且其非气孔因素的出现早于中度干旱胁迫的处理。由此看出，胡杨、灰杨两年生幼树光合作用对土壤干旱胁迫具有一定的适应时期和适应范围，超过这个期限和范围，其光合机构就会遭受不可恢复的破坏。

干旱胁迫对植物光合特性的日变化也产生了不同程度的影响。起源和分布于暖温带干旱气候条件下的胡杨、灰杨，对所处炎热、干旱气候的生态环境条件有一定的适应性。对干旱的适应方式，从两物种光合作用的日变化特征来看，同化高峰时刻出现在上午，与光照和 Gs 日变化规律相似，这说明作为荒漠植物，两物种具有在不利环境条件出现之前的短暂时间内充分利用水与光资源的能力，这是其对干旱、高温环境的适应性表现。另外，胡杨两年生幼树 Pn、Gs 均高于灰杨，而 Ci 较低，胡杨幼树只有通过保持较高的 Gs 来保证较高的碳同化速率和光能利用效率（QUE），这可能是胡杨在幼龄阶段更能适应当地气候环境采取的生存对策。

水分利用效率（WUE）则取决于光合速率和蒸腾速率的比值，是干旱气候环境下确定栽培植物种类、种植方式和评价其水分生产力的重要指标。在干旱环境下，植物 WUE 的大小决定了植物节水能力和水分生产力水平，叶片 WUE 与土壤水分关系的研究是确定植物不同生育期水分管理指标和措施的重要依据。由本试验结果可知，通过一定程度的干旱胁迫锻炼可以提高胡杨、灰杨幼树的 WUE。提高 WUE，又是胡杨与灰杨对干旱沙漠环境的适应和有利的生存对策。结合两物种 WUE 的日变化和固定光强下瞬时 WUE 在干旱胁迫持续期间变化的特性分析可知，胡杨两年生幼树始终具有比同龄灰杨更高效利用水分的能力，证明了胡杨幼龄阶段更能适应当地干旱、少雨和高辐射的气候环境。

本研究采用非直角双曲线即 Farquhar 模型对胡杨、灰杨两年生幼树在不同干旱处理条件下的光响应曲线进行拟合分析。结果表明，同一物种不同干旱条件及其同一干旱处理下两物种间其特征参数存在着差异。在适宜水分条件下，两个物种光响应曲线的差异揭示了光能利用特性的不同。胡杨、灰杨光补偿点（LCP）和光饱和点（LSP）均比一般的阳生植物高，为典型的喜光植物。与灰杨相比，胡杨表现出高的 $Pn_{max}$、LSP、AQY 和低的 LCP，说明其具有对光强适应范围广，能够充分利用高光强和忍耐并适应低光强的特性，这也是其长期生存在干旱半干旱荒漠区，对环境不断适应的结果。赵平等（2003）认为演替早期先锋植物具有许多阳生性植物的特征，胡杨在所有的观测项中都表现极强的阳生性，支持物种的生理生态特性决定了其演替状况和生境选择的假说，在干旱荒漠地区的植被恢复中可以考虑作为先锋种。

植物生产力随干旱胁迫的增加而降低，抗旱性强的植物，Pn、LSP 等下降较缓，LCP 增加较小，从而可使植物保持相对较高的光合速率，保证干旱胁迫下的生产力，就本研究结果分析可知，中度干旱胁迫下，胡杨明显具有比灰杨更强的抗旱性，但到重度干旱胁迫时，两物种光响应曲线特性及其特征参数之间的差异就表现得不明显了。这也说明，对于适应能力较强的胡杨来说，其忍受干旱的能力也是有限的，当土壤水分含量低于 40%田间持水量时，若树体内所含水分不能维持正常的生理活动，只能“干渴”至死。这也是近年来塔里木河沿岸胡杨林不断退化和减少的主要原因之一。

### 3.5.4　胡杨、灰杨幼树对干旱胁迫的叶绿素荧光特性响应

20 世纪 80 年代以来，人们在逐渐弄清植物内叶绿素荧光动力学与光合作用关系的基础上，发现它在测定叶片光合作用过程中，光系统对光能的吸收、传递、耗散、分配等方面具有独特的作用，反映的是“内在性”的特点（赵会杰等，2000）。光抑制现象在高等植物光合作用过程中较为普遍，目前，表观量子效率（AQY）、PSⅡ原初光能转换效率（Fv/Fm）、Fm 等 3 个指标的下降被认为是植物发生光抑制的首要条件，但笼统地认为只要这些指标下降就断定植物发生了光抑制是不合理的。就本研究而言，在正常生长条件下，经过一整夜充分暗适应后，胡杨、灰杨两年生幼树叶片的 Fv/Fm 分别为 0.76 和 0.68，这一效率值明显低于过去许多研究中提到的 0.80～0.85。这可能是对一些阳生植物而言，在光照强度远远没达到其光合所需能量时，Fv/Fm 指标会下降，但是它降低到多大范围才表示植物发生了光抑制的问题有待于进一步探讨。胡杨两年生幼树 Fv/Fm 显著高于同龄灰杨，说明胡杨幼树阶段比灰杨具有较强的光合电子传递活性，即胡杨幼树所吸收的光能中实际用于光电子传递的能量比例比灰杨要大，胡杨两年生幼树具有较高的 Fv/Fm 值，从而才有可能将叶片所吸收的光能有效地转化为化学能以提高光合电子传递速率，形成更多的 ATP 和 NADPH，为光合碳同化提供充足的还原力。

胡杨、灰杨两年生幼树叶绿素荧光参数的日变化表明，受到强光和高温的影响，在中午发生光抑制，会导致 $\Phi$PSⅡ值显著降低，12:00 达到最低点。与胡杨相比，灰杨两年生幼树的 $\Phi$PSⅡ在中午降低幅度更大。中午时分 PSⅡ系统发生可逆失活，出现光合“午休”现象，因此中午强光引起的 PSⅡ的光化学效率降低可能是 Pn 降低的又一个重要原因。但两物种光合器官如何在高温下将过多的光能耗散掉，即是否有其特殊的光保护机制，如依赖叶黄素循环的能量耗散，还有待于进一步的深入研究。本研究发现，PSⅡ的非循环电子传递速率（ETR），其大小与到达该叶片实际光强的强弱及 $\Phi$PSⅡ的大小有密切关系，虽然 ETR 日变化进程与 Pn 类似，但是 ETR 到达峰值的时刻要滞后于 Pn。在中午 12:00 高光照强度下，

ETR 与 NPQ 明显上升，同时 ΦPSⅡ与 qP 却显著下降。胡杨与灰杨相比，即使是在中午仍然表现出高的 Gs、ΦPSⅡ、qP、ETR 和低的 NPQ，这是它忍耐高光、高温与低相对大气湿度能力强的重要生理表现，从而保持高光合速率的原因。在叶绿素荧光参数中，叶绿素荧光的可变部分（Fv）与最大荧光值（Fm）的比值（Fv/Fm）反映了开放的 PSⅡ反应中心捕获激发能的效率，是研究植物胁迫的重要参数，任何影响 PSⅡ效能的环境胁迫均会使 Fv/Fm 降低（李敦海等，2000）。有研究表明干旱胁迫能造成小青杨（付士磊等，2006）和紫花苜蓿（韩瑞宏等，2007）等植物的 Fv/Fm 和 Fv/Fo 降低。本研究发现，正常水分条件下胡杨与灰杨两年生幼树叶片的 Fv/Fm 为 0.773～0.813，Fv/Fo 为 3.056～4.524，这一结果与罗青红等（2006）研究结果基本一致。随着干旱胁迫时间的延长、胁迫程度的加剧，Fv/Fm 和 Fv/Fo 均以灰杨下降幅度较大而胡杨较小，表明干旱胁迫下灰杨幼树 PSⅡ活性下降更明显，对干旱胁迫更敏感。在非干旱胁迫条件下，Fv/Fm 和 Fv/Fo 也是胡杨幼树较高。土壤干旱胁迫显著降低胡杨、灰杨幼树最大光合速率（$Pn_{max}$）、表观光合量子效率（AQY）、光饱和点（LSP）。干旱胁迫下胡杨幼树 Pn、$Pn_{max}$、LSP、AQY 及暗呼吸速率（Rd）值均比灰杨高。说明了土壤干旱胁迫条件下，胡杨两年生幼树比灰杨具有更高的光合适应性。值得注意的是，在本试验中还发现，相同干旱胁迫处理下，随着干旱胁迫时间的延长，胡杨、灰杨幼树 Fv/Fm 均略有上升，引起这种现象的原因还有待于进一步的研究。干旱胁迫下胡杨、灰杨幼树的 PSⅡ原初光能转化效率 Fv/Fm 显著减小，表明胡杨、灰杨幼树受到了光抑制，叶片 PSⅡ质子醌库（PQ 库）容量变小，Fv/Fm、Fv/Fo 受到抑制，干旱胁迫直接影响了光合作用的电子传递和 $CO_2$ 同化过程（景茂等，2005）。但在干旱胁迫后，幼树的非光化学淬灭系数（NPQ）增大，这是一种自我保护机制，对光合机构起一定的保护作用，这一现象与干旱胁迫对紫花苜蓿的影响表现一致（韩瑞宏等，2007）。对胡杨、灰杨幼龄阶段光合速率与叶片光系统Ⅱ活性的内在关系及其反馈机制还需要进一步深入地研究。

## 参考文献

陈敏, 陈亚宁, 李卫红, 等. 2007. 塔里木河中游地区 3 种植物的抗旱机理研究. 西北植物学报, 27(4): 747-754.

陈少裕. 1991. 膜脂过氧化对植物细胞的伤害. 植物生理学通讯, 27(2): 842-901.

陈亚宁, 陈亚鹏, 李卫红, 等. 2003. 塔里木河下游胡杨脯氨酸累积对地下水位变化的响应. 科学通报, 48(9): 958-961.

陈亚鹏, 陈亚宁, 李卫红, 等. 2004a. 塔里木河下游干旱胁迫下的胡杨生理特点分析. 西北植物学报, 24(10): 1943-1948.

陈亚鹏, 陈亚宁, 李卫红, 等. 2004b. 新疆塔里木河下游生态输水对胡杨叶片 MDA 含量的影响.

应用与环境生物学报, 10(4): 408-411.
陈亚鹏, 陈亚宁, 李卫红, 等. 2003. 干旱胁迫下的胡杨脯氨酸累积特点分析. 干旱区地理, 26(4): 420-424.
陈贻竹, 李晓萍, 夏丽, 等. 1995. 叶绿素荧光技术在植物环境胁迫研究中的应用. 热带亚热带植物学报, 3(4): 79-86.
程炳浩. 1995. 植物生理与农业研究. 北京: 中国农业出版社 332-337.
冯建灿, 胡秀丽, 毛训甲. 2002. 叶绿素荧光动力学在研究植物逆境生理中的应用. 经济林研究, 20(4): 14-18.
付士磊, 周永斌, 何兴元, 等. 2006. 干旱胁迫对杨树光合生理指标的影响. 应用生态学报, 17(11): 2016-2019.
郭华军. 2010. 水分胁迫过程中的渗透调节物质及其研究进展. 安徽农业科学, 38(15): 7750-7753, 7760.
韩瑞宏, 卢欣石, 高桂娟, 等. 2007. 紫花苜蓿(*Medicago sativa*)对干旱胁迫的光合生理响应. 生态学报, 27(12): 5229-5237.
韩蕊莲, 李丽霞, 梁宗锁, 等. 2002. 干旱胁迫下沙棘膜脂过氧化保护体系研究. 西北林学院学报, 17(4): 1-5.
贺少轩, 梁宗锁, 蔚丽珍, 等. 2009. 土壤干旱对 2 个种源野生酸枣幼苗生长和生理特性的影响. 西北植物学报, 29(7): 1387-1393.
何维明, 马风云. 2000. 水分梯度对沙地柏样株荧光特征和气体交换的影响. 植物生态学报, 24(5): 630-634.
胡景江, 顾振瑜, 文建雷, 等. 1999. 水分胁迫对元宝枫膜脂过氧化作用的影响. 西北林学院学报, 14(2): 7-11.
景茂, 曹福亮, 汪贵斌, 等. 2005. 土壤水分含量对银杏光合特性的影响. 南京林业大学学报(自然科学版), 29(4): 83-86.
李敦海, 宋立荣, 刘永定. 2000. 念珠藻葛仙米叶绿素荧光与水分胁迫的关系. 植物生理学通讯, 36(3): 205-208.
李合生. 1999. 植物生理生化实验原理和技术. 北京: 高等教育出版社: 134-137, 164-169, 260-261.
李强. 2013. 荻和芒对干旱胁迫的生理响应和适应性. 东北林业大学博士学位论文.
林世青, 许春辉, 张其德, 等. 1992. 叶绿素荧光动力学在植物抗性生理学、生态学和农业现代化中的作用. 植物学通报, 9(1): 1-16.
刘建新, 王鑫, 王凤琴. 2005. 水分胁迫对苜蓿幼苗渗透调节物质积累和保护酶呼吸的影响. 草业科学, 22(3): 18-21.
刘建新, 赵国林. 2005. 干旱胁迫下骆驼蓬抗氧化酶活性与渗透调节物质的变化. 干旱地区农业研究, 23(5): 127-131.
刘旻霞, 马建祖. 2010. 6 种植物在逆境胁迫下脯氨酸的累积特点研究. 草业科学, 27(4): 134-138.
卢从明, 张其德, 匡延云. 1993. 水分胁迫对小麦叶绿素 a 荧光诱导动力学的影响. 生物物理学报, 9(3): 453-457.
陆新华, 叶春海, 孙光明. 2010. 干旱胁迫下菠萝苗期叶绿素含量变化研究. 安徽农业科学, 38(8): 3972-3973, 3976.
罗青红, 李志军, 伍维模, 等. 2006. 胡杨、灰叶胡杨光合及叶绿素荧光特性的比较研究. 西北植物学报, 26(5): 983-988.
邱国雄. 1992. 植物光合作用效率. 见: 余叔文. 植物生理学与分子生物学. 北京: 科学出版社: 236-243.
时丽冉, 刘志华. 2010. 干旱胁迫对苣荬菜抗氧化酶和渗透调节物质的影响. 草地学报, 18(5): 673-677.
孙存华, 李杨, 贺鸿雁, 等. 2005. 藜对干旱胁迫的生理生化反应. 生态学报, 25(10): 2256-2261.
孙国荣, 张睿, 姜丽芬, 等. 2001. 干旱胁迫下白桦(*Betulap latyphylla*)实生苗叶片的水分代谢与部分渗透调节物质的变化. 植物研究, 21(3): 413-415.
吴长艾, 孟庆伟, 邹琦. 2001. 叶黄素循环及其调控. 植物生理学通讯, 37(1): 1-5.
温达志, 周国逸, 张德强, 等. 2000. 四种植物叶片的蒸腾速率和水分利用效率的比较研究. 热带亚热带植物学报, S1: 67-76.
肖强, 高建明, 罗立廷, 等. 2006. 干旱胁迫对空心莲子草抗氧化活性和组织学的影响. 生物技术通讯, 17(4): 556-559.
许大全. 2002. 光合作用效率. 上海: 上海科学技术出版社.
徐海量, 宋郁东, 王强. 2003. 胡杨生理指标对塔里木河下游生态输水的响应. 环境科学研究, 16(4): 24-27.
张娜. 2014. 褪黑素处理对渗透胁迫下黄瓜种子萌发及幼苗生长的影响及其分子机制. 中国农业大学博士学位论文.
张守仁. 1999. 叶绿素荧光动力学参数的意义及讨论. 植物学通报, 16(4): 444-448.
赵会杰, 邹琦, 于振文. 2000. 叶绿素荧光分析技术在植物光合机理研究中的应用. 河南农业大学学报, 34(3): 248-251.
赵平, 曾小平, 彭少麟. 2003. 植被恢复物种在不同实验光环境下叶片气体交换的生态适应特点. 生态学杂志, 22(3): 18-23.
邹琦. 2000. 植物生理学实验指导. 北京: 中国农业出版社: 11-174.
Farquhar G D, Sharkey T D. 1982. Stomatal conductance and photosynthesis. Annual Reviews of Plant Physiology, 33: 317-345.
Krause G H, Weis E. 1988. The photosynthetic apparatus and chlorophyll fluorescence. An introduction. Applications of Chlorophyll Fluorescene in Photosynthesis Research, Stress Physiology, Hydrobiology and Remote Sensing: 3-11.
Limaa A L S, DaMatta F M, Pinheiro H A, et al. 2002. Photochemical responses and oxidative stress in two clones of *Coffea canephora* under water deficit conditions. Environmental and Experimental Botany, 47(3): 239-247.
Mohr H, Schopfer P. 1995. Plant Physiology. 4th ed. Hong Kong: Springer-Verlag Hong Kong, 232.
Ogren E, Evans J R. 1992. Photoinhibition of photosynthes is *in situ* in six species of Eucalyptus. Australian Journal of Plant Physiology, 19(1): 223-232.
Patel K P, Hemantaranjan A. 2012. Salicylic acid induced alteration in dry matter partitioning antioxidant defence system and yield in Chickpea(*Cicer arietinum* L. )under drought stress. Asian Journal of Crop Science, 4(3): 86-102.
Peterson R B, Sivaki M N, Walker D A. 1998. Relationship between steady-state fluorescence yield and photosynthetic efficiency in spinach leaf tissue. Plant Physiology, 88(1): 158-163.
Richardson A D, Berlyn G P. 2002. Spectral reflectance and photosynthetic properities of *Betula papyrifera*(Betulaceae)leaves along an elevational gradient on Mt. Mansfield, Vermont, USA. American Journal of Botany, 89(1): 88-94.

Schreiber U, Bilger W, Klughammer C, et al. 1988. Application of the PAM Fluorometer in Stress Detection. Applications of Chlorophyll Fluorescene in Photosynthesis Research, Stress Physiology, Hydrobiology and Remote Sensing: 151-155.

Srivalli B, Sharma G, Khanna C R. 2003. Antioxidative defense system in an upland rice cultiva rsubjected to increasing intensity of water stress followed by recovery. Physiologia Plantarum, 119(4): 503-512.

Sundar D, Perianayaguy B, Reddy A R. 2004. Localization of antioxidant enzymes in the cellular compartments of sorghum leaves. Plant Growth Regulation, 44(2): 157-163.

Walker D A. 1989. Automated measurement of leaf photosynthetic $O_2$ evolution as a function of photon flux density. Philosophical Transactions of the Royal Society of London: Series B Biological Sciences, 323(1216): 313-325.

Wang Z, Qubedeaux B, Stute G W. 1995. Osmotic adjustment: effect of water stress on carbohydrates in apple under water stress. Australian Journal of Plant Physiology, 22(5): 747-754.

White A J, Critchley C. 1999. Rapid light cruves: A new fluorescence method to asses the state of the photosynthetic apparatus. Photosynthesis Research, 59: 63-72.

# 第 4 章　成年植株对干旱胁迫的生理响应

在自然条件下，胡杨、灰杨成年植株多依河岸两旁、古河道及古河道两旁的沙堆等立地分布。随着各大河流用水量的增加，下渗水量的减少，胡杨、灰杨天然林分布地地下水位持续下降。在这种情况下，胡杨、灰杨对不同立地条件下的水分利用状况也将发生变化，与其相关的光合生理特性也将发生变化，表现出对地下水有很强的依赖性（蒋进，1991；曾凡江等，2002；邱箭等，2005；苏培玺等，2003；李佳陶等，2006）。

近年来，随着全球气候变暖和内陆河流域水资源的日益减少，大片胡杨、灰杨因没有水源保证而枯死。为保护胡杨林，有关其生理生态学特性方面的研究越来越受到人们的关注（Bader et al.，2000），尤其是抗逆生理生态特性。有研究表明，成年胡杨异形叶中，齿卵圆形、卵圆形和披针形 3 种典型叶的光合速率、初始荧光、最大荧光和光系统Ⅱ（photosystemⅡ，PSⅡ）原初光能转换效率都存在显著差异；披针形叶的光合效率较低，以维持生长为主；卵圆形叶更能耐大气干旱，光合效率高。表明胡杨叶片在发育过程中其光合特性也发生了变异，以适应其生境的变化。

Kramer（1983）将多数植物的耐旱性分为延迟脱水（高水势耐旱）和忍耐脱水（低水势耐旱）两种类型。有研究发现，胡杨为高光合高蒸腾型，属于低水势忍耐脱水类型，在特定的环境条件、发育阶段及经过一定的诱导处理，胡杨可以因诱导而表现出一些 $C_4$ 植物特性（刘建平等，2004a）。胡杨在整个生长期叶片的蒸腾都很强烈，蒸腾作用日变化呈单峰型或不明显的双峰型，蒸腾速率（transpiration rate，Tr）最大值出现在 17:00 时左右，气孔扩散阻力随着相对湿度（relative humidity，RH）的不断下降而减少。当 RH<15%左右时，气孔扩散阻力增大，叶片蒸腾作用下降，胡杨的这种反应使得其在大气极端干燥时免于过度失水，因而具有调节和保护意义。

从 20 世纪 50 年代以来，国内外研究人员对胡杨做了大量的研究工作，尽管如此，针对塔里木河流域极端生境中胡杨和灰杨这两个物种的光合水分生理特性的系统研究还是十分缺乏，尤其是灰杨的研究报道就更少（邓雄等，2002a，2002b；刘建平等，2004a，2004b；于军等，2008）。本研究选择叶尔羌河下游的天然胡杨、灰杨林为研究对象，研究地下水埋深变化对胡杨、灰杨光合能力和水分利用效率的影响。该研究不仅对阐明胡杨、灰杨光合作用对干旱环境的响应及其种间差异有理论意义，同时也为了解和掌握不同立地条件下胡杨的水分利用效率，对荒漠河岸胡杨依据立地条件进行合理水分分配具有十分重要的理论和实践意义。

## 4.1　材料与方法

### 4.1.1　研究区概况

试验区设在新疆阿瓦提县原始胡杨、灰杨混交林中，该区位于叶尔羌河下游，80°25′E，39°40′N，海拔 992.62m，属于暖温带干旱荒漠气候，四季分明，光热资源丰富。年平均日照时数 2729.0h，年太阳总辐射能 5796MJ/$m^2$，年平均气温 10.4℃，≥10℃的年积温 4125.3℃，极端最高温度 39.4℃，极端最低温度–25.0℃，昼夜温差大；年平均降水量 50.4mm，年平均蒸发量 1880mm，相对湿度 56%。土壤质地为沙土，总盐量 0.137%，pH 7.8，有机质含量 0.88%（李志军等，2003）。风沙灾害频繁，春、夏季多大风天气，是该地区风沙危害的主要季节。

### 4.1.2　试验设计与方法

（1）同一立地条件下胡杨和灰杨气体交换参数测定：以叶尔羌河下游阿瓦提县天然胡杨、灰杨混交林为研究区，选择同一立地条件下的胡杨和灰杨成年植株为研究材料，于 8 月中旬，用 Li-6400P 便携式光合作用测定仪（LI-COR USA）进行气体交换等参数的测定（刘建平等，2004a），测定时选择向阳新梢上倒 3、4 位成熟叶，于当地时间 8:00～21:00 期间，每 2h 随机测定 6～8 个叶片作为重复。在 0～2000μmol/mol 制作净光合速率-胞间 $CO_2$ 浓度（net photosynthesis rate-intercellular carbon dioxide concentration，Pn-Ci）响应曲线；在 0～3000μmol/($m^2$·s) 光强范围内制作净光合速率-光强（net photosynthesis rate - photosynthetic photo flux density，Pn-PPFD）响应曲线；用线性回归法求出 Pn-PPFD 响应曲线的初始斜率 $d_{Pn}/d_{PPFD}$ 为表观量子效率（apparent quantum yield，AQY）；求出 Pn-Ci 响应曲线的初始斜率 $d_{Pn}/d_{Ci}$ 为羧化效率（carboxylation efficiency，CE），用响应曲线在光合 $CO_2$ 饱和条件下的光合速率代表光合能力(Pm)（许大全，2002）；按 Ls=1–Ci/Ca 求出气孔限制（stomata limitation，Ls）值（Berry and Downton，1982）。水分利用效率（water use efficiency，WUE）等于 Pn/Tr。

（2）同一立地条件下胡杨和灰杨水分生理参数测定：以人工栽植生长发育良好的 12 年生胡杨、灰杨为试验材料。于 8 月 4 日清晨 7:00～8:00，选取树冠中上部、东南方向生长良好的当年生枝条，截取 10cm 左右长的嫩梢，立即用万分之一电子天平称其鲜重，然后将小枝插入盛有清水的烧杯中，置于阴暗高湿条件下，吸水至饱和。离体测定（刘建平等，2004b）枝条水势。

P-V 曲线的制作：取出吸水达饱和状态的小枝，迅速称饱和鲜重并立即装入压力室（SKPM1400，英国产），采用 Hammel 法（王万里，1984），将小枝基部 1cm 外露，用外部封闭的 2cm 长香烟过滤嘴套在小枝上面收集被挤出的水分，以 0.02～0.04MPa/min 的速度升压，直到所需平衡压，在该平衡压保持 10min，收集压出的水分，用称重法计算收集的水量，然后重复以上步骤，依次升高平衡压 12～14 次，最后取出小枝测定鲜重，并于 80℃下烘干至恒重（王淼和陶大力，1998）。计算出全过程中样品在平衡压处所对应的失水量、相对水分亏缺和渗透含水量，以依次测得的各次平衡压的倒数为纵坐标，以木质部压出水分的量（Ve）为横坐标，绘制 P-V 曲线。P-V 曲线由曲线部分和直线部分构成，失去膨压后的直线部分用回归方程表示，并借助 P-V 曲线计算出每个供试小枝的有关水分参数。由于 P-V 曲线重复性好，每个处理仅测 1 次 P-V 曲线（张建国等，1994）。

（3）不同地下水位条件下光合水分生理指标参数测定：在阿瓦提县天然胡杨、灰杨混交林中，选择 3 个不同地下水位的胡杨、灰杨样区（Ⅰ区地下水位 4m，Ⅱ区地下水位 2.5m、Ⅲ区地下水位 1.5m），每个样区面积 20m×20m，以 4cm 径阶为标准选择各径级的标准木作为测试材料（王海珍等，2007）。

**枝水势日变化的测定：**在生长季 6～9 月的中旬，每月在每块样地内选择 2～3 株生长状况良好的样株，选择树冠中上部向阳面发育正常的一个小枝，用植物水势仪（SKPM1400，英国产）测定水势。5 月由于春尺蠖将树上所有叶片吃光，故未测定枝水势。水势日变化测定从 8:00～20:00 每隔 2h 测定 1 次，共测定 7 次。以日出时的水势测定值作为植物清晨水势。野外测定均选择在晴朗无云的天气进行。

**气体交换参数日变化的测定：**在 8 月中旬选择晴天，用 Li-6400 便携式光合作用测定仪（LI-COR，美国产），在 8:00～21:00 期间，每 2 小时测定 1 次叶片的气体交换参数，全天共测定 7 次。测定时，随机选取向阳面新梢上 6～8 个倒 3、4 位成熟叶，每测定净光合速率（Pn）、蒸腾速率（Tr）、气孔导度（Gs）、胞间 $CO_2$ 浓度（Ci）等，并用净光合速率与蒸腾速率的比值计算水分利用效率（WUE）。

**环境因子的测定：**用 Li-6400 便携式光合仪（LI-COR，美国产）测定光照强度、空气相对湿度、大气温度等环境因子。测定日期及时间与气体交换参数日变化的测定相同。样区的土壤含水量采用美国 CPN 公司的 503DR 中子水分仪测定。

**净光合速率-胞间 $CO_2$ 浓度响应曲线、净光合速率-光合有效辐射响应曲线的测定：**选择 8 月中旬的一个晴天，用 Li-6400 便携式光合作用测定仪（LI-COR，美国产）进行光合作用的 $CO_2$ 浓度及光响应曲线的测定。将 $CO_2$ 浓度设置在 0～2000μmol/mol，测定净光合速率-胞间 $CO_2$ 浓度响应曲线（Pn-Ci）；将光照强度设置在 0～3000μmol/($m^2$·s)，测定净光合速率-光强（Pn-PPFD）响应曲线。用线性回归法求出 Pn-PPFD 响应曲线的初始斜率 $d_{Pn}/d_{PPFD}$ 作为表观量子效率（AQY），Pn-Ci 响应曲线的初始斜率 $d_{Pn}/d_{Ci}$ 作为羧化效率（CE）。响应曲线在光合 $CO_2$ 饱和条件下的光合速率代表光合能力（Pm）（许大全，2002）；按 Ls=1–Ci/Ca（atmospheric carbon dioxide concentration，大气 $CO_2$ 浓度）求出气孔限制（Ls）值（Berry and Downton，1982）。另外还计算了光饱和点（light saturation point，LSP）、光补偿点（light compensation point，LCP）、AQY、暗呼吸速率（dark respiratory rate，Rd）、$CO_2$ 饱和点（carbon dioxide saturation point，CSP）、$CO_2$ 补偿点（carbon dioxide compensation point，CCP）和 CE。

当天还测定了 3 个样区土壤含水率（图 4-1），并调查了样区群落结构和组成及其生长发育、退化程度。

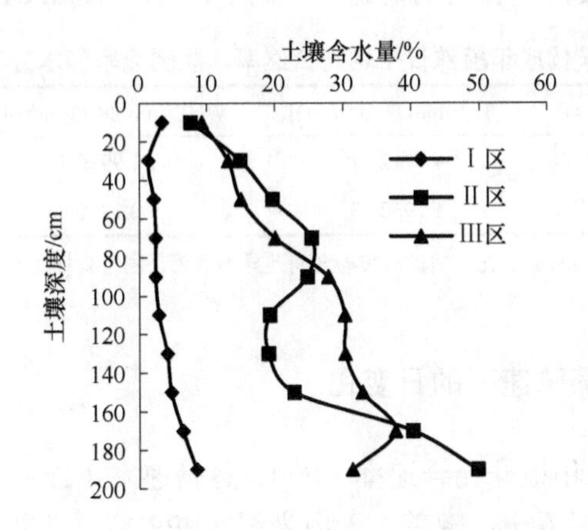


图 4-1　胡杨、灰杨试验样区土壤含水量

**叶绿素荧光参数日变化的测定：**在 8 月中下旬，分别选择一个晴天和一个阴天，从 3 个样区中分别选择向阳新梢上倒 3、4 位成熟叶，在 8:00～21:00 期间，每 2 小时测定一次叶绿素荧光参数，全天共测定 7 次，每个样区均随机选 6～10 个叶片作为重复。叶绿素荧光参数日变化的测定所用仪器及数据分析方法同第 3 章。

### 4.1.3　数据统计分析

用 SAS6.12 统计软件进行方差分析，检验胡杨与灰杨成年植株之间的气体交换参数、光响应曲线特征参数的差异显著性。用 SPSS10.0 统计软件对光响应曲线、$CO_2$ 响应曲线进行模型的拟合。分别计算胡杨、灰杨的净光合速率、蒸腾速率与环境因子（光照强度、大气温度、大气湿度和气孔导度）之间的简单相关系数和偏相关系数，并对相关系数的显著性进行检验。

## 4.2 成年植株光合生理特性

### 4.2.1 净光合速率、蒸腾速率、气孔导度及水分利用效率的种间比较

由表 4-1 可以看出，胡杨、灰杨成株的日平均净光合速率（Pn）存在极显著差异（$P$<0.01）。胡杨日平均 Pn 较高[11.98μmol/($m^2$·s)]，比灰杨高 27.58%；日平均蒸腾速率（Tr）以灰杨较低[4.77μmol/($m^2$·s)]，是胡杨的 91.91%；日平均水分利用效率（WUE）以胡杨表现最高（2.19μmol $CO_2$/mmol $H_2O$），比灰杨高 10.50%；气孔导度（Gs）以胡杨较高[0.24mol/($m^2$·s)]。总体来看，胡杨成年植株 Pn、Tr 和 Gs 及 WUE 均高于灰杨，表明胡杨是一种高 Pn、Tr、高 WUE 的物种。

表 4-1 胡杨、灰杨成年植株日平均光合速率、蒸腾速率和水分利用效率的比较

| 物种 | Pn/[μmol/($m^2$·s)] | Tr/[μmol $H_2O$/($m^2$·s)] | WUE/(μmol $CO_2$/mmol $H_2O$) | Gs/[mol/($m^2$·s)] |
|---|---|---|---|---|
| 灰杨 | 9.39±6.17$^B$ | 4.77±2.57$^A$ | 1.99±0.72$^A$ | 0.18±0.06$^A$ |
| 胡杨 | 11.98±6.97$^A$ | 5.19±2.33$^A$ | 2.19±0.88$^A$ | 0.24±0.12$^A$ |

注：表中同一列标注相同的字母表示胡杨与灰杨之间差异不显著；同一列标注不同的字母表示胡杨与灰杨之间差异极显著（$P$ <0.01）

### 4.2.2 光合速率与蒸腾速率的日变化

从胡杨、灰杨成年植株光合速率（Pn）、蒸腾速率（Tr）与光照、光温的日变化情况（图 4-2）可以看出，随着 1 天内光强（PPFD）、气温（$T_{air}$）、大气相对湿度（RH）等外界因子的变化，植物的 Pn 和 Tr 及水分利用效率（WUE）也相应发生变化，但不同物种其光合、蒸腾曲线日变化都有各自的特征（图 4-2）。

胡杨、灰杨成年植株 Pn 日变化都呈现出“单峰”曲线，在中午（14:00）Pn 明显降低。两物种的 Pn 日变化及光合“午休”严重程度存在明显差异。前人认为发生严重“午休”时，光合日进程没有下午的第二个峰出现，这种单峰不同于典型的单峰型，它的峰值不是在中午，而是在上午的早些时候（许大全，2002）。胡杨、灰杨的 Pn 均在 12:00 达到第一个峰值，20:00 降到最低点，但两者 Pn 下降的幅度差异明显，胡杨降低速率（12:00～16:00）大于灰杨，表明灰杨的光合“午休”迟缓、程度轻，对光照强度和 RH 的变化不敏感。分析原因，主要是 8 月光辐射较强，日平均有效光辐射达 1067.29μmol/($m^2$·s)，午间最高有效光辐射达 1887μmol/($m^2$·s)，产生光抑制，也可能是由于高光辐射伴随着高温（达 35.85℃），RH 降低（17.75%）、暗呼吸和光呼吸速率的增加而导致 Pn 下降。

胡杨、灰杨成年植株的 Tr 日进程与其 Pn 日进程不同，呈双峰曲线，两者均在 12:00 达到第一个峰值，14:00 降至最低点，16:00 又达到第二个峰值，但胡杨

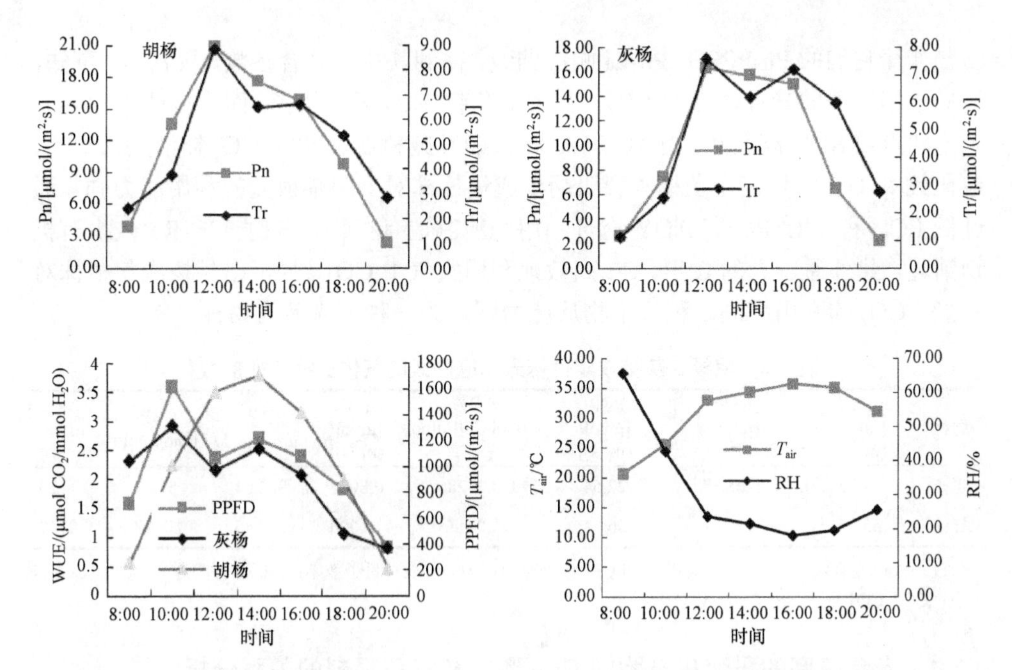


图 4-2　胡杨、灰杨成年植株光合速率、蒸腾速率和水分利用效率及环境因子的日动态

Tr 的第二个峰值不明显。至于午间 Tr 的下降可能与 RH 降低引起气孔关闭有关，蒸腾大幅度下降所致，这是荒漠物种减少水分散失的一种适应方式。总体来看，胡杨、灰杨的 Pn 与 Tr 日变化几乎同步，灰杨稍有偏差。

胡杨、灰杨成年植株的气孔导度（Gs）日进程明显不同，胡杨呈单峰型，灰杨呈双峰型，两者 Gs 导度均在 12:00 出现第一个高峰，灰杨第二个峰值在 16:00 出现，而胡杨 12:00 之后呈直线下降，灰杨 Gs 与其 Tr 日进程曲线十分吻合。此外胡杨 Gs 日进程中各时点均高于灰杨。Franks 和 Farquhar（1999）认为大多数 $C_3$ 植物需要保持其较高的 Gs 值，耐受变幅较高的叶内外蒸汽压差（vapor pressure difference，VPD）。

胡杨、灰杨成年植株的 WUE 日进程基本一致，均呈双峰型，两者的 WUE 均在 10:00 达到峰值，随后下降，至 14:00 又达第二个高峰。但胡杨的 WUE 在整个日进程中均高于灰杨，说明胡杨在干旱环境下能充分利用地下水，以高光合高蒸腾的方式来减少干旱对其的伤害。

### 4.2.3　光响应曲线的气体交换参数比较

胡杨、灰杨成年植株的净光合速率（Pn）随光强（PPFD）的增强而逐渐增大，分别在 2265.87μmol/($m^2$·s)、2115.01μmol/($m^2$·s)时达到最高，之后随着 PPFD 的增高，Pn 趋于平稳，在 PPFD 大于 2500μmol/($m^2$·s)后开始下降。通过线性与非线性回归计算它们的Pn-PPFD、Pn-Ci响应曲线，得到其相应光合参数。从表4-2可知，胡杨成年植株的光补偿点（LCP）、暗呼吸速率（Rd）低于灰杨，而光合能力（Pm）、光饱和点（LSP）、高表观量子效率（AQY）、$CO_2$饱和点（CSP）、$CO_2$补偿点（CCP）、羧化效率（CE）均高于灰杨。表明胡杨成年植株对太阳辐射光的利用能力强，通过低LCP和高LSP、高AQY充分利用光能制造有机物，同时低的Rd减少有机物消耗，此外通过高的CSP、CE高效地利用大气中$CO_2$，显示出胡杨成年植株对光能、$CO_2$的利用率高，积累干物质能力强，为一种高光效的物种。

**表4-2　胡杨、灰杨成年植株光响应曲线的气体交换特征参数**

| 物种 | Pn/[μmol/(m²·s)] | LSP/[μmol/(m²·s)] | LCP/[μmol/(m²·s)] | AQY/（μmol $CO_2$/μmol 光子） | Rd/[μmol/(m²·s)] | CSP/（μmol/mol） | CCP/（μmol/mol） | CE/[μmol/(m²·s)] |
|---|---|---|---|---|---|---|---|---|
| 胡杨 | 94.75 | 2265.87 | 22.54 | 0.0428 | 0.8012 | 982.04 | 58.53 | 0.1120 |
| 灰杨 | 55.05 | 2115.01 | 26.54 | 0.0411 | 1.1000 | 650.45 | 32.47 | 0.0749 |

注：Pm. 光合能力；LSP. 光饱和点；LCP. 光补偿点；AQY. 表观量子效率；Rd. 暗呼吸速率；CSP. $CO_2$饱和点；CCP. $CO_2$补偿点；CE. 羧化效率

### 4.2.4 光合速率的日变化与胞间$CO_2$浓度及气孔限制的关系分析

植物叶片光合速率（Pn）午间降低的自身因素主要有两个：气孔因素和非气孔因素。前者是由于午间光照、温度和湿度等环境因子的变化引起植物气孔的部分关闭，而后者是由于叶肉细胞自身羧化酶活性的下降而引起Pn的降低。根据前人研究（Farquhar et al.，1989；Franks and Farquhar，1999），只有当Pn和胞间$CO_2$浓度（Ci）变化方向相同，两者同时减小，且气孔限制（Ls）增大时，才可以认为Pn的下降主要是由气孔导度（Gs）引起的，否则Pn的下降要归因于叶肉细胞羧化能力的降低。胡杨、灰杨成年植株Ls和Ci变化如图4-3所示。胡杨、灰杨8月Pn在12:00～14:00的下降分别对应Ci的下降和Ls的上升，此时Pn的下降主要限制因素为Gs。胡杨成年植株午后（14：00～20:00）和灰杨在午后（14:00～18:00）Pn与Ls并行下降，Ci上升，说明此时段内Pn的下降主要受非气孔因素的影响。18:00～20:00灰杨的Pn、Ci、Ls同时下降，说明此阶段Pn的下降主要受非气孔因素的影响。

### 4.2.5 光合速率、蒸腾速率对环境因子的响应

影响植物气体交换的环境因子除土壤因子（其中最主要的是土壤水分）外，主要有光照、温度和湿度，其他还有风、大气中$CO_2$等。太阳辐射光既作为光合作用原初反应的动力，又是叶片能量的主要来源，它影响一天中大气温度、湿度等环境因子变化，从而引起植物气孔导度（Gs）、胞间$CO_2$浓度（Ci）、叶内外蒸汽压差（VPD）

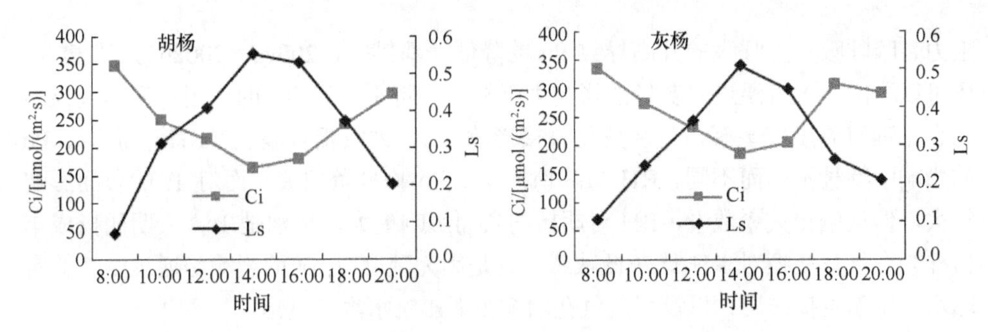


图 4-3　胡杨、灰杨成年植株胞间 $CO_2$ 浓度与气孔限制值的日进程

等一些生理因素的变化，最终影响植物的光合、蒸腾作用。比较胡杨和灰杨 8 月光强（PPFD）日进程与光合速率（Pn）、蒸腾速率（Tr）日进程曲线（图 4-3），Pn 和 Tr 日进程均为单峰曲线，即在早上日出后两者随有效光辐射增强而增强，至 12:00 达到最高，午后（14:00）随有效辐射减弱而减低。

从表 4-3 可知，胡杨、灰杨的 Pn 和 Tr 与环境因子（光照、温度和湿度）之间的相关系数和偏相关系数均达极显著水平（$P<0.01$），且灰杨与环境因子的相关系数大于胡杨，表明其光合气体交换对 PPFD 更为敏感。

胡杨 Pn-PPFD 曲线回归方程为

$$Pn=0.6867+0.0950\times PPFD+0.000\,001\,9\times PPFD^2\ (P<0.01,\ R^2=0.932)$$

灰杨 Pn-PPFD 曲线回归方程为

$$Pn=0.9966+0.0059\times PPFD+0.000\,001\,6\times PPFD^2\ (P<0.01,\ R^2=0.973)$$

**表 4-3　胡杨、灰杨光合速率、蒸腾速率日变化与其内外因子的相关性分析**

| 物种 | | | 光强（PPFD） | 大气温度（$T_{air}$） | 气孔导度（Gs） | 大气相对湿度（RH） |
|---|---|---|---|---|---|---|
| 灰杨 | 光合速率 | CE | 0.9788** | 0.5825 | 0.7801* | −0.5476 |
| | （Pn） | PCE | 0.9815** | 0.5887 | 0.8496* | 0.5614 |
| | 蒸腾速率 | CE | 0.8744** | 0.8553* | 0.684 | −0.8134* |
| | （Tr） | PCE | 0.9837** | 0.9954** | 0.9998** | 0.9980** |
| 胡杨 | 光合速率 | CE | 0.9512** | 0.555 | 0.0342 | −0.5192 |
| | （Pn） | PCE | 0.9325** | −0.6289 | 0.6877 | −0.7008 |
| | 蒸腾速率 | CE | 0.8849** | 0.7439 | −0.0616 | −0.6811 |
| | （Tr） | PCE | 0.9123** | 0.2201 | 0.9891** | −0.9489** |

注：CE. 相关系数；PCE. 偏相关系数；*$P<0.05$，**$P<0.01$

大气温度影响叶温高低，决定光合作用的生化反应速度和饱和水汽压。日出后，胡杨、灰杨成年植株随气温升高 Pn、Tr 均增强，当气温超过 33℃（胡杨）、34℃（灰杨）Pn、Tr 开始下降。说明气温过高可能对植物光合膜构成热胁迫，或者超出一些有关酶的活性范围，这是造成它们午间 Pn 降低的直接原因，同时，也可能是叶肉阻力、暗呼吸、光呼吸的升高导致 Pn 的降低（邓雄等，2002a，2002b）。从表 4-3 还可以看出，大气温度对灰杨的影响大于胡杨，特别是对 Tr 的作用，表明灰杨的光合生理对温度较敏感，气温变化直接影响 Pn。大气相对湿度（RH）与 Tr、Pn 的影响因物种不同而不同。RH 与两物种 Tr、Pn 均呈负相关，而对 Tr 的负面影响较大，但从偏相关系数看，RH 对胡杨的负面影响更大，特别是 Tr，表明胡杨成年植株光合气体交换对 RH 比灰杨敏感。这是因为湿度对 Tr 的影响是通过空气的实际水汽压起直接作用，以及引起气孔的缩张而影响水汽的进出。

综合以上分析可以看出，对胡杨 Pn 有影响的环境因子，其作用大小依次为 PPFD>RH>Gs>$T_{air}$，Tr 为 Gs>RH>PPFD>$T_{air}$；对灰杨 Pn 有影响的环境因子，其作用大小依次为 PPFD>Gs>$T_{air}$>RH，Tr 为 Gs>RH>$T_{air}$>PPFD。多元回归与逐步回归优化分析结果显示：

胡杨

$$Pn=-0.1347+0.0126\times PPFD$$
$$Tr=2.5158+0.000\,002\,3\times RH^2$$

灰杨

$$Pn=0.1159+0.0087\times PPFD$$
$$Tr=1.4439+0.0018\times PPFD+0.0043\times T_{air}^2$$

以上分析进一步证明灰杨属光温型物种，喜光、耐高温、对大气湿度要求不高，而胡杨属光湿型，喜湿，耐光照，对气温变化要求不严。

## 4.3 成年植株水分生理特性

### 4.3.1 成年植株 P-V 曲线的主要水分参数

由表 4-4 可知，胡杨、灰杨 12 年生成年植株的 P-V 曲线水分参数明显不同。灰杨在充分吸水时，灰杨的渗透势（$\Psi_{100}$）和零膨压时渗透势（$\Psi_0$）均低于胡杨，表明灰杨在干旱状态下仍能保持正常的膨压，即从干旱环境中吸水维持膨压的能力强。当土壤的湿度下降，引起植物的水势降低时，组织能够保持膨压是一种主要的抗旱机制，是保证细胞伸长等生理活动所需要的（曾凡江和宋轩，2000）。而胡杨在水分饱和到组织失水的过程中，渗透水丢失相对量 $\Psi_{100}-\Psi_0$ 值低于灰杨，说明在组织失水过程中，胡杨渗透水损失量少。这是其在渗透调节能力较小的情况下，从另外一方面表现出来的抗旱保水特性。最大体积弹性模量 $X$ 在评价树木耐旱性中占有重要的地位（沈繁宜和李吉跃，1994；Zepp，1994；孙志虎和王庆成，2003）。一般认为，$X$ 值越高表示细胞壁越坚硬，弹性越小，反之，则说明细胞越柔软，弹性越大；随着组织含水量和水势的下降，高弹性组织具有更强的维持膨压的能力，灰杨的 $X$ 值小于胡杨，表明灰杨细胞富有弹性，维持膨压能力强于胡杨。零膨压点时的渗透水与饱和水的比值（$V_P/V_0$）表示由细胞壁特性所决定的“渗透调节”能力（曾凡江和宋轩，2000）。灰杨的 $V_P/V_0$ 略低于胡杨，表明灰杨与胡杨的渗透调节能力相似，这种渗透调节能力有助于维持膨压，增强其吸水能力，是其抗旱能力的另外一种表现形式。零膨压时相对渗透含水量（relative osmotic water content，ROWC）和零膨压相对含水量（relative water content，RWC）是判断植物耐旱性的重要指标，一般认为，ROWC 值和 RWC 值越低，表明组织细胞在很低的渗透含水量下才发生质壁分离，在一定程度上反映植物组织细胞忍耐脱水的能力（柴宝峰等，1996）。灰杨的 ROWC 值低于胡杨，说明其在干旱逆境条件下细胞组织能维持较高的水分含量，增强植物的抗脱水能力。但灰杨的 RWC 值高于胡杨，可能与灰杨叶片结构及表皮上被蜡质有关。质外体含水量（apoplast water content，AWC）是指存在于原生质以外的水分，主要与某些大分子物质结合或存在于细胞壁中，一般在溶质含量不变的情况下，AWC 值越大，组织的渗透势越低，其吸水和保水能力就越强，植物的抗旱性也就越强（杨敏生等，1997a）。组织细胞相对水分亏缺（relative water deficit，RWD）值越低，其抗旱保水性越强。灰杨的 AWC 与 RWD 均低于胡杨，表明灰杨是以牺牲部分干物质来抵御干旱以渡过干旱逆境的。

**表 4-4　胡杨、灰杨成年植株（12 年生）P-V 曲线的主要水分特征参数**

| 物种 | $\Psi_{100}$ /MPa | $\Psi_0$ /MPa | $\Psi_{100}$–$\Psi_0$ /MPa | ROWC /% | RWC /% | AWC /% | RWD /% | $\varepsilon$ /MPa | $V_P/V_0$ |
|---|---|---|---|---|---|---|---|---|---|
| 胡杨 | −1.035 | −0.462 | −0.573 | 36.98 | 89.42 | 8.77 | 10.58 | 8.77 | 0.554 |
| 灰杨 | −1.944 | −0.935 | −1.009 | 10.65 | 98.37 | 3.09 | 1.63 | 3.09 | 0.518 |

注：$\Psi_{100}$. 充分吸水时渗透势；$\Psi_0$. 零膨压时渗透势；ROWC. 零膨压时相对渗透含水量；RWC. 零膨压时相对含水量；RWD. 组织细胞相对水分亏缺；AWC. 质外体含水量；$\varepsilon$. 最大体积弹性模量；$V_P/V_0$. 零膨压点时的渗透水与饱和水的比值

### 4.3.2　幼树 P-V 曲线的主要水分参数

从表 4-5 知，灰杨幼树（3 年生）在充分吸水时的渗透势（$\Psi_{100}$）、零膨压时的渗透势（$\Psi_0$）、零膨压时的相对含水量（RWC）、零膨压时的相对渗透含水量（ROWC）均低于胡杨幼树；而最大体积弹性模量（$\varepsilon$）、零膨压点时的渗透水与饱和水的比值（$V_P/V_0$）、质外体含水量（AWC）、渗透水丢失相对量（$\Psi_{100}$–$\Psi_0$）、组织细胞相对水分亏缺（RWD）均高于胡杨幼树。灰杨、胡杨幼树（3 年生）与灰杨、胡杨成年植株（12 年生）的水分参数相比（表 4-4 和表 4-5），成年植株与幼树的主要水分参数 $\Psi_{100}$、$\Psi_0$、$\Psi_{100}$–$\Psi_0$、ROWC 值的大小基本一致，说明不同龄林的胡杨、灰杨抗旱生理学机制相同；但 AWC、RWC、RWD、$\varepsilon$、$V_P/V_0$ 存在差异，可能是由于它们均具有随季节和生长发育进程变化的特征（张建国等，1994）。

**表 4-5　胡杨、灰杨幼树（3 年生）P-V 曲线的主要水分特征参数**

| 物种 | $\Psi_{100}$ /MPa | $\Psi_0$ /MPa | $\Psi_{100}-\Psi_0$ /MPa | ROWC /% | RWC /% | AWC /% | RWD /% | $\varepsilon$ /MPa | $V_P/V_0$ |
|---|---|---|---|---|---|---|---|---|---|
| 胡杨 | −0.588 | −0.424 | −0.164 | 48.15 | 94.77 | 3.49 | 5.23 | 11.35 | 0.279 |
| 灰杨 | −1.406 | −0.871 | −0.534 | 33.75 | 91.03 | 5.21 | 8.97 | 21.56 | 0.419 |

注：$\Psi_{100}$. 充分吸水时渗透势；$\Psi_0$.零膨压时渗透势；ROWC. 零膨压时相对渗透含水量；RWC. 零膨压时相对含水量；RWD：组织细胞相对水分亏缺；AWC. 质外体含水量；$\varepsilon$. 最大体积弹性模量；$V_P/V_0$. 零膨压点时的渗透水与饱和水的比值

两个物种水势和膨压呈良好的线性关系，相关系数（$r$）都在 0.98 以上，直线拟合性好（表 4-6）。在线性方程中，参数 $a$ 值表示树木充分膨胀时叶细胞所能达到的最大膨压，参数 $b$ 值表示膨压随叶水势下降的速率（王万里，1984；柴宝峰等，1996）。植物渗透调节的主要功能是维持膨压，膨压随叶水势下降的速率可反映出植物渗透调节能力。因此 $b$ 值可作为反映植物渗透调节能力的指标。$b$ 值越小，表示膨压下降速度越慢，说明植物渗透调节和保持膨压能力越强。由表 4-6 可看出，胡杨在充分膨胀时叶细胞所能达到的最大膨压（$a$）高于灰杨，而膨压下降的速度（$b$）高于灰杨，说明灰杨在干旱逆境条件下，提高渗透调节和保持膨压能力较强，对干旱胁迫适应能力强。

**表 4-6　胡杨、灰杨两个物种叶水势（$x$）与膨压（$y$）的回归直线方程特性**

| 物种 | 直线方程 | $a$ | $b$ | $r$ |
|---|---|---|---|---|
| 胡杨 | $y=0.2988+0.0145x$ | 0.2988 | 0.0145 | 0.9923 |
| 灰杨 | $y=0.1044+0.0075x$ | 0.1044 | 0.0075 | 0.9876 |

### 4.3.3　种间抗旱性比较

树木的抗旱性是受形态、解剖和生理生化特性控制的复合遗传性状，任何单一的水分生理指标都不能作为评判树木抗旱性的唯一指标。因此，为了全面客观地评价物种的抗旱性大小，我们选用生态学意义较明确的多项指标作为依据，并利用模糊数学隶属函数方法（杨敏生等，1997b）、DI 综合评价指数法（柴宝峰等，1996）来判断物种耐旱能力的强弱。从表 4-7 可见，运用这两种方法对胡杨、灰杨的幼树、成年植株进行综合评判，结果均表明灰杨维持膨压和渗透调节的能力较强，抗旱性略强于胡杨。

**表 4-7　胡杨、灰杨的综合抗旱性比较**

| 项目 | 成年植株（12 年生） | | 幼树（3 年生） | |
|---|---|---|---|---|
| | 胡杨 | 灰杨 | 胡杨 | 灰杨 |
| 模糊综合评判值 | 0.4 | 0.6 | 0.3 | 0.7 |
| DI 综合抗旱指数值 | 2.5322 | 2.6315 | 2.4161 | 3.1293 |

## 4.4 成年植株气体交换特性对地下水位变化的响应

### 4.4.1 不同地下水位条件下成年植株气体交换特性

8 月中旬的晴天，Ⅰ区和Ⅲ区的胡杨、灰杨净光合速率（Pn）日变化趋势基本相似，均为单峰曲线类型，即从早晨 8:00 起，随着温度的升高、光照加强，Pn 逐渐增大，至 12:00 达到最高峰，之后逐渐下降，到 20:00 降至最低。Ⅱ区胡杨 Pn 日变化为“M”形双峰曲线，两次高 峰分别出现在 12:00 和 16:00，峰值分别为 18.958μmol/($m^2$·s)和 12.52μmol/($m^2$·s)。另外，地下水位的深浅对两物种 Pn 峰值的大小也有影响，土壤水分条件最好的Ⅲ区（地下水位 1.5m），胡杨和灰杨 Pn 的峰值都最大，分别为 25.00μmol/($m^2$·s)和 17.31μmol/($m^2$·s)；Ⅱ区（地下水位 2.5m）次之，分别为 18.95μmol/($m^2$·s)和 17.24μmol/($m^2$·s)；Ⅰ区由于地下水位高达 4m，上层土壤湿度最低（图 4-4），胡杨、灰杨受到一定程度的干旱胁迫，Pn 峰值均较低，分别为 15.97μmol/($m^2$·s)和 14.67μmol/($m^2$·s)（图 4-4）。

蒸腾速率（Tr）日变化特征与 Pn 相似（图 4-4），即一天中的蒸腾最高峰均出现在 12:00，但是不同地下水位下两物种蒸腾峰值的大小也不同。在土壤水分条件最好的Ⅲ区，胡杨的 Tr 为 12.90mmol/($m^2$·s)，显著（$P<0.05$）高于同区的灰杨[8.12mmol/($m^2$·s)]；随着地下水位的加深，土壤含水量也逐渐降低（图 4-4），两物种 Tr 对水分亏缺的响应不同，胡杨随着土壤含水量的降低，其 Tr 的峰值也逐渐降低。而灰杨则不同，最高 Tr 峰值出现在地下水位为 2.5m 的Ⅱ区，地下水位为 4m 的Ⅰ区最低。16:00 时Ⅰ区和Ⅲ区两物种 Tr 均出现次高峰，并且Ⅲ区的较大，而Ⅱ区在 12:00 后 Tr 逐渐下降，无次高峰出现。

两物种气孔导度（Gs）日变化均为单峰型曲线，不同样区，两物种峰值出现的时间不同，三个样区灰杨的 Gs 峰值均出现在 12:00，但Ⅰ区和Ⅱ区的胡杨，其峰值出现的时间为 10:00 和 8:00。与 Pn 日变化曲线类似，Gs 也是上午高于下午（图 4-4）。

胡杨、灰杨成年植株胞间 $CO_2$ 浓度（Ci）日变化曲线接近“V”形。上午 8:00～10:00，Ci 值较大，之后随着光强和温度的上升而直线下降，至 16:00 出现低谷，而后，当光强和气温开始下降时，Ci 也出现了回升的趋势，傍晚达到或接近早晨的水平，结合 Gs 和 Ci 及 Pn 日变化特征可以看出，除了Ⅱ区以外，Ⅰ区和Ⅲ区的胡杨、灰杨成年植株，其 Pn 在 12:00～16:00 时段内的下降，伴随着 Ci 和 Gs 的下降，主要决定因素为 Gs，而 16:00～20:00 Pn 下降的同时，Gs 也下降，但是 Ci 却上升，说明这个时段内影响 Pn 的主要因素是非气孔因素。

胡杨、灰杨成年植株水分利用效率（WUE）日变化曲线均为单峰型，只是峰值出现的时间和峰值大小不同。同一样区内两物种做比较，发现胡杨的 WUE 峰值

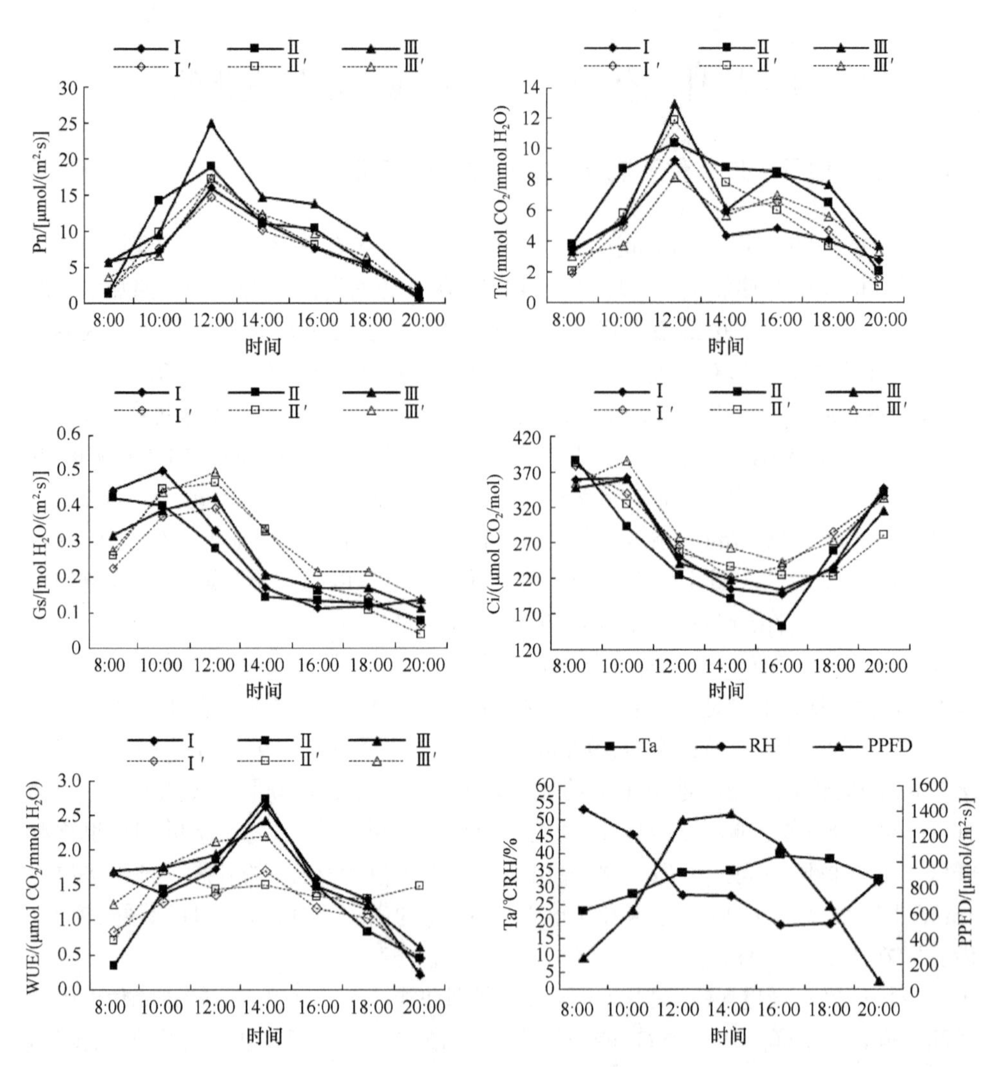


图 4-4　不同地下水位条件下胡杨、灰杨 Pn、Tr、Gs、Ci、WUE、Ta、RH 和 PPFD 的日变化

Ⅰ、Ⅱ、Ⅲ表示 3 个样区的胡杨，Ⅰ′、Ⅱ′、Ⅲ′表示 3 个样区的灰杨

总比灰杨的大；就土壤水分条件而言，地下水位为 2.5m 的Ⅱ区，胡杨的 WUE 峰值最高，为 2.74μmol $CO_2$/mmol $H_2O$，说明此条件下胡杨能最大效率地利用地下水来适应中午高蒸腾的需要。灰杨则是在水分条件最好的Ⅲ区 WUE 峰值为最大。

进一步比较不同地下水位两物种的光合特性可以看出（表 4-8），土壤水分条件较好的Ⅲ区，两物种的 Pn 日均值及日变幅、WUE 日均值、光能利用效率日均值均为最大，Ⅱ区次之，Ⅰ区最小；可见Ⅰ、Ⅱ区两物种光合能力已经受到了限制。就物种而言，同一样区，即相同地下水位条件下，胡杨的 Pn 日均值及日变幅、WUE 日均值、光能利用效率日均值均比灰杨的大，结合两物种在不同地下水位的

**表 4-8　不同地下水位胡杨和灰杨 Pn 日均值和日变幅、WUE 日均值和 QUE 日均值的比较**

| 物种 | 样区 | Pn 日均值/[μmol/($m^2$·s)] | Pn 日变幅/[μmol/($m^2$·s)] | WUE 日均值/（μmol $CO_2$/mmol $H_2O$） | QUE 日均值/（μmol $CO_2$/μmol 光子） |
|---|---|---|---|---|---|
| 胡杨 | Ⅰ | 7.69 | 15.09 | 1.34 | 0.009 |
| | Ⅱ | 8.77 | 15.34 | 1.49 | 0.014 |
| | Ⅲ | 11.27 | 22.72 | 1.59 | 0.013 |
| 灰杨 | Ⅰ′ | 6.75 | 13.77 | 1.15 | 0.008 |
| | Ⅱ′ | 7.79 | 15.91 | 1.35 | 0.012 |
| | Ⅲ′ | 8.14 | 16.48 | 1.44 | 0.011 |

光合参数日变化规律，可以发现，Ⅲ区土壤湿度最适宜两物种的生长，此水分条件下，两物种的 $CO_2$ 同化能力最大，而在地下水位较深的Ⅰ区，两物种的光合能力明显受到了抑制，但尽管如此，胡杨的水分利用效率、光能利用效率依旧比灰杨的高，这说明，同是长期生长在荒漠前沿的抗旱物种，胡杨具有更强的适应能力，这与盆栽干旱胁迫试验所得的结论一致。

### 4.4.2　不同地下水位条件下水势变化规律

水势是衡量植物水分状况的重要指标之一，表征植物从土壤或相邻细胞中吸收水分以确保其正常生理活动的能力（曾凡江等，2005）。从图 4-5 可知，在不同地下水位条件下，不同月份两物种的水势日进程均为“V”形曲线，但物种、月份之间存在明显差异。清晨 8:00 左右，由于太阳辐射弱，气温低，大气相对湿度大，植物蒸腾作用弱，3 个样区（不同地下水位）中两物种的水势为整个白天所有测定值中的最高值。8:00 以后随着光照强度、气温的升高，大气相对湿度降低、叶片气孔开度逐渐加大，由蒸腾作用引起的叶片失水也逐步增加，胡杨、灰杨枝水势开始降低，至 14:00 时左右达到一天中的最低点，之后随环境因子（光照、温度和湿度）的变化，枝水势开始逐渐回升，但 20:00 时 3 个样区的胡杨、灰杨均未恢复至清晨 8:00 的水平。

整个生长季两物种在 3 种不同地下水位条件下的各月水势均表现为Ⅰ<Ⅱ<Ⅲ区（图 4-6），灰杨Ⅰ、Ⅱ、Ⅲ区水势均低于胡杨，分别低 4.54%、3.43%、1.63%。方差分析表明，两物种之间的水势在相同地下水位条件下无显著差异（$P>0.05$），但同一物种的水势在不同地下水位间达极显著差异（$P<0.01$），表明塔里木荒漠区两优势物种对土壤水分的调节与适应能力相似，抵御干旱的能力较强，均能在干旱的荒漠区生存，同时也表明地下水位直接影响树木水势。不同地下水位条件下，两物种各月水势日变幅均表现为 6 月>9 月>8 月>7 月，且灰杨水势日变幅大于胡杨、月平均水势低于胡杨（图 4-7）。

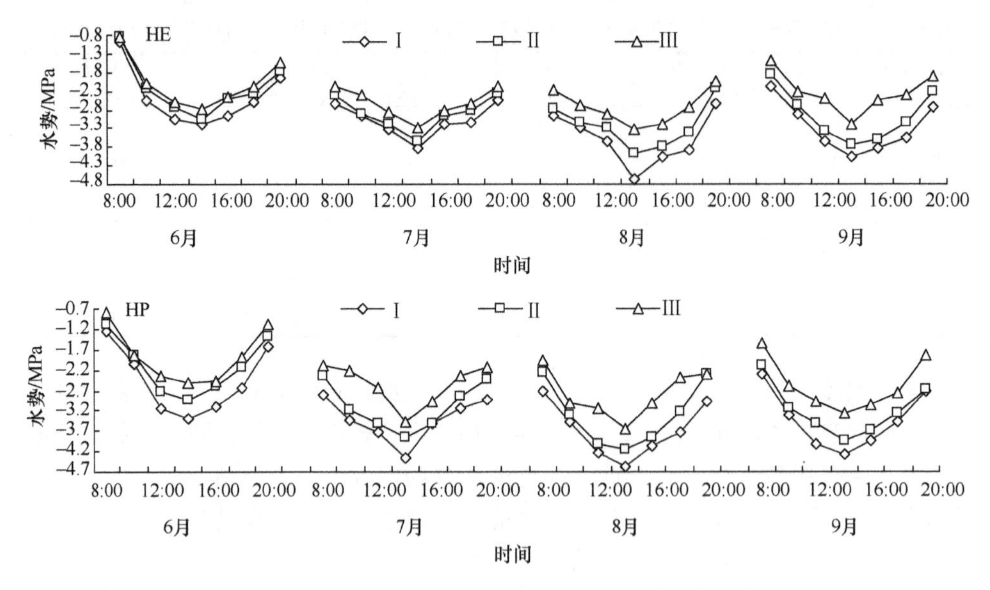


图 4-5　胡杨、灰杨水势对不同地下水位的动态响应

HE 代表胡杨，HP 表示灰杨，下同

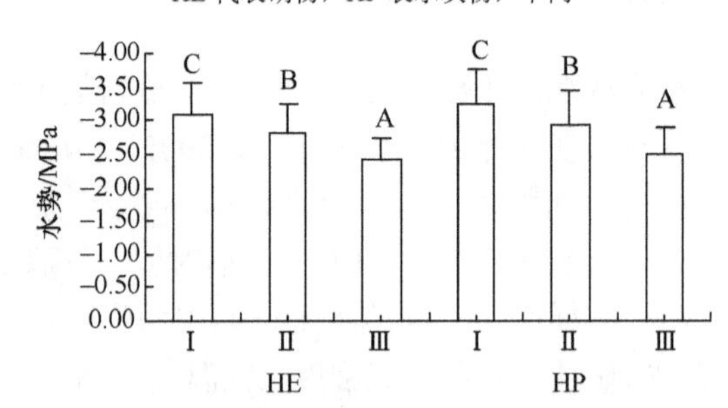


图 4-6　不同地下水位胡杨、灰杨生长季水势平均值

不同大写字母代表不同地下水位胡杨或灰杨的水势在 0.01 水平下差异极显著

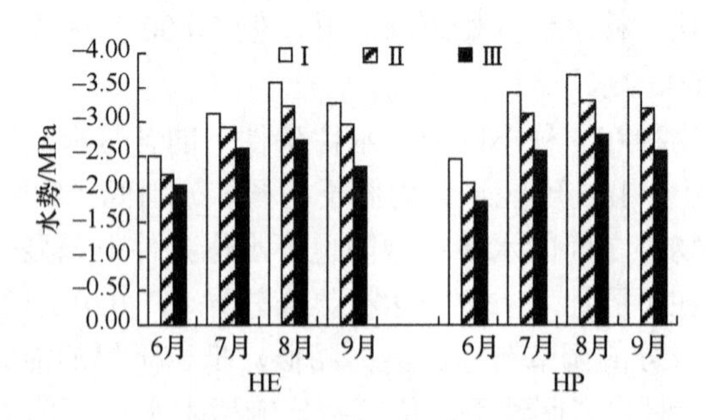


图 4-7　不同地下水位胡杨、灰杨水势月平均值

清晨水势可以反映植物水分的恢复状况，可用于判断植物水分的亏缺程度，正午水势可以反映水分亏缺的最大值。清晨水势高表明植物水分状况良好，清晨

水势发生明显下降则表明植物受到干旱胁迫（Sobrado and Turner，1983）。由图 4-8 可见，胡杨、灰杨清晨水势和正午水势在生长季中的变化规律基本一致，均呈“V”形曲线。清晨、正午水势均随季节变化，至 8 月达一年中的最低值，然后随环境因子变幅减弱而上升。两物种的清晨、正午水势最低值均出现在 8 月且下降程度最大，表明植物在这个月的水分状况最差、树体水分亏缺程度最大；而最高值则在 6 月，9 月次之。胡杨Ⅰ、Ⅱ、Ⅲ区正午水势下降幅度均低于灰杨，胡杨清晨水势值在 6 月差异不大，而灰杨差异明显。在 3 种不同地下水位生境条件下，无论是清晨水势还是正午水势，胡杨的恢复速率均明显高于灰杨。方差分析表明，整个生长季清晨和正午水势在物种间无显著差异（$P>0.05$），但同一物种清晨与正午水势在不同地下水位间均达到极显著差异（$P<0.01$）。

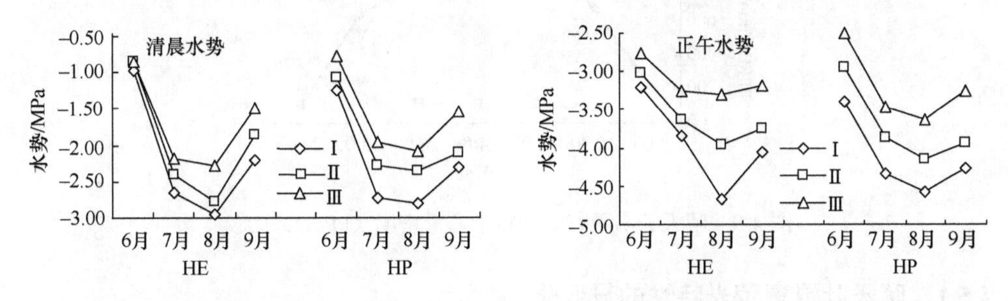


图 4-8　胡杨、灰杨清晨、正午水势月变化规律

通过 P-V 技术可得到多项水分参数，它们反映了树木渗透调节和维持膨压能力(表 4-9)。这 5 项指标 $\Psi_{100}$(充分吸水时渗透势)、$\Psi_0$(零膨压时渗透势)、$\Psi_{100}-\Psi_0$、ROWC（零膨压时相对渗透含水量）、RWC（零膨压时相对含水量）的值越小，表明树木渗透调节和维持膨压的能力越强（张建国等，1994；柴宝峰等，1996；杨敏生等，1997a；曾凡江和宋轩，2000）。

**表 4-9　胡杨、灰杨 P-V 曲线的主要水分参数比较**

| 物种 | $\Psi_{100}$/MPa | $\Psi_0$/MPa | $\Psi_{100}-\Psi_0$/MPa | ROWC/% | RWC/% | AWC/% | $V_P/V_0$ |
|---|---|---|---|---|---|---|---|
| 胡杨 | −1.035 | −0.462 | −0.573 | 36.98 | 89.42 | 8.77 | 0.5538 |
| 灰杨 | −1.944 | −0.935 | −1.009 | 10.65 | 98.37 | 3.09 | 0.5182 |

注：$\Psi_{100}$. 充分吸水时渗透势；$\Psi_0$. 零膨压时渗透势；ROWC.零膨压时相对渗透含水量；RWC. 零膨压时相对含水量；AWC. 质外体含水量；$V_P/V_0$. 零膨压点时的渗透水与饱和水的比值

表 4-9 显示，两个物种的水分参数有明显不同。灰杨 $\Psi_{100}$、$\Psi_0$、$\Psi_{100}-\Psi_0$ 低于胡杨，表明灰杨在干旱状态下保持膨压的能力较强，并在组织失水过程中渗透水损失量少，这是其耐旱能力的体现。胡杨 $V_P/V_0$ 和 AWC 高于灰杨，表明胡杨的细胞原生质黏滞性和亲水性较强、渗透调节能力强于灰杨，这种渗透调节能力有助于维持膨压，增强其保水能力，是胡杨抗旱能力的表现。胡杨 ROWC 高于灰杨，

而 RWC 则低于灰杨，表明两优势物种在干旱逆境条件下细胞组织维持水分含量和原生质抗脱水能力相似。

## 4.5 成年植株叶绿素荧光特性对不同地下水位的响应

本试验在 8 月下旬，运用对光照强度及其敏感的荧光参数，比较研究了胡杨、灰杨的叶绿素荧光特性，测定日光强（PPFD）如图 4-9 所示。

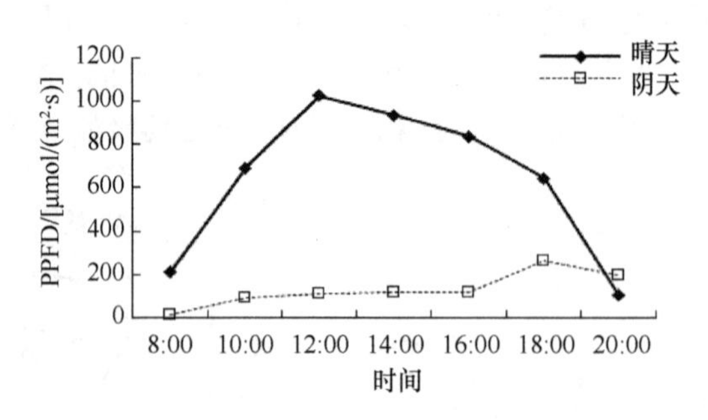


图 4-9 晴天、阴天有效光量子通量密度（PPFD）比较

### 4.5.1 晴天叶绿素荧光特性的日变化

8 月下旬，在晴天测定了不同地下水位两物种的叶绿素荧光特性，结果如图 4-10 所示。由 PSⅡ实际的光化学反应量子效率（quantum efficiency of photosystemⅡ，ΦPSⅡ）日变化趋势可以看出，早晨 8:00～10:00，ΦPSⅡ有一个轻微上升的过程，之后急速下降，12:00 降到最低，在 12:00～18:00 时段内，胡杨的 ΦPSⅡ变化趋势较平缓，而灰杨波动幅度较大，18:00 之后，两物种的 ΦPSⅡ均快速回升，至 20:00 时，两物种的 ΦPSⅡ与早晨接近甚至更高。

非循环电子传递速率（electron transport rate，ETR），其大小与到达该叶片的实际光强的强弱及 ΦPSⅡ的大小有密切关系。两物种 ETR 的日变化规律均为单峰型曲线（图 4-10），但是不同地下水位下两物种峰值出现的时间不同，在土壤水分条件较好的Ⅲ区，其峰值出现的时间为 14:00，比地下水位较深的Ⅰ区和Ⅱ区（12:00）出现的晚，峰值出现之后，ETR 均呈现下降趋势，至 20:00 降到最低。

两物种光化学淬灭系数（photochemical quenching coefficient，qP）日变化规律与非光化学淬灭系数（non-photochemical quenching coefficient，NPQ）相比差异明显（图 4-10），几乎呈相反的变化趋势。两物种的 qP 在一天中的最高峰出现在早晨 10:00，而此时，NPQ 却处于最低值，之后 qP 在 12:00 和 16:00 两次出现

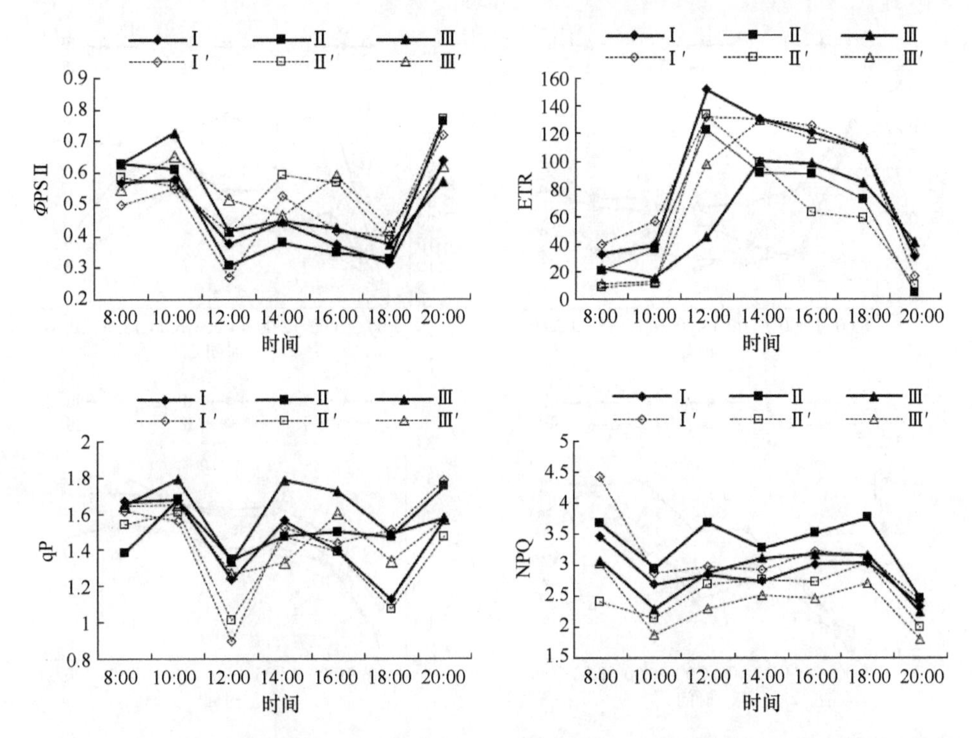


图 4-10　晴天不同地下水位胡杨、灰杨 PS II 实际的光化学反应量子效率（ΦPS II）、非循环电子传递速率（ETR）、光化学淬灭系数（qP）、非光化学淬灭系数（NPQ）日变化

I、II、III表示 3 个样区的胡杨，I′、II′、III′表示 3 个样区的灰杨，下同

低谷，同时，NPQ 却表现出缓慢升高的趋势。到了 20:00，qP 回升至接近早晨的水平，而 NPQ 却降至一天中的最低值。比较地下水位对 qP 和 NPQ 的影响可发现，qP 日变化曲线随着地下水位的降低而降低，NPQ 却相反；在同一样区（相同地下水位）内，胡杨在一天各个时段的 qP 值均比灰杨高，而 NPQ 却不是如此，在 II、III区土壤水分条件相对较好的样区，胡杨各个时段的 NPQ 均比灰杨大，而在 I 区内，却恰好相反。

### 4.5.2　阴天叶绿素荧光特性的日变化

8 月中旬的阴天，光强[光合有效辐射强度的最大值仅为 195.76mol/($m^2$·s)]和温度都较低的情况下，两物种的叶绿素荧光参数日变化规律与晴天相比差异明显。由图 4-11 可以看出，灰杨的荧光参数 ΦPS II、ETR、qP、NPQ 日变化波动幅度较大，而胡杨却相对较平缓。说明灰杨对气候变化更为敏感，胡杨对阴天低光强的适应性高于灰杨，再次证明了盆栽试验中所得胡杨 LCP 始终比灰杨低的结论（参见第 3 章）。

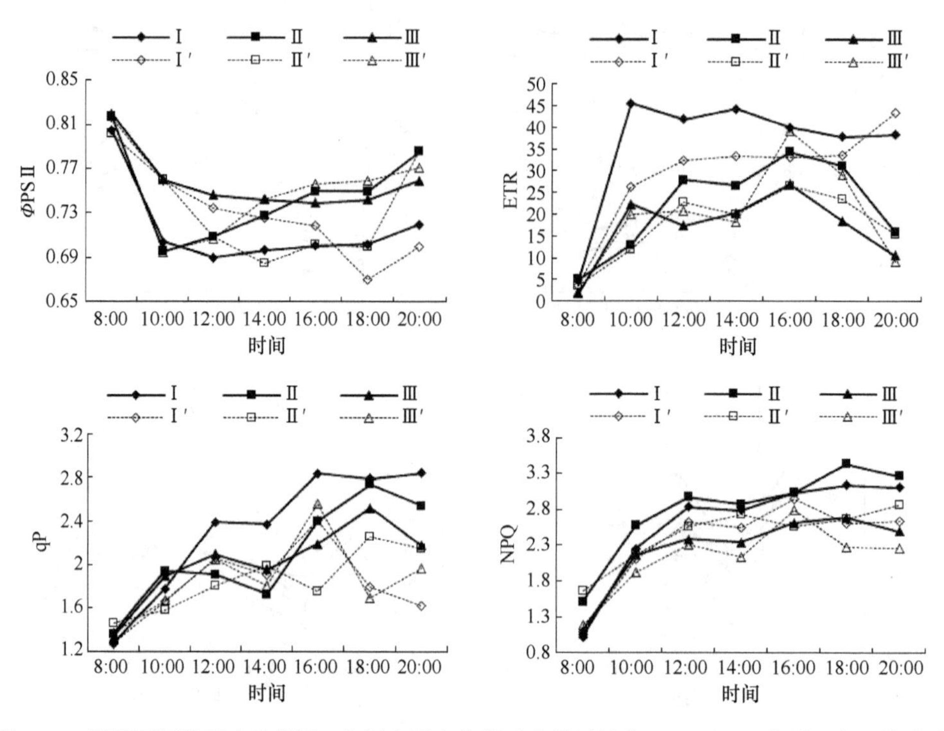


图 4-11 阴天不同地下水位胡杨、灰杨实际光化学反应量子效率（ΦPSⅡ）、非循环电子传递速率（ERT）、光化学淬灭系数（qP）、非光化学淬灭系数（NPQ）日变化

经过整夜充分暗适应的叶片，其 PSⅡ光化学特性晴天与阴天相比存在差异（表 4-10）。另外，同一样区内两物种的 Fv、Fv/Fo、Fv/Fm 值，晴天多比阴天的大，说明对于喜光物种来说，阴天其叶片的光合机构可能受到损伤而不利于光合产物的合成，PSⅡ反应中心活性和 PSⅡ原初光能转换效率将降低。进一步比较两物种 PSⅡ光化学特性差异可以看出，在同一样区内的胡杨和灰杨，无论在晴天还是阴天，前者的 Fv、Fv/Fo、Fv/Fm 始终比后者大，这再一次证明在同一生境中，胡杨的光合生理功能强于灰杨，具有较高的种群竞争力。

**表 4-10 不同地下水位胡杨、灰杨晴天和阴天 PSⅡ光化学参数的比较**

| 物种 | 样区 | 晴天 | | | 阴天 | | |
|---|---|---|---|---|---|---|---|
| | | Fv | Fv/Fo | Fv/Fm | Fv | Fv/Fo | Fv/Fm |
| 胡杨 | Ⅰ | 1.19 | 4.84 | 0.82 | 0.93 | 3.96 | 0.79 |
| | Ⅱ | 1.48 | 5.30 | 0.85 | 1.20 | 3.94 | 0.80 |
| | Ⅲ | 1.39 | 4.58 | 0.82 | 1.367 | 4.53 | 0.82 |
| 灰杨 | Ⅰ′ | 1.12 | 4.56 | 0.81 | 0.83 | 3.88 | 0.78 |
| | Ⅱ′ | 1.45 | 5.22 | 0.84 | 1.20 | 3.86 | 0.79 |
| | Ⅲ′ | 1.29 | 4.47 | 0.81 | 1.29 | 4.47 | 0.81 |

# 4.6　讨　　论

## 4.6.1　种间光合生理特性的比较

胡杨、灰杨根系发达，是适宜在干旱荒漠环境下生长的喜光物种，干旱地区土壤水分是影响两物种光合作用的主导因子。在同一立地条件下的胡杨、灰杨，其光合特性表现为随着地下水位的加深，其净光合速率（Pn）、WUE、QUE 逐渐降低。两物种对干旱的适应表现在气体交换的日变化特征上，$CO_2$ 的同化高峰和 $H_2O$ 的蒸腾速率（Tr）高峰均出现在上午 12:00，但是，与 Pn 相比，由于 Tr 受到更强烈的抑制，因此 WUE 提高。在大气饱和差较低的上午尽可能多地同化 $CO_2$，提高 WUE，对干旱的沙漠环境的适应是其有利的生存策略。研究发现胡杨、灰杨的光合气体交换有以下差异。

（1）光合气体交换的整个日进程中，胡杨日平均 Pn、Tr、气孔导度（Gs）、水分利用率均高于灰杨，这是胡杨适应当地气候环境采取的生存对策。胡杨为了保持较高的 Pn，只有保持较高的 Gs，而较高的 Gs 不可避免地导致植物体大量的蒸腾失水，表现为高 Tr。因此认为，胡杨属于高光合、高蒸腾、高水分利用率的物种，与邓雄研究报道结果一致（邓雄等，2002a）。

（2）胡杨与灰杨的 Pn 日变化曲线均呈单峰型，最高值均出现在 12:00，之后持续下降。Pn 的高峰出现时间明显早于大气温度（16:00）和光照强度（14:00）峰值出现的时间，表现出严重的光合“午休”现象。灰杨的光合“午休”强度小于胡杨，可能因为胡杨属光湿型物种，温度高峰的滞后使其仍保持较高的 Pn。温度高峰出现降低其 Gs，使 Pn 急速下降。胡杨、灰杨 Tr 的日进程曲线均呈双峰型，但胡杨第二个峰型不明显。两物种的水分利用效率日进程曲线均呈双峰型，峰值分别出现在 10:00 和 14:00，胡杨 WUE 始终高于灰杨。

（3）从 Pn 的日变化与胞间 $CO_2$ 浓度（Ci）及气孔限制（Ls）的关系分析看，胡杨与灰杨的 Pn 在 12:00～14:00 的下降均受气孔因素的影响，14:00～20:00 均受非气孔因素影响。表明午前两物种 Pn 的下降归因于 Gs 的下降，而午后的下降要归因于叶肉细胞羧化能力的降低所致。此外两物种均表现出中午前（12:00）、后（16:00）有较高的 Tr，早上和傍晚较低，说明它们通过不同的方式调节气孔开放程度来控制水分的 Tr 和 Pn，来降低叶片温度以减轻炎热夏季因高光强和高温对叶片造成的灼伤，是其对午间高光强、高温的一种适应。

（4）从胡杨、灰杨的 Pn、Tr 与环境因子的相关分析结果来看，两物种 Pn、Tr 与 PPFD 的相关显著性最大，可能它们对光照强度的变化反应敏感。Gs 与 Tr 的偏相关系数是 4 个因子中最大的，表明两物种的气孔活动与蒸腾显著相关，这是胡杨、灰杨以气孔调节来适应干旱区水分散失的途径之一。同时大气湿度对于减少植物在 8 月的蒸腾作用也很明显， 8 月大气湿度与胡杨 Tr 呈极显著负相关。结合环境因子与 Pn、Tr 的优化模型，灰杨属光温型与胡杨属光湿型物种，这与前人的研究结果相一致（马焕成等，1998）。

综合以上分析，我们认为胡杨和灰杨成年植株在光合生理生态上有明显的差异，是其长期适应干旱环境的过程中产生了不同的生理生态对策，从而使它们对环境因子的要求不同，产生了种群地理生境分布上的生态差异。

### 4.6.2 种间抗旱特性的比较

利用 P-V 技术对树木的抗旱性进行研究，国内已有诸多报道（王万里，1984；沈繁宜和李吉跃，1994；柴宝峰等，1996；郭连生和田有亮，1998；王淼和陶大立，1998：谢寅峰等，1999；孙志虎和王庆成，2003）。我们借助此项技术研究了塔里木河流域两个主要建群物种的主要抗旱水分生理参数。结果表明，灰杨成年植株（12 年生）和幼树（3 年生）充分吸水时的渗透势（$\Psi_{100}$）、零膨压时的渗透势（$\Psi_0$）和零膨压时相对渗透含水量（ROWC）均明显低于胡杨；而渗透水丢失相对量（$\Psi_{100}$–$\Psi_0$）高于胡杨，表明灰杨在干旱条件下具有较强吸取土壤水分的潜势，能维持较低的渗透势 $\Psi_{100}$、$\Psi_0$，保持正常的膨压和较高的组织含水量，以较强的抗脱水能力维持自身正常的生理代谢过程以适应干旱环境。前人研究认为 $\Psi_{100}$、$\Psi_0$ 这两个参数是植物对环境条件长期适应而形成的，是由植物自身的遗传学特性所决定的（杨敏生等，1997b）。曾凡江和宋轩（2000）研究策勒绿洲 4 种杨树的 5 个水分参数，指出胡杨 $\Psi_{100}$、$\Psi_0$ 值低于灰杨，而 $\Psi_{100}$–$\Psi_0$ 值两者相当，$V_P/V_0$ 高于灰杨，这一结果与本研究结果存在差异。原因可能是两试验点胡杨、灰杨生存环境（土壤水分）差异较大或采样测定时间不同所致。前人研究证实 P-V 曲线技术获得的树木水分参数随季节，即树木年生长发育时期而变化，嫩枝生长期的 $\Psi_{100}$、$\Psi_0$ 值最小，RWC、ROWC 值最高，是树木抗旱性最弱的时期；完全木质化的成熟枝条到生长季末期其 $\Psi_{100}$、$\Psi_0$ 值最大，而 RWC、ROWC 值最小，是树木年生长周期中抗旱性最强的时期。此时，树木枝条的水分参数可以作为比较不同物种耐旱力的稳定特征（Tyreem，1978；曾凡江和宋轩，2000）。因此，我们选用成年植株和幼苗作材料在枝条木质化的成熟期（8 月 4 日）进行测定，结果都证实灰杨的 $\Psi_{100}$、$\Psi_0$、ROWC 较低，表明试验结果是真实可靠的。其他几个水分参数在成年植株与幼苗间有差异，这有待于进一步研究。同时在以后的试验中有必要对这两种树木在整个生长期中的 P-V 曲线进行测定，以比较各物种的渗透势随季节变化的变化趋势，从而进一步确定两物种的抗旱适应性生理差异。

### 4.6.3　地下水位变化对胡杨、灰杨水势的影响

在树木的生活史中，树体和环境的水分状况是影响其生长发育的重要因素之一。由于环境供水不足，树木的耐旱性强弱常常成为限制其分布和正常生长的原因。树木在不同水分梯度土壤上的分布与其适应能力密切相关，而茎水势的测定被认为是了解植物水分亏缺程度最直接的方法（杨朝选等，2002）。树木水势的季节变化主要取决于土壤水分状况的好坏，通过它可了解土壤水分季节变化规律和不同物种在相同立地条件下根系对土壤水分吸收能力的差异，进而认识树木在干旱季节的受旱程度及对干旱胁迫的适应能力（张建国等，1994），从而为抗旱造林技术措施的运用提供理论依据。

对位于黑河流域下游（额济纳旗境内）不同地下水位成熟胡杨的 Tr、叶水势及 Tr 的季节变化等水分生理特性的研究表明，地下水位影响胡杨蒸腾作用，同时土壤水分状况也影响 Tr，当地下水位在 2.28～2.43m 时，胡杨 Tr 变化幅度大，Tr 的日最大值为 7.50mmol/($m^2$·s)，日均值为 4.73mmol/($m^2$·s)，对应叶水势的日最低值为–3.55MPa 和日均值为–1.94MPa；地下水位 2.91～3.33m 时，叶水势的日最低值为–2.61MPa 和日均值为–1.62MPa。胡杨 Tr 季节变化在 7 月达到最大值，靠近河岸胡杨 Tr 变化较远离河岸胡杨大，表明地下水位低时，胡杨保持较高的水势就能从环境中吸收到水分来满足其正常生长（李佳陶等，2006）。

我们的研究结果表明，胡杨、灰杨成年植株在不同地下水位条件下，其水势日、月变化和清晨、正午水势均呈“V”形曲线，一天中水势最低值出现在正午，一年中最低值出现在 8 月。因为 6 月树体处于生长前期，土壤水分状况相对较好，叶面积较小使水分散失也较少，树体含水量高，水势值较大；进入 7 月、8 月，树体生长逐渐旺盛，叶面积不断增加，生理需水量与耗水量均大幅增加，加上生长前期土壤水分消耗造成水势不断降低，表明水势动态与树木的生长发育和环境因子变化相关联，土壤水分的降低和树冠扩展直接导致树木水势下降。植物水势变化幅度的大小可以反映植物对干旱环境的适应策略（李洪建等，2001），可用清晨与正午水势差值的绝对值来衡量。胡杨与灰杨清晨与正午水势之差基本上相等，且两物种正午水势值差异不大，反映出两者耐旱性相似。3 种地下水位条件下，胡杨各月平均水势略高于灰杨，方差分析表明物种间水势无显著差异（$P>0.05$），但同物种水势在不同地下水位间呈极显著差异（$P<0.01$）。综上所述，胡杨、灰杨成年植株或是通过较强的吸水能力，或是通过减少水分丧失和忍耐脱水的能力，保持体内较好的水分状况来维持较高的生理活动，减少逆境对其伤害，显示出它们对干旱荒漠环境都具有较强的自我调节能力和生态适应性（王海珍等，2007），同时也反映出地下水位直接影响树体水势，即地下水越深，树体水势越低、水分状况越差。因此，可用水势作为评判、衡量植物生长好坏的间接指标。至于荒漠

物种生长水势阈值和生命水势阈值有待于进一步深入研究。P-V 水分参数表明胡杨和灰杨在适应极端干旱环境的生存过程中，采取了不同的生理生态适应策略。胡杨对多变环境适应性较强，水势变幅较小，主要依靠其强大的保水和渗透调节能力来维持树体水势，而灰杨对水分的变化较敏感，依靠降低水势来增强其吸水能力，以获取更多的水分来维持正常生长，对水分的依赖性比胡杨高，这与灰杨主要分布在塔里木河上游的情况相一致。我们根据植物耐旱适应性机制的划分原则，结合前人研究的荒漠植物水势特征（曾凡江等，2005），认为新疆荒漠建群物种胡杨与灰杨水势值较低，表现出很强的水分吸收和减少水分丧失的能力，更重要的是具有很强的忍耐脱水能力，它们属于低水势忍耐脱水型的植物，所以能在极端干旱的逆境中长期生存繁衍，维护新疆荒漠绿洲的稳定和繁荣。

### 4.6.4 地下水位变化对胡杨、灰杨荧光特性的影响

在正常生长条件下（非干旱胁迫条件下），经过一整夜充分暗适应后，胡杨、灰杨叶片的 Fv/Fm，即 PSⅡ原初光能转换效率分别为 0.76 和 0.68，这一效率值明显低于过去许多研究中提到的 0.80～0.85。这可能是对一些阳生植物而言，在光照强度远远没达到其光合所需能量时，Fv/Fm 指标会下降。胡杨 Fv/Fm 显著高于灰杨，说明胡杨比灰杨具有较强的光合电子传递活性，即胡杨所吸收的光能中实际用于光电子传递的能量比例大于灰杨，胡杨具有较高的 Fv/Fm 值，从而才有可能将叶片所吸收的光能有效地转化为化学能提高光合电子传递速率，形成更多的 ATP 和 NADPH，为光合碳同化提供充分的能量和还原力（罗青红等，2006）。

随地下水位下降，胡杨、灰杨表观光合电子传递速率（ETR）、实际光化学反应量子效率（ΦPSⅡ）、光化学猝灭系数（qP）、光化学速率（photochemistry rate，PCR）、最大荧光（Fm）和 PSⅡ潜在光合活性等参数普遍降低；而非光化学猝灭系数（NPQ）、调节性能量耗散量子产量（yield for dissipation by down-regulation，$Y_{NPQ}$）、非调节性能量耗散量子产量（yield of other non-photochemical losses，$Y_{NO}$）、叶片光合功能相对限制值（relative limitation of photosynthesis，PED）和光系统间激发能分配不平衡偏离系数（deviation from full balance between PSⅠ and PSⅡ，$\beta/\alpha-1$）显著升高，但其最大光化学量子产量（Fv/Fm）总体处于相对适宜状态（>0.815）。表明两物种 ΦPSⅡ光合活性随地下水位下降而降低，光能捕获效率与光化学反应能量下降，耐受强光能力减弱，获取过剩光能程度和 ΦPSⅡ受损风险增加。但两物种可通过良好的抗逆性和自我调节机制，增强热耗散来缓解光能过剩带来的损伤，从而使 ΦPSⅡ未发生不可逆损伤，保持其较高的光合效率。比较不同地下水位下胡杨和灰杨的叶绿素荧光参数发现，胡杨 ΦPSⅡ反应中心活性与光化学效率较高、耐旱性较强，表明胡杨对荒漠干旱环境的适应性强于灰杨（王海珍等，2013a，2013b）。

土壤水分对两物种荧光特征和气体交换的影响的研究结果表明，水分亏缺，不仅对两物种“表观性”的气体交换参数产生影响，对“内在性”的荧光参数也产生影响。在 1.5m、2.5m 和 4.0m 地下水位下，潜在非循环电子传递速率、PSⅡ实际的光化学反应量子效率依次下降，说明地下水位越浅，其生理代谢越活跃，光合作用越强，光合生产力就越高，表现出高合成高消耗。胡杨、灰杨叶绿素荧光参数的日变化表明，受到强光和高温的影响，在中午发生光抑制，会导致 $\Phi$PSⅡ值显著降低，中午时分 PSⅡ系统发生可逆失活，出现光合速率下降，因此中午强光引起的 PSⅡ的光化学效率降低可能是 Pn 降低的又一个重要原因。但两物种光合器官如何在高温下将过多的光能耗散掉，即是否有其特殊的光保护机制，如依赖叶黄素循环的能量耗散，还有待于进一步的深入研究。此外，不同天气条件对两树种的叶绿素荧光特性的影响也有差异。阴天，低温和低光强限制叶片光合酶的活性，可变荧光、PSⅡ原初光能转换效率、PSⅡ的潜在活性均比晴天的低，直接影响了 PSⅡ的光合活力。进一步比较两物种的光合特性可以发现，无论是晴天还是阴天，胡杨总表现出较灰杨强的光合能力，说明胡杨光合作用受环境影响较小，适应性比灰杨强。但当地下水位超过 4m 时，胡杨、灰杨的光合生理功能明显都受到抑制。我们得到与王海珍等（2007）类似的结果。据此我们应该通过对塔里木河流域水资源协调管理，如紧急输水、人工补灌等措施，恢复或不断改善胡杨、灰杨生存的土壤水环境，才能最终达到逐渐恢复胡杨、灰杨林的目的。

## 参考文献


柴宝峰, 王孟本, 李洪建. 1996. 三物种 P-V 曲线水分参数的比较研究. 水土保持通报, 16(8): 35-40.

邓雄, 李小明, 张希明, 等. 2002a. 4 种荒漠植物气体交换特征的研究. 植物生态学报, 26(5): 605-612.

邓雄, 李小明, 张希明, 等. 2002b. 塔克拉玛干 4 种荒漠植物气体交换与环境因子的关系初探. 应用与环境生物学报, 8(5): 445-452.

郭连生, 田有亮. 1998. 运用 PV 技术对华北常见造林物种耐旱性评价的研究. 内蒙古林学院学报, 20(3): 1-8.

蒋进, 1991. 极端气候条件下胡杨的水分状况及其与环境的关系. 干旱区研究, 2: 35-38.

李洪建, 王孟本, 柴宝峰. 2001. 黄土区 4 个物种水势特征的研究. 植物研究, 21(1): 100-105.

李佳陶, 余伟莅, 李钢铁, 等. 2006. 不同地下水位胡杨蒸腾速率与叶水势的变化分析. 内蒙古林业科技, 1: 1-4.

李志军, 刘建平, 于军. 2003. 胡杨、灰杨生物生态学特性调查. 西北植物学报, 23(7): 1292-1296.

刘建平, 韩路, 龚卫江, 等. 2004a. 胡杨、灰杨光合、蒸腾作用比较研究. 塔里木农垦大学学报, 16(3): 1-6.

刘建平, 李志军, 韩路. 2004b. 胡杨、灰杨 P-V 曲线水分参数的初步研究. 西北植物学报, 24(7): 1255-1259.

罗青红, 李志军, 伍维模, 等. 2006. 胡杨、灰叶胡杨光合及叶绿素荧光特性的比较研究. 西北植物学报, 26(5): 983-988.
马焕成, 王沙生. 1998. 胡杨膜系统的盐稳定及盐胁迫下的代谢调节. 西北林学院学报, 18(1): 15-23.
马焕成, 王沙生, 蒋湘宁. 1998. 胡杨气体交换特性. 西南林学院学报, 18(1): 24-32.
邱箭, 郑彩霞, 于文鹏. 2005. 胡杨多态叶光合速率与荧光特性的比较研究. 吉林林业科技, 34(3): 19-21.
沈繁宜, 李吉跃. 1994. 植物叶组织弹性模量新的计算方法. 北京林业大学学报, 10(1): 35-40.
苏培玺, 张立新, 明武, 等. 2003. 胡杨不同叶形光合特性、水分利用效率及其对加富 $CO_2$ 的响应. 植物生态学报, 27(1): 34-40.
孙志虎, 王庆成. 2003. 应用 PV 技术对北方 4 种阔叶树抗旱性的研究. 林业科学, 39(2): 33-38.
王海珍, 韩路, 周正立, 等. 2007. 胡杨、灰叶胡杨水势对不同地下水位的动态响应. 干旱地区农业研究, 25(5): 125-129.
王海珍, 陈加利, 韩路, 等. 2013a. 地下水位对胡杨(*Populus euphratica*)和灰胡杨(*Populus pruinosa*)叶绿素荧光光响应与光合色素含量的影响. 中国沙漠, 33(4): 1054-1063.
王海珍, 陈加利, 韩路. 2013b. 胡杨和灰胡杨叶绿素荧光特性对地下水位的生态响应. 干旱地区农业研究, 31(3): 166-172.
王淼, 陶大立. 1998. 长白山主要物种耐旱性的研究. 应用生态学报, 9(1): 7-10.
王万里. 1984. 压力室(PRESSURE CHAMBER)在植物水分状况研究中的应用. 植物生理学通讯, 3: 52-57.
谢寅峰, 沈惠娟, 罗爱珍. 1999. 水分胁迫下南方四种针叶树幼苗水分参数的测定. 南京林业大学学报, 23(1): 41-44.
许大全. 2002. 光合作用效率. 上海: 上海科学技术出版社.
杨朝选, 焦国利, 郑先波. 2002. 重水分胁迫下苹果树茎、叶水势的变化. 果树学报, 19(2): 71-74.
杨敏生, 裴保华, 于冬梅. 1997a. 水分胁迫对毛白杨杂种无性系苗木维持膨压和渗透调节能力的影响. 生态学报, 77(4): 30-36.
杨敏生, 张丰雪, 裴保华. 1997b. 白杨双交无性系水分参数的季节变化规律研究. 河北农业大学学报, 20(3): 85-90.
于军, 王海珍, 周正立, 等. 2008. 塔里木荒漠优势物种气体交换特性与环境因子的关系研究. 西北植物学报, 28(10): 2110-2117.
曾凡江, 张希明, 李向义. 2005. 塔克拉玛干沙漠南缘柽柳和胡杨水势季节变化研究. 应用生态学报, 16(8): 1389-1393.
曾凡江, 张希明, Foetzki A, 等. 2002. 新疆策勒绿洲胡杨水分生理特性研究. 干旱区研究, 19(2): 26-30.
曾凡江, 宋轩. 2000. 策勒绿洲 4 种杨树的生理生态学特性的研究——P-V 曲线和持水力研究. 辽宁林业科技, 5: 29-31.
张建国, 李吉跃, 姜金璞. 1994. 京西山区人工林水分参数的研究(I). 北京林业大学学报, 16(1): 1-11.
Bader M R, Ruuska S, Nakano H. 2000. Electron flow to oxygen in higher plants and algae: rates and control of direct photoreduction(Melhler reaction)and rubisco oxygenase. Biological Sciences, 1402: 1433-1445.

Berry J A, Downton W J S. 1982. Environmental regulation of photosynthesis//Govindjee. Photosynthesis, vol. Ⅱ. Development, carbon metabolism and plant productivity. New York: Academic Press: 263-343.

Farquhar G D, Ehleringer J R, Hubick K T. 1989. Carbon isotope discrimination and photosynthesis. Annual Review of Plant Physiology and Plant Molecular Biology, 40(40): 503-537.

Franks P J, Farquhar G D. 1999. A relationship between humidity response, growth form and photosynthetic operating point in $C_3$ plants. Plant. Cell and Environment, 22: 1337-1349.

Kramer P J. 1983. Water Relations of Plants. San Diego: Academic Press.

Sobrado M A, Turner N C. 1983. A comparison of the water relations characteristics of *Helianthus annuus* and *Helianthus petiolaris* when subjected to water deficits. Oecologia, 58: 309-315.

Tyreem T. 1978. The characteristics of seasonal and ontogemetic changes in the tissue water relation of *Acer*, *Populus*, *Tsuga* and *Picea*. Canadlan Journal of Botany, 56: 637-647.

Zepp R G. 1994. Climate biosphere interaction: biogenic emissions and environmental effects of climate change. New York: John Wiley and Son.

# 第 5 章　干旱胁迫下胡杨幼苗的转录组分析

随着测序技术的发展，多个物种的基因组得到了测序和组装，为这些物种的深入研究、基因资源发掘及利用提供了基因组学方面的依据，提高了人们获得窥探生命遗传差异本质的能力，并开启了基因组时代的大门。据报道，兰州大学刘建全老师课题组利用二代测序技术对胡杨基因组进行组装，得到一个约 460Mb 大小的胡杨基因组序列，为胡杨的深入研究奠定了基础。随着“中心法则”的提出及其阐释，RNA 作为基因到蛋白质的中间桥梁，其表达水平的变化反映了基因对特定性状的调控作用。RNA-seq 技术（转录组测序）是一种集合试验方法和计算机手段的技术，可以用来确定生物样本中 RNA 序列的特征性和表达丰度。通过特定生理实验条件下的 RNA-seq 测序，可以高通量地挖掘控制相关表型的未知基因，如可以识别某一时期某个物种特定的组织或器官中编码新蛋白质的转录本，可以得到同一器官不同处理时间点差异表达基因的转录本。基于此，我们可以知道生物在不同环境条件下基因表达水平的差异如何，哪些基因上调表达，哪些基因下调表达。通过分析处理与对照试验条件的差异表达基因，推测并研究处理条件下的基因功能。

目前RNA-seq技术被广泛应用于研究植物不同发育阶段及对逆境胁迫的应答方面，本研究分析了在干旱条件下胡杨幼苗叶部和根部上调和下调表达的基因，并对差异基因进行了 GO（gene ontology）富集分析和 KEGG（koto encyclopedia of genes and genomes）富集通路分析，为干旱条件下胡杨耐旱基因的有效筛选提供了理论基础。

## 5.1　材料与方法

### 5.1.1　幼苗期干旱胁迫处理

在花盆中（营养土）播种胡杨种子，覆膜后置于 30℃培养室中萌发、培养。培养 2 个月后进行幼苗移栽，幼苗移栽前 2 天浇透水，移栽时轻轻敲碎土坨，尽量避免对根的损坏，移栽入装培养土的花盆中，每盆 5～7 株。培养 4 个月后进行幼苗处理，取出胡杨幼苗，清洗干净，转入 1/2 Hogland 营养液继续培养。当胡杨幼苗有新根长出后，用配制好的 25% PEG6000 溶液，对胡杨幼苗进行胁迫处理，以开始 0h 为对照，处理时间为 4h 和 12h。处理后的材料分别取根和叶，每样品重复 3 次，液氮速冻后放于–80℃超低温冰箱，然后直接送华大公司测转录组。

### 5.1.2　转录组测序的样品制备

样品（叶和根）提取总 RNA 后，使用 DNase I 酶消化总 RNA 中的 DNA；然后用带有 Oligo（dT）的磁珠富集总 RNA 中的 mRNA，并将适量打断试剂加入其中，高温条件下使其片段化；再以片段化后的 mRNA 为模板，反转录成 cDNA，经过末端修复、连接接头后，对连接产物片段选择进行胶纯化回收，对连接产物进行 PCR 扩增并用磁珠纯化从而完成整个文库的制备。构建好的文库用 Agilent 2100 Bioanalyzer 进行大小和浓度检测，文库质控合格后使用 Ion Proton 进行测序。

### 5.1.3　数据的质量控制

用 Base Calling 将测序仪产生的原始图像数据转化为序列数据，称为原始数据（raw data）。raw data 由于文库构建和 PCR 聚合酶反应效率含有接头序列（adaptor）和低质量序列等，无法直接用于信息分析，必须经过一定的处理之后，转换为 Clean Data，才能用于后续数据分析。数据处理的步骤如下：①去除长度低于设定阈值（30）的 reads。②修剪 reads 的 adapter，若修剪后长度小于设定阈值则去除。③从 3′端开始，以 15 为窗口统计 reads 平均质量，若平均质量值小于 9，则继续向 5′端滑动，直到窗口平均质量大于 9 为止，此时修剪掉该窗结尾到 read 结尾的所有碱基；若修剪后长度小于设定阈值则去除。使用短 reads 比对软件 TMAP 将 Clean Reads 分别比对到参考基因组和参考基因序列（允许 2 个碱基错配）。参考序列为已知的毛果杨基因组。基因表达量的计算使用 RPKM（reads per kilobase per million mapped reads）法；用泊松分布的分析方法筛选两样本间的差异表达基因，差异表达基因定义为假发现率（false discovery rate，FDR）≤0.001 且差异倍数不低于 2 倍。

## 5.2　研究结果

### 5.2.1　数据比对统计

分别以胡杨幼苗的叶片与根为材料，叶部用质量分数为 25% PEG6000 溶液处理 0h、4h、12h（干旱胁迫处理方法同第三章 3.1.1），并分别对叶片和根共 6 个样本取样进行 RNA-seq：叶片对应编号为 Pe_L0，Pe_L4，Pe_L12；根部编号为 Pe_R0，Pe_R4，Pe_R12。共产生约 1.5 亿条 reads，将测序所得的 reads 与毛果杨的参考基因组进行比对，保留唯一比对上的 reads（unique match reads）用于下一步分析。

表 5-1 显示，样本总比对率在 85%以上，其总 unique reads 占总 reads 的 70%以上，说明测序质量较好，可用于下一步分析。

### 5.2.2 测序饱和度分析

为了进一步对测序的深度进行评估，以确保足够的 reads 用于差异基因分析，运用 RNA-SeQC 进行转录组数据的饱和度分析。当 clean reads 数在 9M（兆）以下时，检测到的基因数与测序量成正比；当达到大约 9M 时，趋于平缓；超过 27M 时检测到的基因数已经接近饱和。样品 L0、L4、L12、R0、R4、R12 的测序量分别为 26M、24M、25M、27M、26M、27M，已经接近饱和，说明样本的测序量已经基本覆盖到细胞中表达的全部基因（图 5-1）。

### 5.2.3 测序随机性分析

以 reads 在参考基因上的分布情况来评价 mRNA 打断的随机程度：由于参考基因长度各不相同，把 reads 在参考基因上的位置标准化到相对位置（reads 在基因上的位置与基因长度的比值），然后统计基因的不同位置比对上的 reads 数。如果打断的随机性好，reads 在基因各部位分布比较均匀。图 5-2 显示是将参考基因标准化到相对位置共 100 个 windows 且被 5 等分，每个 windows 都对应比对上的 reads 数，相对位置为从基因的 5′端到 3′端。图 5-2 显示各个样品的 reads 在参考基因上基本呈随机分布，说明文库构建的均一性较好。

### 5.2.4 差异表达基因统计及 GO 分析与 KEGG 分析

基于泊松分布模型的检验，运用 DEGseq 进行差异表达基因的鉴定。差异表达基因定义为 FDR≤0.001 且差异基因不低于 2 倍，被用于后续分析。图 5-3 显示，每组比对都有大量的上调基因和下调基因。叶部处理不同时间的比对中，Pe_L0-VS-Pe_L12 差异基因最多，有 4260 个上调基因和 8938 个下调基因；Pe_L4-VS-Pe_L12 差异基因总数最少，有 2660 个上调基因和 5365 个下调基因。在根部的各组比对中，差异基因相对较少一些，其中 Pe_R0-VS-Pe_R4 差异基因最多，有 4669 个上调基因和 1133 个下调基因；Pe_R4-VS-Pe_R12 差异基因最少，有 3141 个上调基因和 1905 个下调基因，也是所有对比中差异基因最少的。同时，不同时间点的相同组织差异基因分析显示，叶片中的差异表达基因相对于根中的差异表达基因更多，说明叶片对干旱的响应更为强烈。

**基因本体论**（gene ontology，GO）是一个进行基因功能分类的国际标准化体系，提供一套动态更新的标准词汇表（controlled vocabulary）来全面描述生物体中

**表 5-1　胡杨测序结果与参考基因比对的统计结果**

| 样品 | 总读数 | 总匹配读数 | 完全匹配读数 | 错配数 | 单一匹配 | 多位点匹配 | 未匹配数 |
|---|---|---|---|---|---|---|---|
| Pe_L0 | 26 349 334 | 24 931 951（94.62%） | 22 011 39（8.35%） | 2 273 0812（86.27%） | 20 332 442（77.16%） | 4 599 509（17.46%） | 1 417 392（5.38%） |
| Pe_L4 | 24 327 847 | 23 250 834（95.57%） | 1 989 256（8.18%） | 21 261 578（87.4%） | 19 270 506（79.21%） | 3 980 328（16.36%） | 1 077 012（4.43%） |
| Pe_L12 | 25 327 635 | 22 546 058（89.02%） | 2 420 082（9.56%） | 20 125 976（79.46%） | 18 805 547（74.25%） | 37 405 11（14.77%） | 2 781 576（10.98%） |
| Pe_R0 | 27 065 834 | 25 991 470（96.03%） | 2 254 341（8.33%） | 23 737 129（87.70%） | 21 805 780（80.57%） | 4 185 690（15.46%） | 1 074 363（3.97%） |
| Pe_R4 | 26 225 256 | 22 473 751（85.70%） | 2 549 532（9.72%） | 19 924 219（75.97%） | 18 755 767（71.52%） | 3 717 984（14.18%） | 3 751 504（14.30%） |
| Pe_R12 | 27 367 246 | 26 123 239（95.45%） | 2 427 698（8.87%） | 23 695 541（86.58%） | 21 830 884（79.77%） | 4 292 355（15.68%） | 1 244 006（4.55%） |

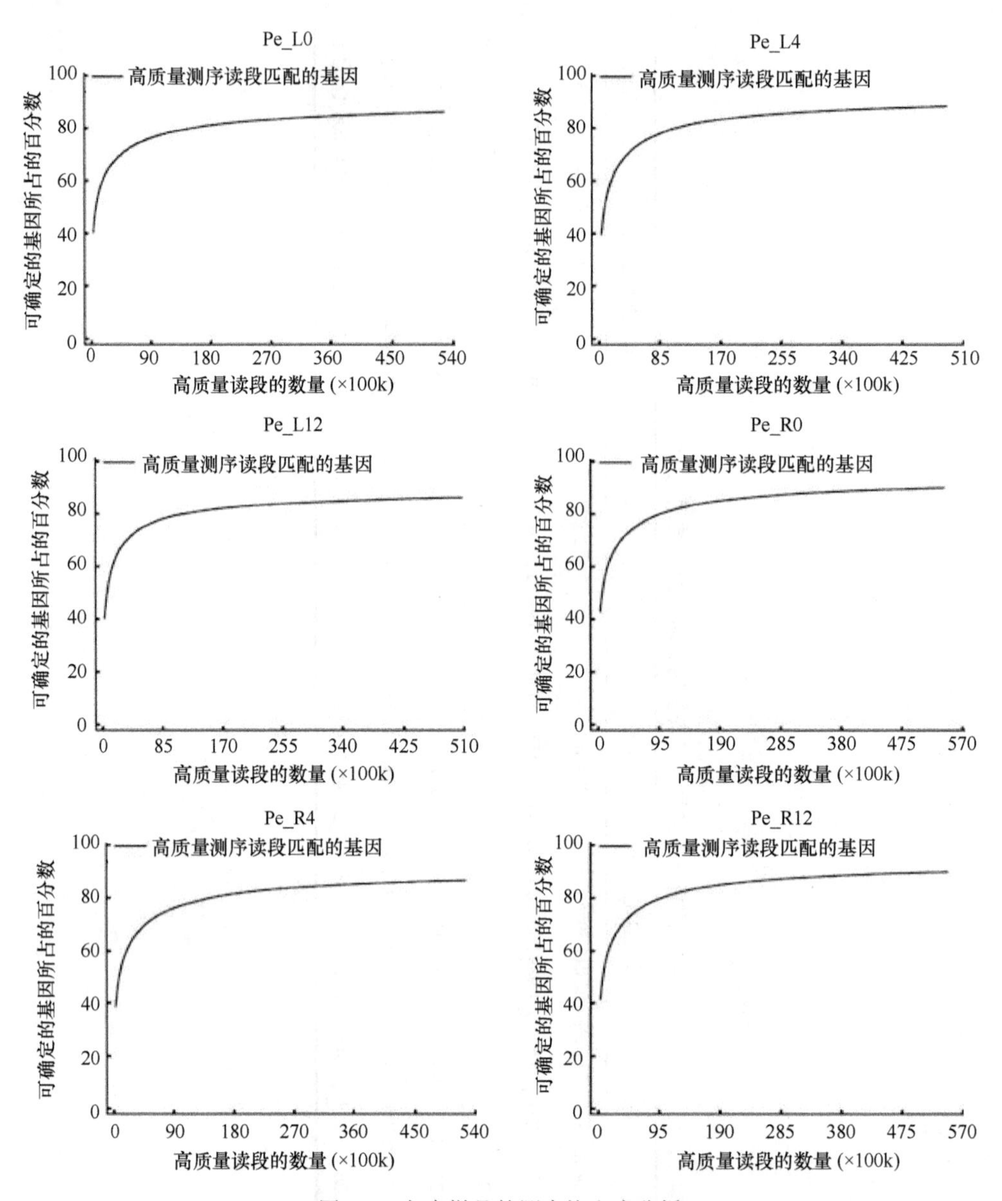


图 5-1　各个样品的测序饱和度分析

基因和基因产物的属性。Gene Ontology 总共有 3 个分类，分别描述基因的分子功能（molecular function）、所处的细胞组分（cellular component）、参与的生物学过程（biological process）。根据 NR 注释信息，使用 Blast2GO 软件得到所有差异基因的 GO 注释信息。得到每个差异基因的 GO 注释后，用 WEGO 软件对差异基因做 GO 功能分类统计，从宏观上认识差异基因的功能分布特征。

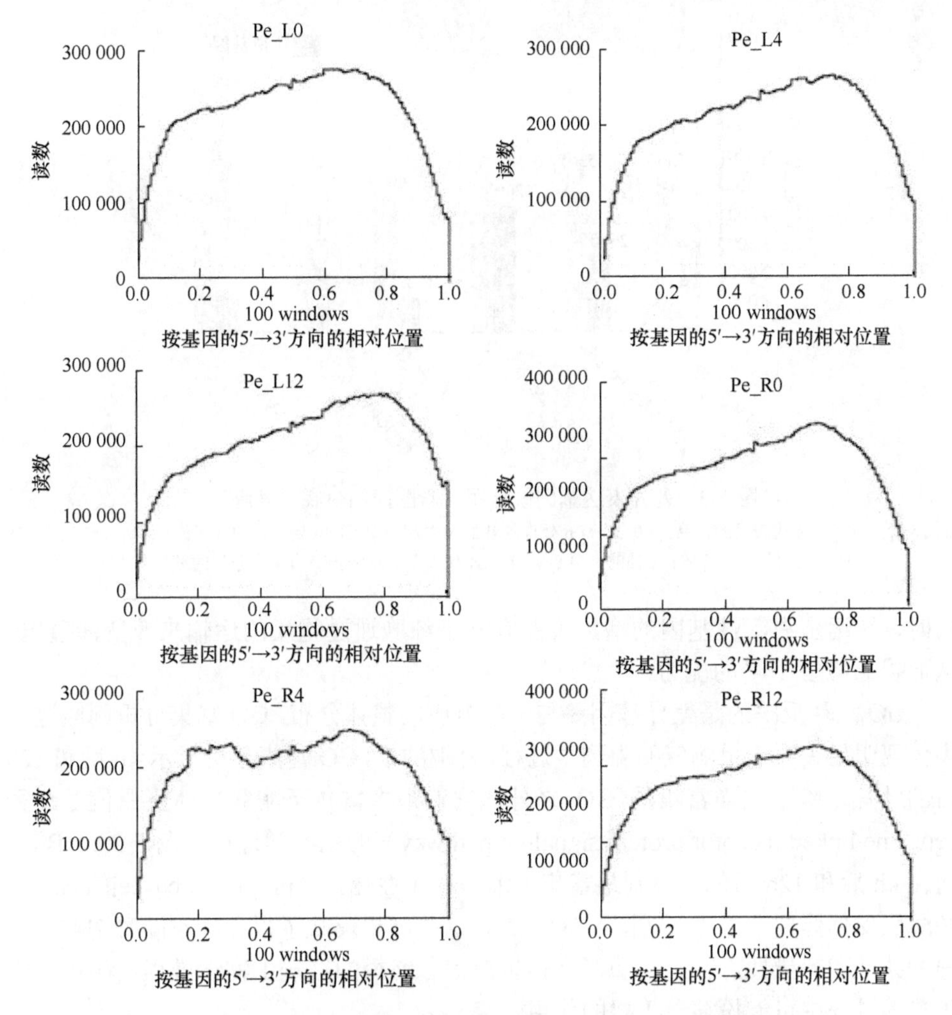


图 5-2　各样品的测序结果在参考基因的相对位置分析

分别对处理 4h 和 12h 后的叶片及根的差异基因进行细胞组分、分子功能和生物学过程的 GO 注释，我们发现胡杨响应干旱胁迫在地下地上具有相似的响应机制，在细胞组分上，主要发生在细胞（cell）、细胞部分（cell part）及细胞器（organelle）的分布；分子功能上主要参与催化活性（catalytic activity）和分子结合（binding），其次表现为转运活性（transporter activity）；在生物学过程方面都主要分布于代谢过程（metabolic process）和细胞过程（cell process），其次表现为应答刺激（response to stimulus）（图 5-4A 和 B）。这些结果说明，在干旱来临时，胡杨的根和叶以丰富的代谢过程来抵御干旱环境，而代谢的参与基因固然离不开多个酶的结合与催化，所以基因的主要功能表现为催化活性和结合方面；

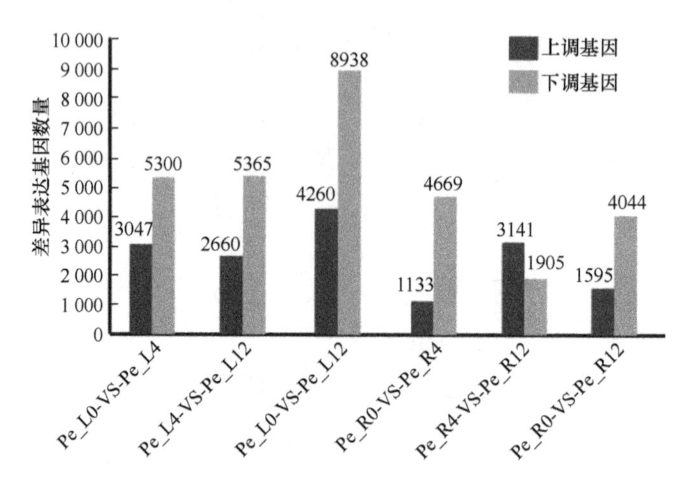


图 5-3　差异表达基因统计图（彩图请扫封底二维码）

L 代表叶的样品；R 代表根的样品；L0 表示 0h 处理的叶的样本；L4 表示 4h 处理过的叶子的样本；L12 表示 12h 处理过的叶子的样本；*x* 轴的 Pe-L0-VS-Pe-L4 代表以 L0 为分母；L4 为分子的差异基因

同时，转运蛋白活性基因的增加可能有利于细胞通过物质的运输来改变渗透压，从而提高应答干旱的能力。

GO 注释反映的是差异基因参与干旱响应的整体分布，GO 富集分析则能进一步体现明显关联干旱响应的生物学过程。有趣的是，GO 富集分析显示 4h 后和 12h 后的叶片，除了共同富集的 GO 之外，它们最多富集于酶联受体蛋白信号路径（enzyme linked receptor protein signaling pathway）的生物学过程（图 5-5A、B），而在 4h 后和 12h 后的根分别最富集于细胞程序性死亡（programmed cell death）和酶联受体蛋白信号路径（图 5-5C、D）。这些结果反映了根和叶不同时期响应干旱的共性和差异性。其中，酶联受体蛋白信号路径的这一生物学过程在胡杨响应干旱的过程中可能扮演着重要的作用。

前面的研究我们发现胡杨应答干旱表现为大量的基因参与了代谢过程，而 KEGG 是鉴定代谢 Pathway 的主要公共数据库。KEGG Pathway 显著性富集分析以 Pathway 为单位，应用超几何检验，找出与整个基因组相比较后差异表达基因中显著性富集的 Pathway。$Q_{value}$≤0.05 的 Pathway 定义为在差异表达基因中显著富集的 Pathway。通过 Pathway 显著性富集能确定差异表达基因参与的最主要生化代谢途径和信号转导途径。对 KEGG 富集分析结果以图形化方式展示，其中 RichFactor 是指差异表达的基因中位于该 Pathway 条目的基因数目与所有有注释基因中位于该 Pathway 条目的基因总数的比值，RichFactor 越大，表示富集的程度越大。$Q_{value}$ 是做过多重假设检验校正之后的 $P_{value}$，取值范围为 0～1，越接近零，表示富集越显著。图中只展示富集显著性的程度排名前 20 的 Pathway 条目。不同时间点叶片响

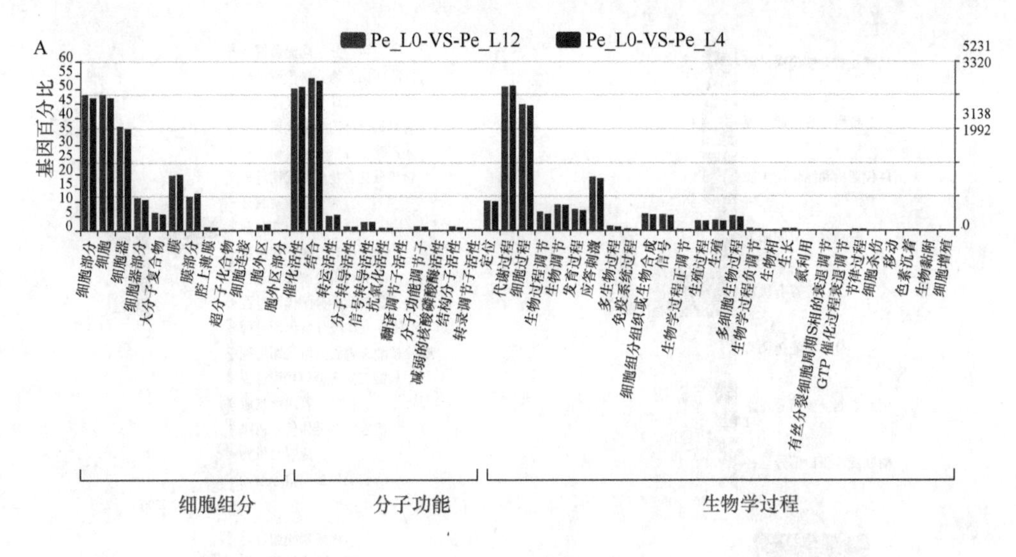


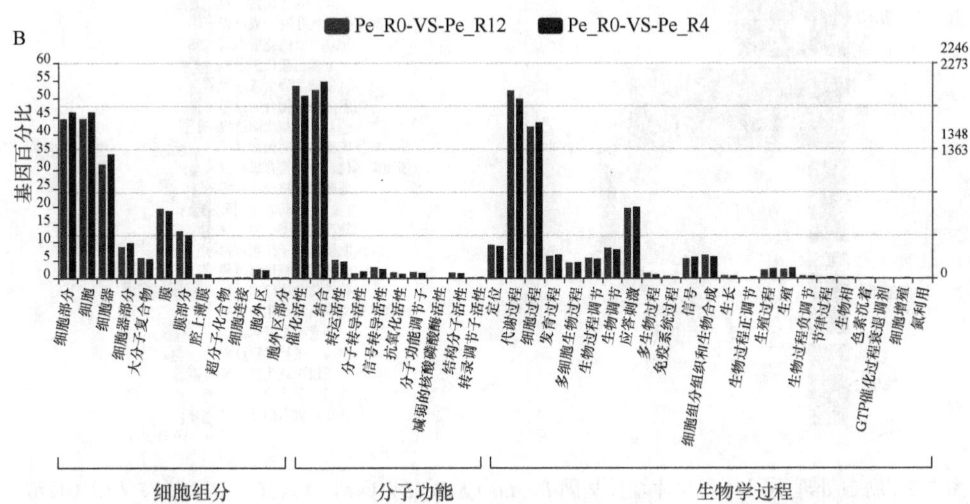


图 5-4　不同时间点叶片（A）差异基因的 GO 功能注释和根（B）差异基因的 GO 功能注释（彩图请扫封底二维码）

应的 KEGG 中最富集的通路为植物激素信号传导(plant hormone signal transduction)(图 5-6A、B)；根中响应的 4h 和 12h 的最为富集的通路为核糖核酸聚合酶（RNA polymerase）和次级代谢生物合成（biosynthesis of secondary metabolite）(图 5-6C、D),意味着相比于根中的干旱响应,植物激素信号转导在叶片响应过程中十分重要。

### 5.2.5　抗旱候选基因的筛选

对叶片和根的差异基因进行分析，发现叶片和根中共同上调差异表达基因有

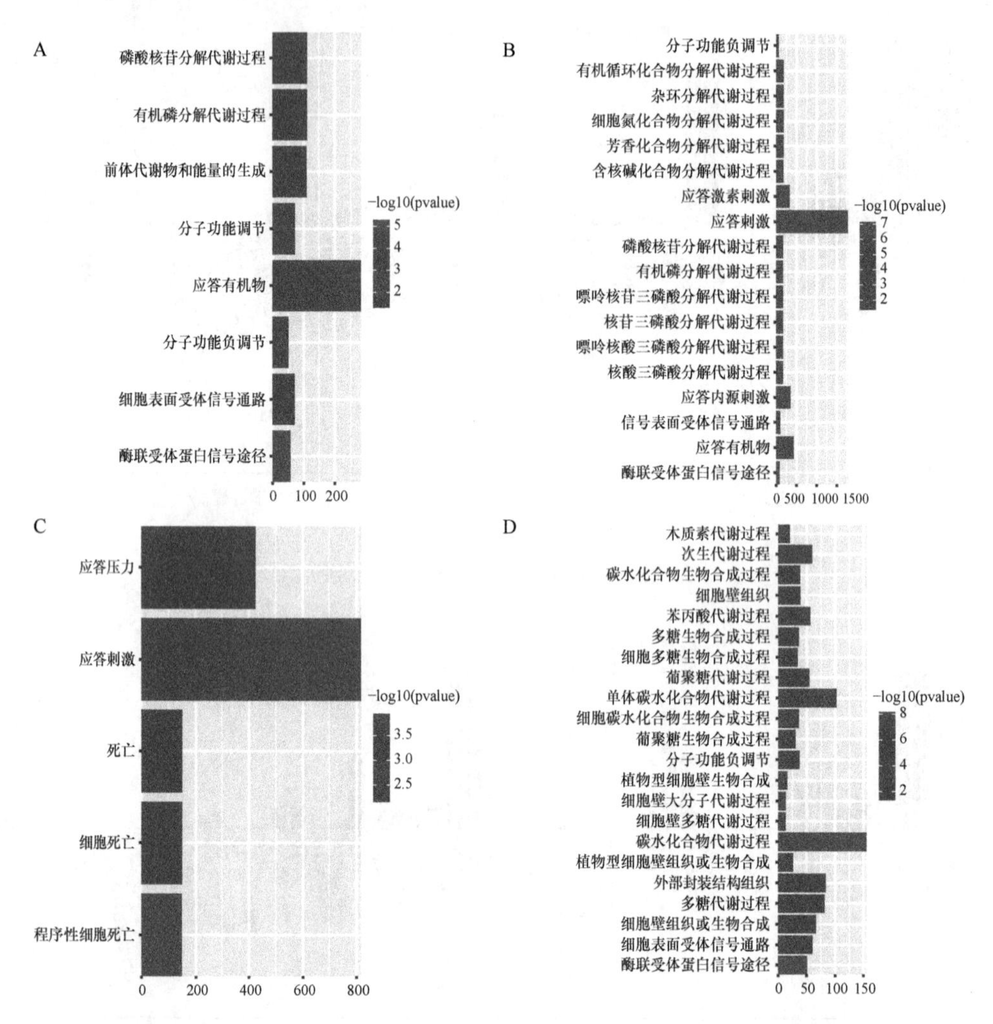


图 5-5 胁迫处理不同时间叶片差异基因 *Pe_L0-VS-Pe_L4*（4h，A）、*Pe_L0-VS-Pe_L12*（12h，B）和根差异基因 *Pe_R0-VS-Pe_R4*（4h，C）、*Pe_R0-VS-Pe_R12*（12h，D）的 GO 富集分析（彩图请扫封底二维码）

*x* 轴表示每个 GO term 注释到的基因数。右上角的图列代表富集的–log10 的 *P* 值

146 个（图 5-7A），共同下调差异表达基因有 680 个（图 5-7B）；显著持续上调的有 8 个（图 5-7C），持续下调的有 34 个（图 5-7D）。很明显，在胡杨应答干旱环境时，下调基因表现较多。

进一步通过热图分析，我们发现在共同上调的 146 个差异基因中，在不同的组织（叶和根）间强度有区别，同时在不同的时间点也表现强度的不同（图 5-8A）。同样，在共同下调的 680 个基因中，大量根中高表达的基因在干旱模拟处理后，下调最为剧烈（图 5-8B）。同理，在持续上、下调的基因中，似乎根比叶片响应

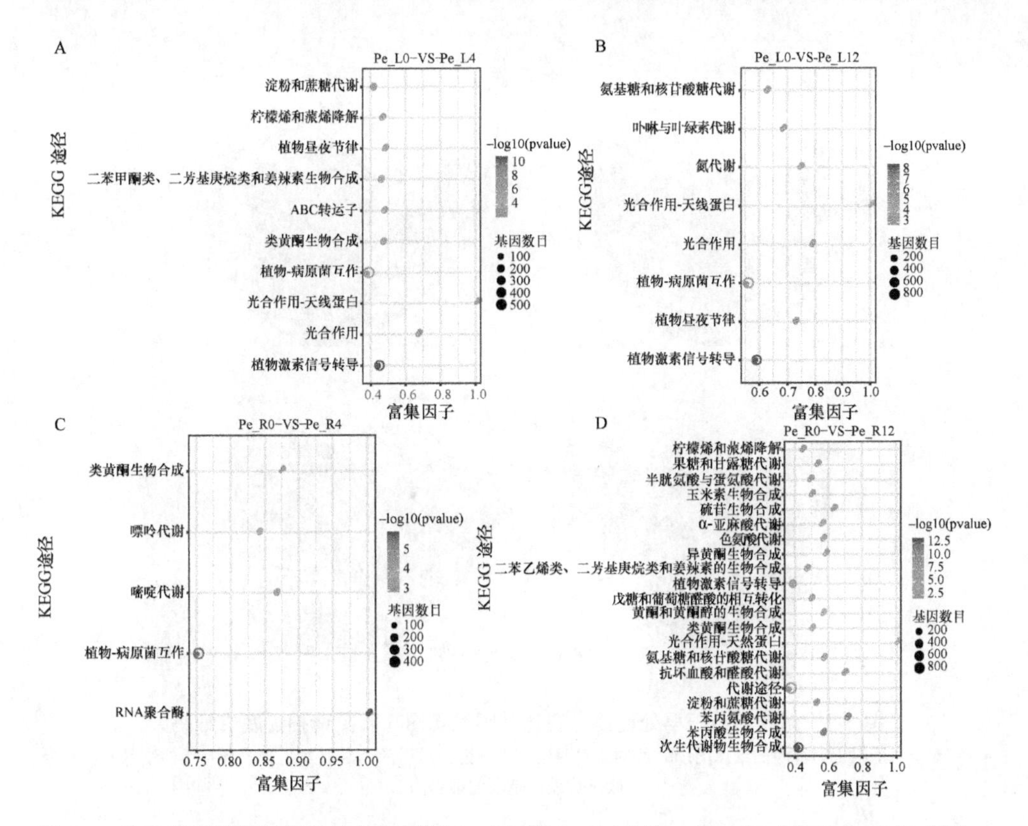


图 5-6　胁迫处理不同时间叶片差异基因 *Pe_L0-VS-Pe_L4*（4h，A）、*Pe_L0-VS-Pe_L12*（12h，B）和根差异基因 *Pe_R0-VS-Pe_R4*（4h，C）、*Pe_R0-VS-Pe_R12*（12h，D）的 KEGG 富集分析

（彩图请扫封底二维码）

更敏感（图 5-8C、D）。通过这 146 个和 680 个差异表达基因的基因注释和查阅文献。最终通过它们的 NR 注释在 146 条共同上调基因中得到 42 个基因可能为抗旱基因，且有 6 个表达量（RPKM）变化较大但注释功能可能与抗旱无关的基因，确定这 48 个作为后续分析的上调基因；同样在下调的 680 个差异基因中找到 124 个基因可能为抗旱基因。

对 42 个共同上调差异表达基因注释功能进行分类发现（表 5-2），大多数都为调节基因中的转录因子类，共有 28 个（66.67%），其中锌指蛋白和 AP2 类较多，这与其他植物（拟南芥、水稻等）的报道较为类似，锌指蛋白和 AP2 在抗旱过程中扮演着重要的作用。这些基因的筛选为未来进一步功能验证提供基础（Jiao et al.，2020）。

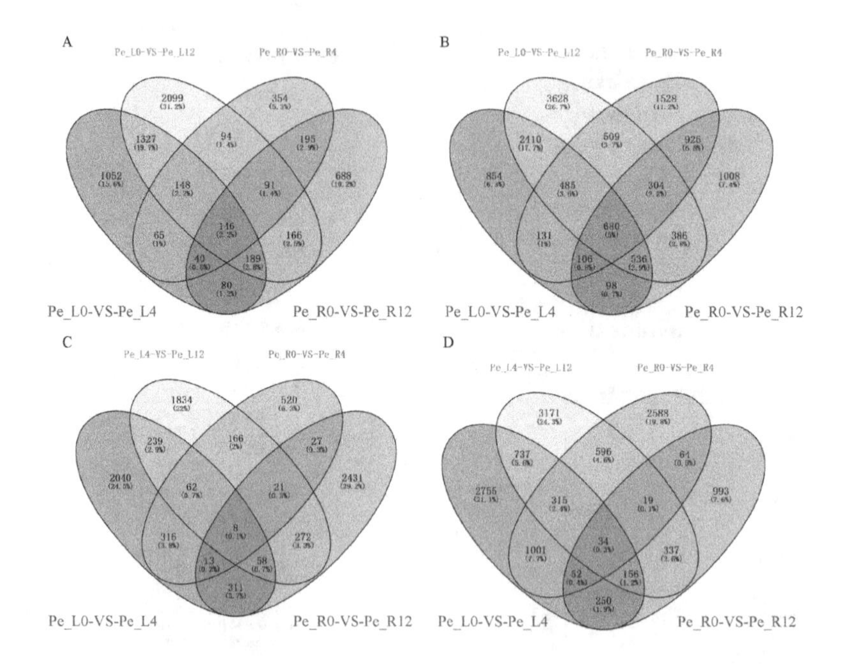


图 5-7 胡杨幼苗干旱处理差异表达基因维恩图（彩图请扫封底二维码）

A. 相对于对照组上调基因的维恩图；B. 相对于对照组下调基因的维恩图；C. 持续上调差异基因的维恩图；D. 持续下调差异基因的维恩图

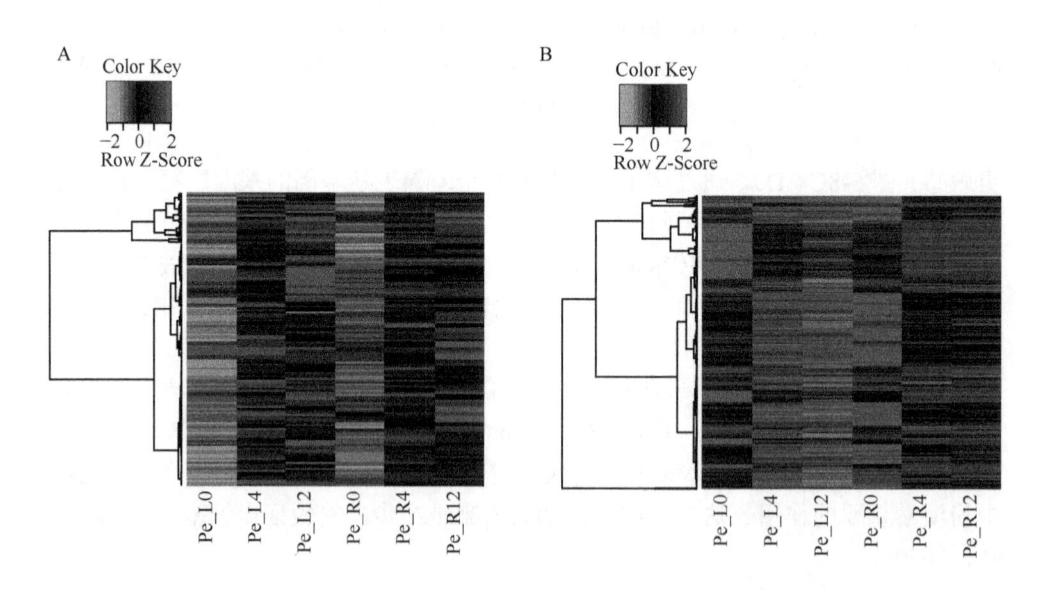

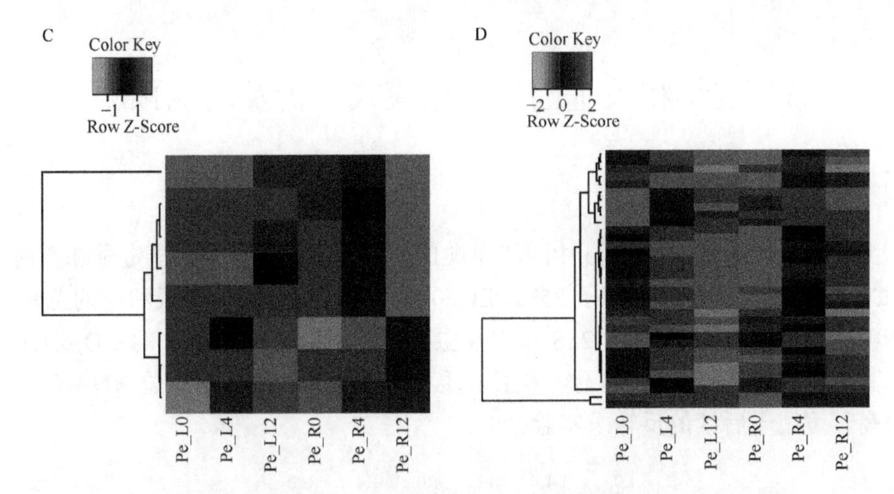


图 5-8　胡杨幼苗干旱处理差异表达基因热图（彩图请扫封底二维码）

A. 相对于对照组差异上调基因的热图；B. 相对于对照组差异下调基因的热图；C. 持续差异上调基因的热图；D. 持续差异下调基因的热图

**表 5-2　上调差异基因功能注释结果**

| 基因分类 | 基因编号 | 基因功能 |
| --- | --- | --- |
| 功能基因 | CCG000851 | 钾转运体 |
| | CCG001676 | 钠/氢反向转运蛋白 |
| | CCG002385 | 伴侣蛋白 DnaJ |
| | CCG002420 | β-胡萝卜素羟化酶 |
| | CCG007774 | 谷胱甘肽-S-转移酶 |
| | CCG011481 | 胚胎晚期富集蛋白 |
| | CCG011812 | ACC 合酶 |
| | CCG015633 | 中性/碱性转化酶 |
| | CCG018304 和 CCG018305 | 12-*O*-植物二烯酸还原酶 |
| | CCG019854 | ABCB 转运蛋白 |
| | CCG021767 | 阳离子/氢离子逆向转运蛋白 |
| | CCG023518 | 过氧化物酶 |
| | CCG030979 | 甘露醇脱氢酶 |
| 调节基因类 | CCG001308、CCG001486、CCG012590、CCG017554、CCG018521 、CCG020751、CCG009054 和 CCG004342 | 锌指蛋白 |
| | CCG006534、CCG020051、CCG032348 和 CCG033488 | NAC |
| | CCG007163、CCG013507 和 CCG030811 | PP2C（ABA 信号转导） |
| | CCG008761、CCG011036、CCG011447、CCG032113 和 CCG032410 | AP2 |
| | CCG008964、CCG010215 和 CCG019932 | MYB |
| | CCG010842 | 同源域-亮氨酸拉链蛋白（HD-Zip 类转录因子） |
| | CCG019371 | bHLH |
| | CCG023117 | 钙调磷酸酶 |
| | CCG027764 | bZIP |
| | CCG031544 | WRKY |

## 5.3 抗旱相关基因的表达模式分析及功能预测

### 5.3.1 RNA 质量检测

为了进一步验证 RNA-seq 中对干旱响应的基因真实性，采取半定量和实时定量 PCR 进行验证。图 5-9 显示了 25% PEG6000 干旱模拟下的胡杨根和叶的总 RNA 琼脂糖检测结果。图 5-9 显示 28S 和 18S 主条带较为清晰。总 RNA 的 $OD_{260}/OD_{280}$ 值，其值在 1.80 以上，表明无较多蛋白质和苯酚污染，说明胡杨总 RNA 的纯度比较高，可用于后续的反转录实验。

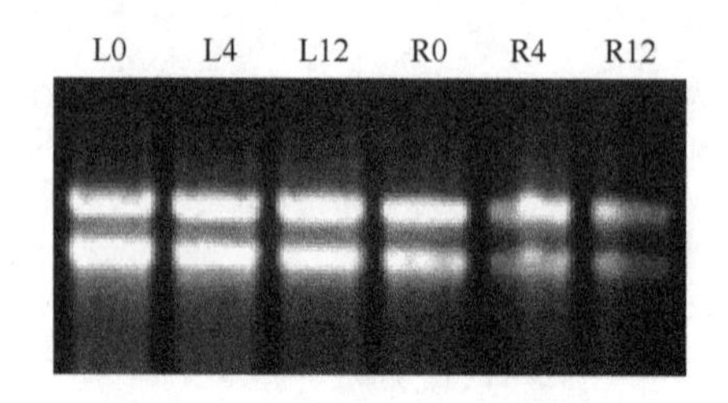


图 5-9 胡杨总 RNA 琼脂糖电泳检测结果

L0、L4 、L12 分别表示叶部 PEG6000 处理 0h、4h 和 12h；根部为 R，编号同理

### 5.3.2 抗旱相关基因的检测结果

选取 15 个抗旱相关基因设计引物（表 5-3）并进行了半定量检测，检测结果如图 5-10 所示，整体来看，基因半定量 PCR 的结果与转录组结果变化趋势一致，两者间有较好的一致性。

15 个抗旱相关基因的扩增效率曲线表明各目的基因与内参基因扩增效率都在 80%～120%（图 5-11）。各目的基因及内参基因的扩增曲线呈“S”形，无杂峰，40 个循环完成时，扩增曲线均达到平台期。

每个抗旱相关基因与内参基因熔解曲线呈现出单一的峰，说明无非特异性产物和引物二聚体产生，扩增特异性高，荧光定量结果可靠（图 5-12）。

对 15 个抗旱相关基因设计引物（表 5-4）进行了实时荧光定量检测，检测结果如图 5-13 所示。整体来看，15 个检测基因仅有 2 个基因与转录组变化趋势不一致，荧光定量 PCR 的结果较好地验证了转录组数据，两者间有较好的一致性。同时半定量反转录 PCR（RT-PCR）与定量反转录 PCR（qRT-PCR）的结果也验证了这些基因响应干旱胁迫。

表 5-3　RT-PCR 引物序列

| 基因 | 引物序列（5′→3′） |
| --- | --- |
| *Pe866* | F：ATAAACCCTGACTACAAGCCTTCC<br>R：CACCAGCCAGTCCTCAGTAATCTC |
| *PeZnF1* | F：CATTGAAAGTTGCATGGCTCAC<br>R：CGACCAAGTGCTGCGATGTT |
| *PeZnF2* | F：ACAGGAAGTCCTCCTCCGAGTC<br>R：AAAGCAGGCAAGTTCAGGTCAA |
| *PeLRR1* | F：TTGAAGGGACCGTGTAAGATGAA<br>R：GGACCAGCTTGCCTGTGGAT |
| *PeZnF3* | F：TCATGCCACCTAAACCGTCAC<br>R：TCAATACAGAGTTCCCAACACCAC |
| *PeMYB* | F：TCCAGAAAGCCAGCGTAGAAA<br>R：CATACAAGCCTGTAGCCATCCAA |
| *Pe9078* | F：TGTTGGCACCATTCCATACTTG<br>R：ATTTCCACCTCTAGGGAGAAACC |
| *PeAQU* | F：AAGCCCTTGTAGTCGAGTTCGTT<br>R：CGGTGAGATACTTGAGGAGGAGAC |
| *PeWRKY1* | F：AAAATACAACGTCGATGGACTGAG<br>R：CGCTGCTGCTTACGATGATACT |
| *PeAP2* | F：TTTGGCTCGGTACATTTAACACTG<br>R：GTTTCTCCTCTTCCACCTTCACTT |
| *PeLEA* | F：GAAGTGATGACGGATGGATTGAA<br>R：TAGTTGCACCTGTTGTGGAAGC |
| *PeOPR* | F：GAACCGCTGCCGATTCACTT<br>R：TCCATCTTCCCTGTCATAACCAC |
| *PeWRKY2* | F：AACCATCTTAACCCTTCCTCATCC<br>R：TTTGTCCGTATTTCCTCCAGCT |
| *PePP2C* | F：GGGTGTTGGTAGTCCATTTCCTC<br>R：CCATCCCTTGATTCCACGCTAT |
| *PeMTD* | F：GGTCACGGATGAGCACTTCG<br>R：TGCAACTCCCACCCACTATTTT |
| *Peactin* | F：GTCCTCTTCCAGCCATCTC<br>R：TTCGGTCAGCAATACCAGG |

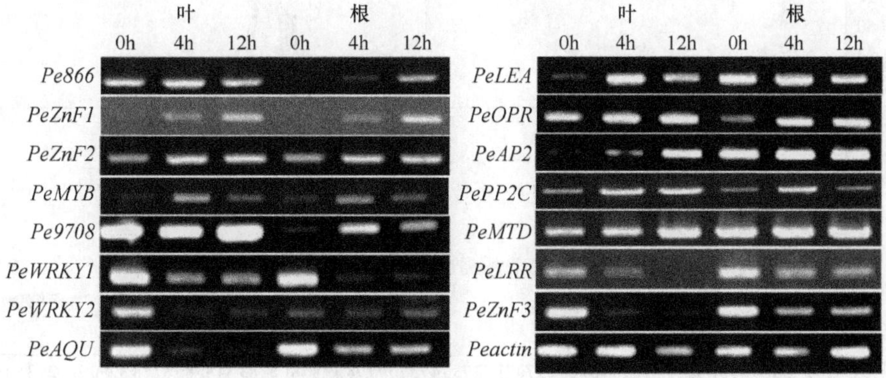

图 5-10　抗旱相关基因的半定量结果

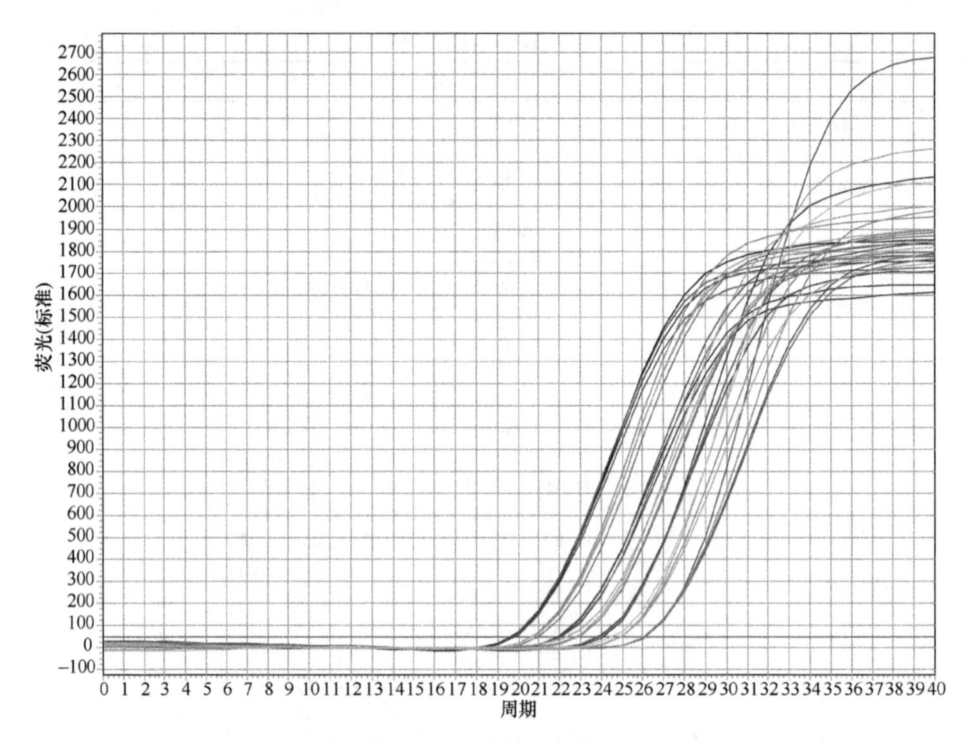


图 5-11　荧光定量 PCR 扩增曲线（彩图请扫封底二维码）

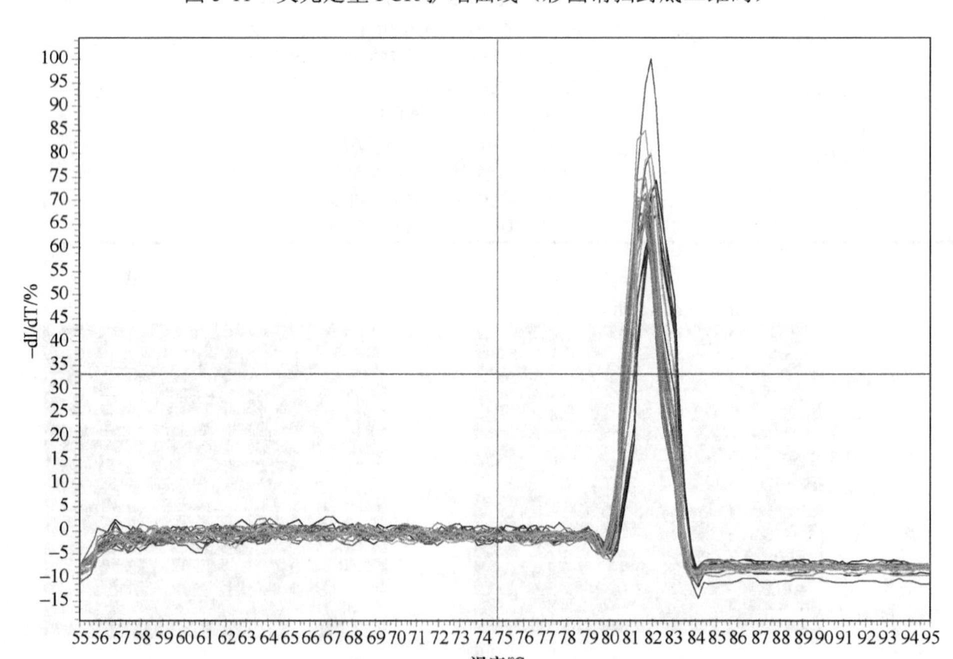


图 5-12　荧光定量 PCR 溶解曲线

**表 5-4　qRT-PCR 引物序列**

| 基因 | 引物序列（5′→3′） |
|---|---|
| *Pe866* | F：GATTGGCTCTAAGACTTGTGGA<br>R：TCGTAAGGCTGTCCTGCTC |
| *PeZnF1* | F：AGTGAGTGAAGCATTGTTTGTG<br>R：CCTTGAGAAGCTCGCAGTATA |
| *PeZnF2* | F：TTCTTACAAGTGTTCGGTTTGC<br>R：TGGTTGTGGTGGAGGTTGAT |
| *PeLRR1* | F：GGATACCGTCTGCTTCACG<br>R：TCCGAAATCTTTGGGTTGA |
| *PeZnF3* | F：AAGCACTCATGCCACCTAAA<br>R：ATGCCGAGCCAGCTAAAT |
| *PeMYB* | F：TCCAGAAAGCCAGCGTAGA<br>R：AGATTGAGCACCCGATGTG |
| *Pe9078* | F：CTCCAATCGGTGCCCTAA<br>R：GTCAAATAGTTGTGCGAATGCT |
| *PeAQU* | F：TTCACAGTCTATGCCACCATT<br>R：GTCCAGTCCCAGCTAACCA |
| *PeWRKY1* | F：CGTAAGCAGCAGCGTCAA<br>R：AGAGCCCAAGTCCTCGTTT |
| *PeAP2* | F：GAGTCAAGTGAAGGTGGAAGAG<br>R：GTTGTCCCATTTGGTGTCG |
| *PeLEA* | F：AAGAATGGTACTTGTCGGCTCT<br>R：CCATCCGTCATCACTTCAAAA |
| *PeOPR* | F：ATATGGAATCGGGAGACTCAG<br>R：TGTCATAACCACCAGCAACA |
| *PeWRKY2* | F：TCCGAATCCAACTATTTCTCAG<br>R：CCCTTGGGTTTGCACATT |
| *PePP2C* | F：AAGGAAGTGATAGCGTGGAAT<br>R：TACAACGGCGACAACAGC |
| *PeMTD* | F：AAATAGTGGGTGGGAGTTGC<br>R：AATGTCTGCCGTGATGTTGT |
| *Peactin* | F：GTCCTCTTCCAGCCATCTC<br>R：TTCGGTCAGCAATACCAGG |

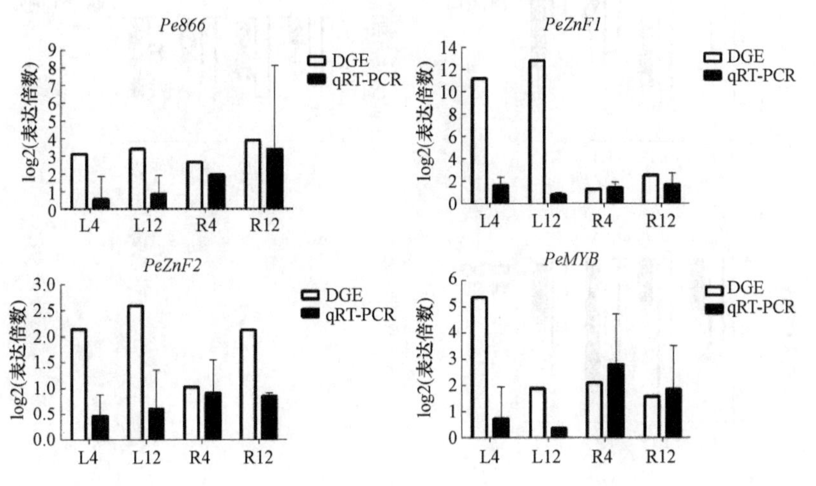

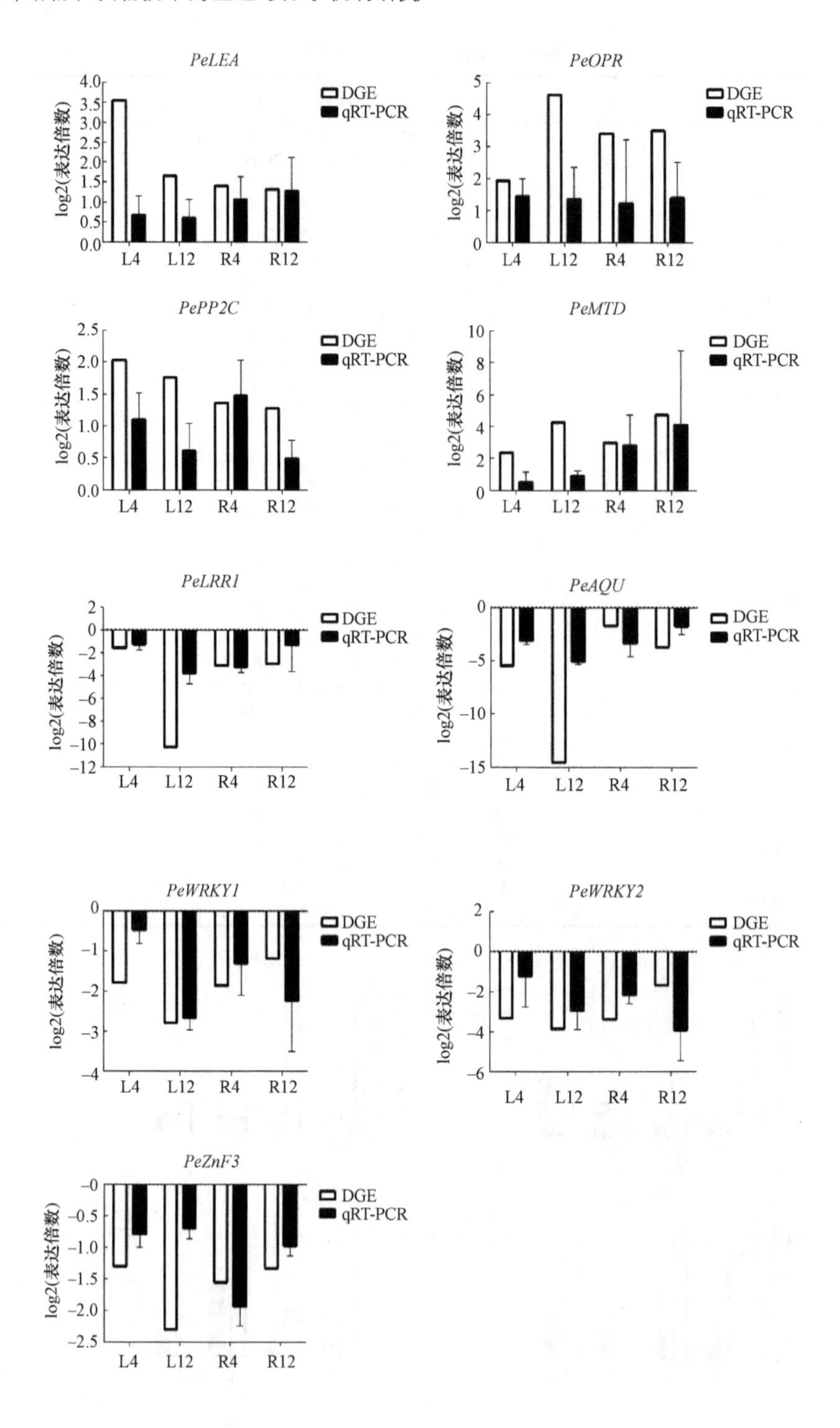
PeLEA
PeOPR
PePP2C
PeMTD
PeLRR1
PeAQU
PeWRKY1
PeWRKY2
PeZnF3
DGE
qRT-PCR
log2(表达倍数)
L4
L12
R4
R12

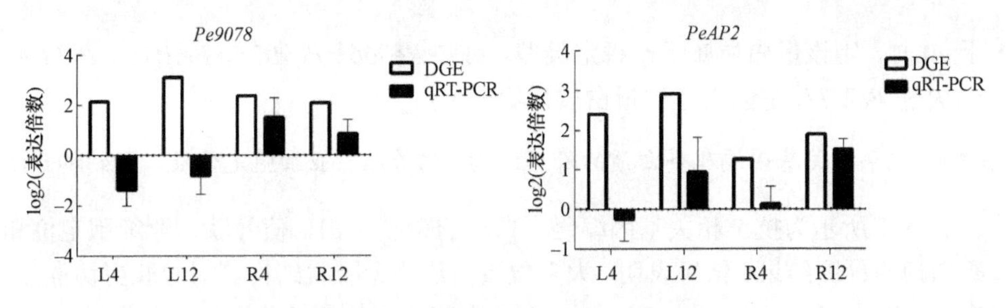


图 5-13　抗旱候选基因的荧光定量 PCR 结果

*Y* 轴为表达量变化倍数的 log2 值；DGE 表示来自转录组的表达倍数变化

### 5.3.3　抗旱相关基因编码蛋白质的功能预测

#### 5.3.3.1　抗旱相关基因编码蛋白质的理化性质

15 个抗旱相关基因编码蛋白质的理化性质如表 5-5 所示，大多数基因编码的蛋白质分子量在 30～50kDa；等电点大多都在 pH=7 以下，仅有 *PeZnF2* 与 *PeZnF3* 的等电点高于 7，分别为 8.81 和 9.27。总亲水性平均系数小于 0 为亲水蛋白，大于 0 为疏水蛋白。仅有 *PeLRR1*、*Pe9078* 和 *PeAQU* 基因表达的蛋白质为疏水蛋白。不稳定系数分值小于 40 时，所预测的蛋白质属于稳定类型；而当不稳定系数分值

表 5-5　抗旱相关基因表达蛋白质的理化性质

| 基因 | 相对分子质量 | 负电荷残基（Asp+Glu） | 正电荷残基（Arg+Lys） | 等电点 | 总亲水性平均系数 | 不稳定系数（Ⅱ） | 分子式 |
|---|---|---|---|---|---|---|---|
| *Pe866* | 32 396.9 | 32 | 28 | 5.89 | −0.249 | 37.94 | $C_{1438}H_{2260}N_{386}O_{437}S_{14}$ |
| *PeZnF1* | 46 716.5 | 69 | 56 | 5.52 | −0.737 | 60.09 | $C_{2012}H_{3184}N_{580}O_{647}S_{27}$ |
| *PeZnF2* | 26 354.2 | 23 | 28 | 8.81 | −0.646 | 72.54 | $C_{1122}H_{1795}N_{331}O_{380}S_{11}$ |
| *PeLRR1* | 107 086.8 | 90 | 83 | 6.38 | 0.025 | 40.47 | $C_{4814}H_{7632}N_{1290}O_{1419}S_{25}$ |
| *PeZnF3* | 55 892.5 | 37 | 50 | 9.27 | −0.625 | 48.28 | $C_{2387}H_{3758}N_{726}O_{761}S_{34}$ |
| *PeMYB* | 39 296.1 | 34 | 33 | 6.82 | −0.597 | 57.68 | $C_{1706}H_{2692}N_{492}O_{541}S_{17}$ |
| *Pe9078* | 32 994.8 | 29 | 23 | 5.20 | 0.159 | 33.54 | $C_{1504}H_{2355}N_{387}O_{436}S_{5}$ |
| *PeAQU* | 26 021.3 | 16 | 11 | 5.84 | 0.722 | 33.27 | $C_{1211}H_{1861}N_{297}O_{324}S_{8}$ |
| *PeWRKY1* | 40 980.3 | 50 | 35 | 5.16 | −0.730 | 53.42 | $C_{1798}H_{2737}N_{489}O_{581}S_{15}$ |
| *PeAP2* | 35 032.9 | 44 | 39 | 5.72 | −0.878 | 50.30 | $C_{1540}H_{2362}N_{436}O_{483}S_{10}$ |
| *PeLEA* | 33 537.8 | 72 | 58 | 5.05 | −1.226 | 36.34 | $C_{1401}H_{2311}N_{403}O_{522}S_{12}$ |
| *PeOPR* | 38 302.2 | 43 | 37 | 5.95 | −0.461 | 37.32 | $C_{1705}H_{2637}N_{475}O_{510}S_{11}$ |
| *PeWRKY2* | 41 056.5 | 45 | 41 | 6.23 | −0.773 | 46.91 | $C_{1797}H_{2757}N_{503}O_{573}S_{15}$ |
| *PePP2C* | 48 169.7 | 65 | 59 | 6.01 | −0.410 | 52.76 | $C_{2051}H_{3329}N_{609}O_{658}S_{35}$ |
| *PeMTD* | 39 282.5 | 43 | 39 | 6.22 | −0.026 | 32.39 | $C_{1742}H_{2775}N_{461}O_{517}S_{26}$ |

大于 40 时，则该蛋白质属于不稳定类型。可知 *Pe866*、*Pe9078*、*PeAQU*、*PeLEA*、*PeOPR* 和 *PeMTD* 基因表达的蛋白质为稳定蛋白。

#### 5.3.3.2 抗旱相关基因编码蛋白质的跨膜结构、信号肽、亚细胞定位及二级结构预测

表 5-6 所示为抗旱相关基因编码蛋白质的跨膜结构、信号肽、亚细胞定位和二级结构的预测结果。结果表明，大多数蛋白质均无跨膜结构域信号肽剪切位点。仅有 *PeLRR1*、*Pe9078*、*PeAQU* 和 *PeLEA* 有跨膜结构域，跨膜区域分别为 615～637aa（*PeLRR1*），5～27aa、151～173aa（*Pe9078*），20～42aa、49～71aa、81～100aa、105～124aa、139～158aa、171～190aa、210～232aa（*PeAQU*），10～32aa（*PeLEA*）。它们的跨膜结构预测图如图 5-14 所示。仅有 *Pe9078* 和 *PeLEA* 有信号肽剪切位点，剪切位点分别第 34aa 和第 29aa。它们的信号肽预测图如图 5-15 所示。亚细胞定位结果，转录因子一般定位到细胞核，其他功能基因定位到细胞质、

**表 5-6 抗旱相关基因编码蛋白的预测结果**

| 基因 | 跨膜结构 | 信号肽 | 亚细胞定位权重 | 二级结构比例 |
|---|---|---|---|---|
| *Pe866* | 无（位于膜外） | 无 | cyto：9，nucl：2，chlo：1，pero：1 | strand 14.92% helix 35.35% loop 49.83% |
| *PeZnF1* | 无（位于膜外） | 无 | nucl：7，chlo：4，cyto：1，vacu：1 | strand 1.23% helix 28.92% loop 69.85% |
| *PeZnF2* | 无（位于膜外） | 无 | nucl：14 | strand 4.78% helix 8.37% loop 86.85% |
| *PeLRR1* | 有 | 无 | plas：10，E.R.：2，nucl：1 | strand 12.40% helix 27.05% loop 60.55% |
| *PeZnF3* | 无（位于膜外） | 无 | nucl：14 | strand 1.55% helix 16.67% loop 81.78% |
| *PeMYB* | 无（位于膜外） | 无 | nucl：14 | helix 17.14% loop 82.86% |
| *Pe9078* | 有 | 有 | extr：8，mito：2，E.R.：2，chlo：1 | strand 2.3% helix 46.05% loop 51.64% |
| *PeAQU* | 有 | 无 | cyto：6，vacu：5，plas：2 | strand 10.93% helix 41.91% loop 46.15% |
| *PeWRKY1* | 无（位于膜外） | 无 | nucl：13 | strand 6.89% helix 9.64% loop 83.47% |
| *PeAP2* | 无（位于膜外） | 无 | chlo：6，nucl：6，cyto：1 | strand 4.53% helix 6.15% loop 89.32% |
| *PeLEA* | 有 | 有 | nucl：4，extr：4，vacu：3，chlo：1，mito：1 | strand 7.6% helix 32.16% loop 6.23% |
| *Pe OPR* | 无（位于膜外） | 无 | chlo：11，mito：2 | helix 94.14% loop 5.86% |
| *PeLRR1* | 无（位于膜外） | 无 | nucl：14 | strand 8.52% helix 8.79% loop82.69% |
| *PePP2C* | 无（位于膜外） | 无 | chlo：5，nucl：4，cyto：3，plas：1 | strand 14.84% helix 20.32% loop 64.84% |
| *PeMTD* | 无（位于膜外） | 无 | cyto：10，cysk：2，chlo：1 | strand 25.83% helix 19.17% loop 55.00% |

注：cyto. 细胞质；nucl. 细胞核；cysk. 细胞骨架；chlo. 叶绿体；pero. 过氧化物酶体；vacu. 液泡；plas. 质体；E.R.. 内质网；extr. 细胞外基质；mito. 线粒体；数值越大代表定位到该亚细胞结构的概率越大。helix 代表 α 螺旋结构，strand 为 β 折叠结构，loop 为无规则卷曲结构

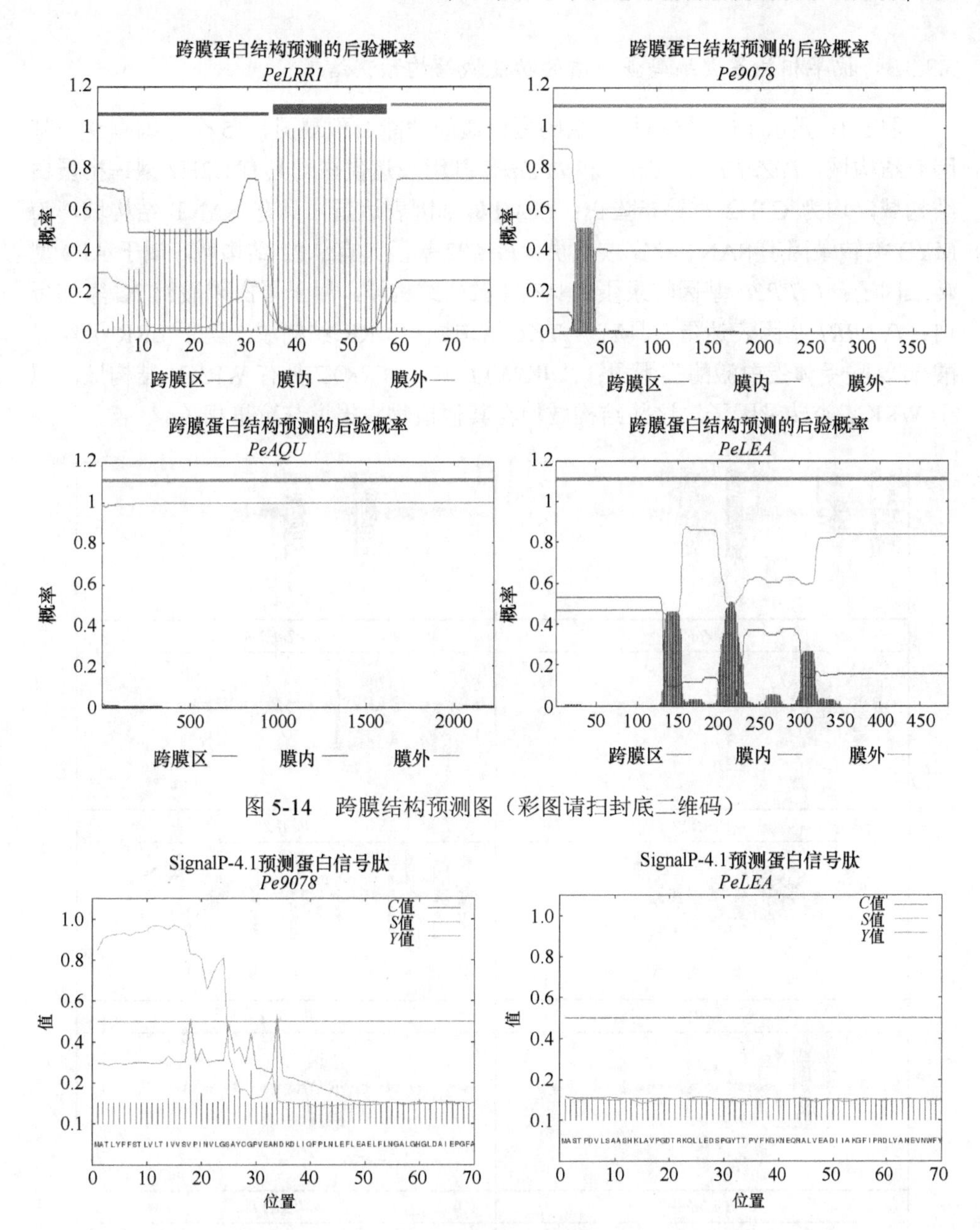


图 5-14　跨膜结构预测图（彩图请扫封底二维码）

图 5-15　信号肽结构预测图（彩图请扫封底二维码）

*S* 值. 每个氨基酸对应 1 个 *S* 值；*C* 值. 剪切位点值；*Y* 值. *Y*-max 综合考虑 *S* 值和 *C* 值的一个参数；*D* 值. *S*-mean 和 *Y*-max 的平均值

叶绿体和质体上。大多数蛋白质的结构主要为无规则卷曲，其中 *Pe9078* 的 α 螺旋结构占 46.05%，*PeAQU* α 螺旋结构占 41.91%，*PeOPR* 蛋白的 α 螺旋结构所占比例高达 94.14%。

#### 5.3.3.3 抗旱相关基因编码蛋白质的功能域结构预测结果

图 5-16 显示 15 个抗旱基因编码蛋白质的功能域预测图。15 个基因有 9 个基因有结构域，*PeZnF1*、*PeZnF2* 和 *PeZnF3* 基因表达蛋白均具有 C2H2 型锌指蛋白结构域，均为 C2H2 型锌指蛋白；*PeMYB* 基因表达蛋白具有 SANT 结构域，为 MYB 类转录因子 SANT 亚家族成员；*PeAP2* 基因具有 AP2 结构域，属于 AP2 型转录因子；*PePP2C* 基因转录蛋白具有 PP2C 结构域，属于蛋白磷酸酶 2C 家族蛋白；*PeLRR1* 基因表达蛋白具有 S_TKc 结构域和 LRR 结构域，属于 LRR 类丝氨酸/苏氨酸受体蛋白激酶类蛋白；*PeWRKY1* 和 *PeWRKY2* 具有 WRKY 结构域，属于 WRKY 类转录因子。这些结构域均在其他植物中报道与抗旱相关。

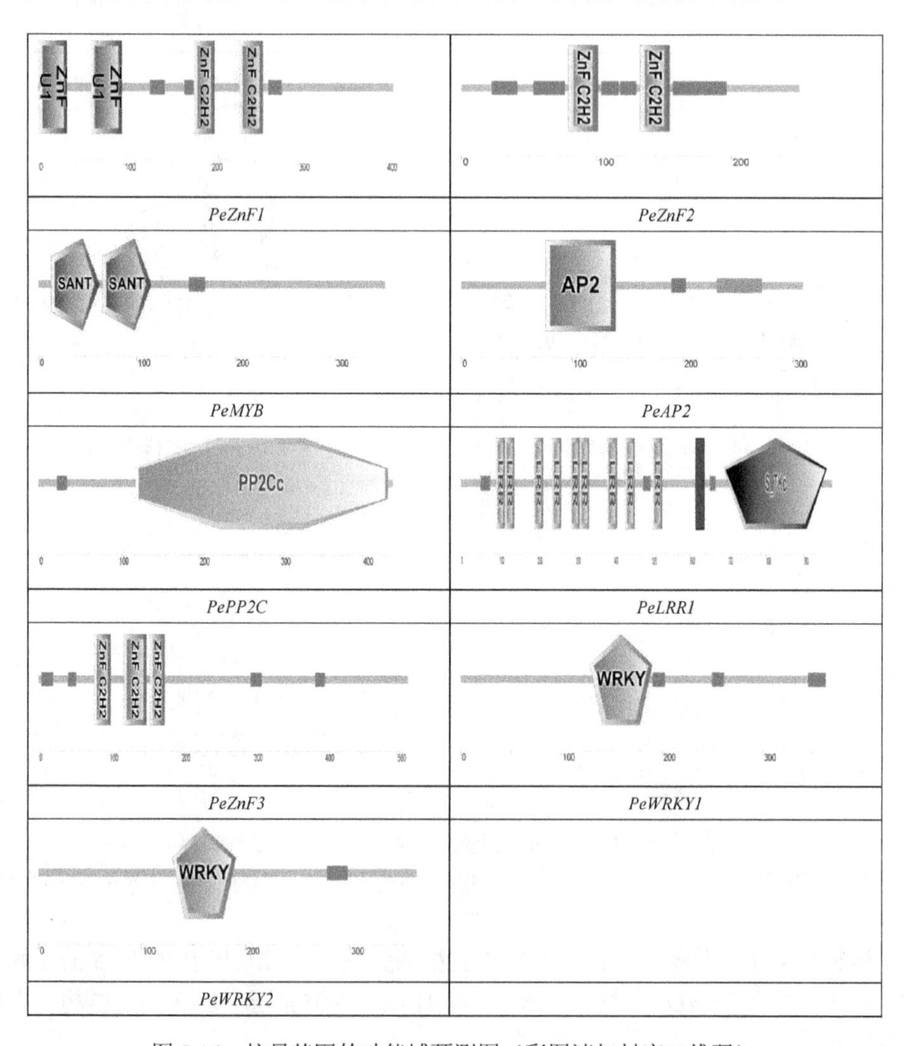


图 5-16　抗旱基因的功能域预测图（彩图请扫封底二维码）

# 5.4　小结与讨论

## 5.4.1　胡杨幼苗干旱胁迫转录组分析

RNA-seq 技术是以高通量测序为基础，基因表达的水平可以通过数字化的信号来反映，具有高灵敏度、准确定量、低成本、操作简单、未知基因也能检测等优点，是近年来较为广泛应用的测序技术。虽然严东辉（2013）用基因芯片的技术分析了胡杨干旱响应转录组，但是差异基因数目较少。本试验使用二代测序技术对胡杨干旱胁迫转录组进行测序得到了大量的差异基因。

与对照组相比，叶部胁迫 4h 后上调基因有 3047 个，下调基因有 5300 个；胁迫 12h 后有上调基因 4260 个，下调基因 8938 个。与对照组相比，根部胁迫 4h 后上调基因有 1133 个，下调基因有 4669 个；胁迫 12h 后有上调基因 1595 个，下调基因 4044 个；远远高于严东辉（2013）转录组的差异基因数目。在这些基因中共同差异表达基因 939 个，其中，上调差异表达基因有 146 个，下调差异表达基因有 680 个，持续上调的有 8 个，呈现规律性上调和下调的基因占了共有差异表达基因的大部分（88.18%），说明胡杨响应干旱胁迫的基因大部分都是有规律性的变化。根部差异基因的数目少于叶部，这也与生理指标根部低于叶部的趋势一致（见 3.5.1 节的讨论）。叶部和根部处理组与对照组相比大量的差异表达基因表明胡杨调动了大量基因参与干旱响应表达变化。胡杨叶部差异表达基因多于根部，这些基因可能与保持叶部更高的酶活力，降低活性氧对细胞膜系统造成的危害，降低水分的散失等代谢过程有关。

转录因子能够与真核基因的启动子区域中的顺式作用元件发生特异性结合，依靠它们之间及与其他相关蛋白质之间的协助作用，从而激活或抑制基因的转录。已有大量的研究表明转录因子在植物对干旱胁迫的适应过程中具有重要的作用（Tonoike et al.，1994；Abe et al.，1997；Uno et al.，2000；Lu et al.，2007；Wang et al.，2009）。对 42 个上调共同差异表达基因注释功能进行分类，大多数都为调节基因中的转录因子类，共有 28 个（66.67%），在转录因子中锌指蛋白和 AP2 类较多。转录因子有重要调控作用，这与其他植物响应干旱胁迫结果一致。先前的研究表明，WRKY 转录因子在干旱引起的渗透胁迫过程中扮演着重要的调控作用（Tripathi et al.，2014）；Zhang 等（2012）发现，小麦（*Triticum aestivum*）中过量表达 *Ta PIMP1*（*MYB*）基因可显著增强抗旱性；Peng 等（2009）对鹰嘴豆（*Cicer arietinum*）的研究表明 *CarNAC3* 基因可能与干旱胁迫响应基因的转录有关；Xiang 等（2008）研究发现，*OsbZIP23* 转基因水稻（*O. sativa*）耐旱性显著高于野生型；过量表达 *DREB1A*/*CBF3*（*AP2*）基因可以增强植物对干旱、高盐和低温的抗性

（Kasuga et al.，1999）；郭鹏等（2015）克隆美洲黑杨（*Populus deltoides*）*PdPP2C* 基因提高了转基因拟南芥（*A. thaliana*）的抗旱性；刘文文（2013）发现 *bHLH122* 提高转基因拟南芥（*A. thaliana*）的抗旱性；张伟溪等（2014）通过对美洲黑杨（*P. deltoides*）锌指蛋白转录因子基因 *ZxZF* 的遗传转化，提高了美洲黑杨（*P. deltoides*）的抗旱性；玉山江·麦麦提（2012）的研究发现 *Oshox4* 基因可提高抗旱敏感性水稻（*O. sativa*）的抗旱性。胡杨根部和叶部相对于对照组上调表达的基因大多数都是调节基因，这与其他植物响应干旱胁迫结果一致。从前人的经验可知这些基因都为耐旱相关基因，在胡杨中这些基因在响应干旱胁迫时上调表达，与前人结果一致。

功能基因也在植物遭遇干旱胁迫时发挥重要作用（娄成后和王学臣，2001；Wang et al.，2004；林清芳，2010）。钾转运体在钾吸收中具有重要作用，宋毓峰等（2014）在林烟草（*Nicotiana sylvestris*）中发现钾转运体基因响应低温、干旱等胁迫。$Na^+/H^+$ 反向转运蛋白是一种调控 $Na^+$、$H^+$跨膜转运的膜蛋白，原江锋等（2007）发现拟南芥（*A. thaliana*）通过抑制 *NHX1* 基因家族的表达来降低植物的耐旱性。伴侣蛋白 DnaJ 与热激蛋白起作用，王永芳等（2009）获得转 *DNAj* 基因小麦（*T. aestivum*），与对照相比，转基因小麦（*T. aestivum*）提高了自身的抗旱性。β-胡萝卜素羟化酶是植物类胡萝卜素合成代谢中的关键酶，研究表明 β-胡萝卜素羟化酶过量表达可提高植物的抗逆性（Tian et al.，2003）。植物谷胱甘肽-*S*-转移酶是一种参与多种细胞功能的蛋白质，先前研究表明植物谷胱甘肽-*S*-转移酶响应冷害、干旱、高盐和 ABA 等非生物胁迫（Xu et al.，2002）。胚胎晚期富集蛋白具有保护生物大分子，影响细胞代谢，维持细胞特定结构，作为渗透调节物质来缓解干旱等环境胁迫的作用（贾晋平，2006）。ACC 合酶是乙烯合成中的限速酶，能够催化 *S*-腺苷甲硫氨酸转化为乙烯直接前体 1-氨基环丙烷-1-羧酸，在植物遭遇逆境胁迫时（冷冻和干旱等）乙烯作为一种植物激素通过增加合成增加来影响信号的传导（Yang and Hoffman，1984）。转化酶是蔗糖代谢的关键酶，根据酶活性最适 pH 不同分为中性/碱性转化酶和酸性转化酶，牛俊奇等（2004）在甘蔗（*Saccharum officinarum*）中发现中性/碱性转化酶响应干旱和盐胁迫。12-*O*-植物二烯酸还原酶是茉莉酸生物合成即十八烷碳烯酸代谢途径中的一个关键酶，控制茉莉酸合成的最后步骤，有研究表明 *OPR* 在小麦（*T. aestivum*）中响应干旱胁迫上调表达（董蔚，2012）。ABCB 转运蛋白属于 ATP 结合框（ATP-binding cassette，ABC）蛋白 B 亚组蛋白，ABC 蛋白家族是已知最大的超家族之一。徐杏等（2012）发现 *ABCB* 基因响应干旱等非生物胁迫。$Na^+/H^+$反向转运蛋白属于阳离子/氢离子逆向转运蛋白。抗氧化物酶是植物响应逆境胁迫的重要保护酶，有大量抗氧化物酶基因被克隆研究（Amin，2010；程林梅等，2013）。甘露醇脱氢酶是植物体内合成甘露醇的关键酶，植物受到逆境胁迫时体内甘露醇脱氢酶含量增加（Conde et al.，2011）。

从本试验看出，在 GO 分类中，根部和叶部的分类结果一致。在细胞位置叶部各组差异基因主要在细胞、细胞成分、细胞膜、细胞膜成分、细胞器和细胞器成分类型所占比例较高；因为干旱胁迫的调节与很多细胞膜上的蛋白质有关，所以 GO 注释为细胞膜和细胞膜成分的基因可能也是响应干旱的基因。在分子功能方面各组差异基因主要在结合、催化活性、氧化还原酶、水解酶和转运蛋白活性类型所占比例较高；GO 注释为催化活性、氧化还原酶、水解酶和转运蛋白活性的基因也可能与胡杨响应干旱胁迫相关。在生物过程方面各组差异基因主要在生物调节、细胞过程、定位、定位确定、代谢过程和刺激响应类型所占比例较高；分布在刺激响应和代谢过程的基因可能与胡杨响应干旱胁迫有关。

GO 富集中叶部和根部在细胞位置和生物过程方面有明显的差异，推测可能与组织特异性有关。叶部差异基因在细胞位置方面在叶绿体和叶绿体成分方面显著性富集，这与生理指标叶绿素含量升高的趋势一致，干旱胁迫下植物为了降低水分的散失而关闭气孔，胞间 $CO_2$ 含量降低，植物通过增高叶绿素含量来维持接近正常的光合作用（朱广龙等，2013），叶部 GO 富集到叶绿体和叶绿体成分方面也从分子水平进一步验证了这一点。根部在细胞位置方面在细胞边缘和外部封闭结构方面富集，可能与胞外酶有关；而胞外酶在植物响应生物和非生物胁迫方面发挥重要角色（Oh et al.，2005；Dong et al.，2009）。叶部和根部在分子功能方面都在氧化还原酶和水解酶方面显著富集，可能与氧化还原酶保护系统和渗透调节物质的产生有关。叶部在生物过程方面主要在对有机物质的响应、对激素刺激的响应、对化学刺激的响应和对内源刺激的响应方面显著性富集，这与李田（2014）在绒毛白蜡（*Fraxinus velutina*）中结果一致，对这些刺激的响应可能是植物对胁迫响应的复杂调控网络的一部分。根部在生物过程方面主要在死亡、细胞死亡和程序性死亡等方面显著性富集，可能与根部离低水势较近，部分细胞受到损伤有关。

Pathway 富集分析，根部和叶部的富集路径基本一致，但又有一定的区别：叶部在植物病原菌互作通路富集数目较多；这与卢坤等（2015）在甘蓝型油菜（*Brassica napus*）中的结果一致，可能植物在对胁迫的响应具有共性的原因。而根部特异性在植物次生代谢物质生物合成方面富集基因数目较多，可能与渗透物质调节有关，比如次生代谢物质多酚类物质。多酚类物质对植物抵御极端干旱环境非常重要（刘松，2007）。两者都在植物激素信号转导通路富集较多的基因，表明植物激素信号转导对胡杨响应干旱胁迫至关重要。

### 5.4.2　胡杨抗旱候选基因的表达模式分析及功能预测

本试验研究了 15 个基因包括转录因子、水通道蛋白、胚胎晚期细胞和 PP2C 等基因在干旱胁迫不同时间点和不同组织的表达，结果表明每个基因在胁迫下的表达模式不完全一样，说明胡杨响应干旱胁迫通过调节不同的基因的不同的表达模式来保证自身正常的生长和发育。

在被检测的 15 个基因中，有 10 个基因相对于对照组上调表达，但是有不同的上调模式，*PeMTD*、*PeOPR*、*PeAP2*、*Pe866*、*PeZnF1* 和 *PeZnF2* 基因持续上调表达；*PeMYB*、*PeLEA* 和 *PePP2C* 基因先上调后下调；*Pe*9078 基因在叶中持续上调，在根中先上调后下调。另 5 个基因相对于对照组下调表达，*PeLRR1*、*PeZnF3*、*PeWRKY1* 和 *PeWRKY2* 在叶中持续下调表达，在根中先下调再上调；而 *PeAQU* 均持续下调表达。不同的转录因子有的上调表达有的下调表达可能是因为干旱胁迫下转录水平调控存在差异。

关于基因表达模式的研究报道很多，可以按照研究时间单位划分为 2 类：①以天为研究单位，如 1 天、3 天等，主要研究基因长时间的表达变化，可称为长期大尺度研究；②以小时为单位，研究基因短时间内的表达变化，可称为短期小尺度研究。基因表达模式各种各样，各种研究方式都存在。本实验以小时为单位，研究胁迫下短时间内基因的表达变化情况。用半定量和荧光检测筛选出的 15 个抗旱候选基因，半定量 PCR 结果及 qRT-PCR 结果与转录组结果基本一致，表明转录组测序结果整体上可靠，同时也说明这些基因响应干旱胁迫。

根据表达模式验证结果和理化性质的预测结果，筛选出上调抗旱相关基因 *Pe866*、*Pe9078*、*PeLEA*、*PeOPR*、*PeMTD*、*PeZnF1*、*PeZnF2* 和 *PeMYB* 等，这些基因包括转录因子、晚期胚胎发生丰富蛋白和甘露醇脱氢酶等。*LEA*、*OPR*、*MTD*、锌指蛋白和 *MYB* 等在其他植物已验证为抗旱基因（贾晋平，2006；Zhang et al.，2012；张伟溪等，2014；董蔚，2012；Conde et al.，2011）；*Pe866* 和 *Pe9078* 基因尚未见到有文章报道为抗旱基因。这些基因或具有特定功能域或具有跨膜结构或信号肽剪切位点或预测结果为稳定蛋白，可作为下一步克隆的抗旱候选基因。

## 参 考 文 献

程林梅, 孙毅, 张丽君, 等. 2013. 转抗坏血酸过氧化物酶基因(*APX*)菊苣抗旱相关生理特性. 西北植物学报, 22(5): 124-130.

董蔚. 2012. 小麦十八碳烷酸合成途径基因的逆境胁迫应答研究. 山东大学博士学位论文.

郭鹏, 张士刚, 邢鑫, 等. 2015. 欧美杨 *PdPP2C* 基因的克隆与功能分析. 北京林业大学学报, 37(2): 100-106.

贾晋平. 2006 玉米全长 cDNA 文库的构建及生物信息学分析. 中国农业大学博士学位论文.

李田. 2014. 绒毛白蜡表达谱分析及 MYB 基因的克隆和功能研究. 山东师范大学博士学位论文.

林清芳. 2010. 蒙古沙冬青干旱诱导表达 SMART cDNA 文库的构建及序列分析. 内蒙古农业大学硕士学位论文.

刘松. 2007. 极端干旱环境下植物体内多酚类物质含量及其对逆境环境的响应研究. 北京林业

大学博士学位论文.
刘文文. 2013. bHLH122 提高植物抗逆能力的分子机制初探. 中国农业科学院硕士学位论文.
娄成后, 王学臣. 2001. 作物产量形成的生理学基础. 北京: 中国农业出版社: 189-196.
卢坤, 张琳, 曲存民, 等. 2015. 利用 RNA-Seq 鉴定甘蓝型油菜叶片干旱胁迫应答基因. 中国农业科学, 48(4): 630-645.
牛俊奇, 王爱勤, 黄静丽, 等. 甘蔗中性/碱性转化酶基因 *SoNINI* 的克隆和表达分析. 作物学报, 2014, 40(2): 253-263.
宋毓峰, 董连红, 勒义荣, 等. 2014. 林烟草 KUP/HAK/KT 钾转运体基因 NsHAK11 的亚细胞定位与表达. 中国农业科学, 47(6): 1058-1071.
王永芳, 张军, 崔润丽, 等. 2009. 利用花粉管通道转化谷子 *DNAj* 基因获得转基因小麦. 华北农学报, 24(2): 17-21.
徐杏, 邱杰, 徐扬, 等. 2012. 水稻 ABCB 转运蛋白基因的分子进化和表达分析. 中国水稻科学, 26(2): 127-136.
严东辉. 2013. 胡杨基因干旱响应转录组及 NF-YB 基因表达谱. 北京林业大学博士学位论文.
玉山江·麦麦提. 2012. 水稻 HD-ZIP 转录因子 *Oshox4*, *Oshox6* 和 *IPT* 基因在水稻中的表达及其抗旱功能研究. 中国农业科学院博士学位论文.
原江锋, 杨建雄, 俞嘉宁, 等. 2007. 利用 RNAi 技术抑制拟南芥 NHX1 基因家族的表达. 西北植物学报, 27(9): 1735-1741.
张伟溪, 刘涔洋, 丁昌俊, 等. 2014. 欧美杨锌指蛋白转录因子基因(*ZxZF*)的遗传转化及抗旱性初步分析. 林业科学, 50(3): 31-37.
朱广龙, 韩蕾, 陈婧, 等. 2013. 酸枣生理生化特性对干旱胁迫的响应. 中国野生植物资源, 32(1): 33-37.
Abe H, Yamaguchi-Shinozaki K, Urao T, et al. 1997. Role of *Arabidopsis* MYC and MYB homologs in drought-and abscisic acid-regulated gene expression. Plant Cell, (10): 1859-1868.
Amin M A. 2010. Role of dissolved oxygen reduction in improvement inhibition performance of ascorbic acid during copper corrosion in 0. 50mol/l sulphuric acid. Chinese Chemical Letters, 21(3): 341-345.
Conde A, Silva P, Agasse A, et al. 2011. Mannitol transport and mannitol dehydrogenase activities are coordinated in *Olea europaea* under salt and osmotic stresses. Plant and Cell Physiology, 52(10): 1766-1775.
Dong S L, Bo K K, Sun J K, et al. 2009. *Arabidopsis* GDSL lipase 2 plays a role in pathogen defense via negative regulation of auxin signaling. Biochemical and Biophysical Research Communications, 379(4): 1038-1042.
Jiao P P, Wu Z H, Wang X. et al. 2020. Short-term transcriptomic responses of *Populus euphratica* roots and leaves to drought stress. Journal of forestry research, DOI: g/10.1007/s11676-020-01123-9.
Kasuga M, Liu Q, Miura S, et al. 1999. Improving plant drought, salt, and freezing tolerance by gene transfer of a single stress-inducible transcription factor. Nat Biotech, 17(3): 287-291.
Lu P L, Chen N Z, An R, et al. 2007. A novel drought-inducible gene, *ATAF1*, encodes a NAC family protein that negatively regulates the expression of stress-responsive genes in *Arabidopsis*. Plant Molecular Biology, 63(2): 289-305.
Oh I S, Park A R, Bae M S, et al. 2005. Secretome Analysis Reveals an *Arabidopsis Lipase* Involved in Defense against *Alternaria brassicicola*. Plant Cell, 17(10): 2832-2847.

Peng H, Cheng H Y, Chen C. 2009. A NAC transcription factor gene of Chickpea (*Cicer arietinum*), Car NAC3, is involved in drought stress response and various developmental processes. Journal of Plant Physiology, 166(17): 1934-1945.

Tian L, Magallanes L M, Musetti V, et al. 2003. Functional analysis of beta- and epsilon-ring carotrnpid hydroxylases in *Arabidopsis*. Plant Cell, 15(6): 1320-1332.

Tonoike H, Han I S, Jongewaard I, et al. 1994. Hytocotyl expression and light down regulation of the soybean tubulin gene, *tubB1*. Plant Journal, 5(3): 343-351.

Tripathi P, Rabara R C, Rushton P J. 2014. A systems biology perspective on the role WRKY transcription factors in drought responses in plants. Planta, 239(2): 255-266.

Uno Y, Furihata T, Abe H, et al. 2000. *Arabidopsis* basic leucine zipper transcription factors involved in an abscisic acid-dependent signal transduction pathway under drought and high-salinity conditions. Proceedings of the National Academy of Sciences, 97(21): 11632-11637.

Wang W, Vinocur B, Shoseyov O, et al. 2004. Role of plant heat-shock proteins and molecular chaperones in the abiotic stress response. Trends in Plant Science, 9(5): 244-252.

Wang Z, Zhu Y, Wang L, et al. 2009. A WRKY transcription factor participates in dehydration tolerance in *Boea hygrometrica* by binding to the W-box elements of the galactinol synthase(*BhGolS1*)promoter. Planta, 230(6): 1155-1166.

Wei Z T, Liang D W, Bian X H, et al. 2019. GmWRKY54 improves drought tolerance through activating genes in ABA and $Ca^{2+}$ signaling pathways in transgenic soybean. The Plant Journal, 100(2): 384-398.

Xiang Y, Tang N I, Du H, et al. 2008. Characterization of *OsbZIP23* as a key player of the basic leucine zipper transcription factor family for conferring abscisic acid sensitivity and salinity and drought tolerance in Rice. Plant Physiol, 148(4): 1938-1952.

Xu F, Lagudah E S, Moose S P, et al. 2002. Tandemly duplicated safener-induced glutathione S-transferase genes from *Triticum Tauschii* contribute to genome and organ-specific expression in hexaploid wheat. Plant Physiol, 130(1): 362-373.

Yang S F, Hoffman N E. 1984. Ethylene biosynthesis and its regulation in higher plants. Annual Review of Plant Physiology, 35(1): 155-189.

Zhang Z Y, Liu X, Wang X D, et al. 2012. An R2R3 MYB transcription factor in wheat, *TaPIMP1*, mediates host resistance to *Bipolaris sorokiniana* and drought stresses through regulation of defense- and stress-related genes. New Phytologist, 196(4): 1155-1170.

# 第6章　胡杨抗旱相关基因的克隆及功能验证

前文述及胡杨不仅被称为活化石，具有重要的进化研究价值，还因为其生长环境恶劣，被认为在长期的环境适应过程中形成了应对诸如盐碱、干旱等逆境胁迫的能力，因此具有重要的抗逆性研究价值，对其基因资源的研究发掘工作日益增加。

由于胡杨可以在200mmol/L的NaCl条件下生长，在浓度达到400mmol/L时也能存活，所以胡杨的耐盐性是研究较早且较深入的特性之一。研究表明胡杨可以通过将盐离子隔离到质外体和液泡中来平衡胞质中钠离子的摄取，从而在细胞中维持一个有利的 $Na^+/K^+$的平衡。前期的研究表明胡杨的许多基因都参与了该过程的调控。在离子运输过程中起到重要作用的 $Na^+/H^+$逆向运输蛋白，如SOS1、NHD2和NaHD1；还有质子泵，如细胞膜 $H^+$-ATPase，定位于液泡膜的 $H^+$-ATPase等都会在盐胁迫下表现出表达量上调。与盐敏感毛果杨相比较，$H^+$-ATPase和HKT基因家族在胡杨的基因组中发生了物种特异性扩张，保留有更多的拷贝。这些基因家族的扩张和离子转运蛋白功能的增强对胡杨耐盐性的提高起到了至关重要的作用。

胡杨不仅表现出较强的耐盐性，同时也表现出较强的抗旱能力。北京林业大学尹伟伦老师课题组对胡杨在干旱胁迫后的转录组数据进行了深入分析，发现在表达丰度上有显著变化的基因来自AP2/EREPB、bZIP、NAC、NF-Y、WRKY、MYB和Homeobox等转录因子家族的成员；以及小分子的热激蛋白、HSP70和HSP90等家族中的成员。通过对不同干旱强度处理的胡杨转录表达数据分析，发现胡杨能根据感受的不同干旱程度激活相应的响应调节途径，其中有1938个转录因子表现出干旱强度的特异性应答。

书作者李志军课题组通过质量分数为25%的PEG6000溶液模拟干旱处理胡杨幼苗，在不同的处理时间点取样进行转录组测序分析，发现*PeGRDL*、*PeDRP*、*PeMTD*在干旱处理后其表达量显著上调。其中*PeGRDL*基因编码类葡萄糖和核糖醇脱氢酶（glucose and ribitol dehydrogenase-like，GRDL）。干旱胁迫处理4h和12h后，*PeGRDL*基因在胡杨幼苗根部、叶部持续上调表达（王旭，2016）。目前，鲜有关于*GRDL*的相关报道，*PeGRDL*基因是否具有提高胡杨耐旱的功能有待进一步研究。

胡杨*PeDRP*基因编码干燥相关蛋白（desiccation-related protein，DRP）。干旱胁迫处理4h和12h后，*PeDRP*基因在胡杨幼苗叶部持续上调表达，在根部表达量先上调后下调。对*PeDRP*进行功能预测，结果显示其具有跨膜结构域和信号肽

（王旭，2016）；目前，少有关于DRP类蛋白在植物抗旱中的报道，其具体的功能未知。因此探究*PeDRP*基因是否作为重要因子在胡杨的抗逆过程中起作用，可丰富胡杨的抗逆性研究，并为DRP类蛋白研究提供参考。

胡杨*PeMTD*基因编码甘露醇脱氢酶（mannitol dehydrogenase，MTD）。在干旱胁迫处理4h和12h后，*PeMTD*基因在胡杨幼苗根部、叶部上调表达（王旭，2016）；甘露醇脱氢酶广泛存在于细菌、真菌及植物中，并有报道MTD在植物（如芹菜）中可以一定程度提高植物耐旱性，*PeMTD*基因在胡杨中的功能未知。因此探索*PeMTD*在胡杨耐旱中的作用对于丰富胡杨耐旱机制的研究有重要意义。

## 6.1 实验材料

### 6.1.1 植物材料

胡杨种子采自新疆阿拉尔市塔里木大学，将胡杨种子在营养钵（营养土：蛭石=2：1）中发芽，培养至4～6片真叶，轻轻取出幼苗，小心去掉根部的土壤，在1/2 Hogland营养液中缓苗3天，再用质量分数为25%的PEG6000溶液处理4h，用TAKARA的植物RNA提取试剂盒提取胡杨叶器官的总RNA，利用Invitrogen的反转录试剂盒反转录获得cDNA保存备用。

### 6.1.2 载体与菌株

本节用到的大肠杆菌菌株为克隆菌株Trans1-T1，克隆载体为pEASY-Blunt；用于酵母转化的酵母菌株BY4741和酵母表达载体pYES2/CT由中国农业大学刘西莉老师课题组馈赠。

### 6.1.3 试剂盒

胡杨样品的总RNA提取用TAKARA的植物RNA提取试剂盒，按照试剂盒中所提供的步骤完成。

RNA反转录试剂盒为Invitrogen公司生产，RNA的逆转录按照试剂盒说明书进行。

PCR产物纯化试剂盒为北京全式金生物技术有限公司EasyPure PCR Purification Kit，按试剂盒中所提供步骤完成。

质粒提取试剂盒为Promega公司的SV Total RNA Isolation System和北京全式金生物技术有限公司的EasyPure Plasmid Mini Prep Kit，按试剂盒中所提供步骤稍作修改完成。

# 6.2 研究方法

## 6.2.1 胡杨 *PeGRDL*、*PeDRP* 和 *PeMTD* 基因的克隆

根据转录组测序信息设计胡杨 *PeGRDL*、*PeDRP* 和 *PeMTD* 基因特异性引物（表 6-1）。PCR 反应体系见表 6-2。

**表 6-1　扩增 *PeGRDL* 基因编码区（coding sequence，CDS）所用引物**

| 目的基因 | 上游引物 | 下游引物 |
| --- | --- | --- |
| *PeGRDL* | CGAAGCTTATGGAAGAACAAAGAAAACCTC | CCCTCGAGACCATTTATAATCGTACCCCCAT |
| *PeDRP* | CGAAGCTTATGGCTACTCTTTATTTCTTCTC | CCCTCGAGAACCTTATCGAGAAAACTCCTTG |
| *PeMTD* | CCAAGCTTATGGCAGAAAAAATCTTACGAGG | TTGAATTCAATCTTCATTGTGTTGCCG |

**表 6-2　PCR 反应体系**

| 总体系 | $ddH_2O$ | PFU Mix | F | R | cDNA |
| --- | --- | --- | --- | --- | --- |
| 50μl | 21μl | 25μl | 1μl | 1μl | 2μl |

注：F.上游引物；R.下游引物

PCR 反应程序：94℃，预变性 5min；94℃变性 20s，55℃退火 20s，延伸 30s，33 个循环；最后 72℃延伸 7min，10℃结束反应。阴性对照不加模板，以 $ddH_2O$ 代替，PCR 反应结束后使用 1%琼脂糖凝胶电泳检测。

## 6.2.2 PCR 产物纯化

按照北京全式金生物技术有限公司 EasyPure PCR Purification Kit 说明书进行，具体操作步骤如下所述。

1）取 70μl PCR 产物，加入 350 倍体积 Binding Buffer，混匀后加入离心柱中静置 1min，10 000r/min 离心 1min，弃流出液。

2）加入 650μl Wash Buffer，10 000r/min 离心 1min，弃流出液。

3）10 000r/min 离心 2min，去除残留的 Wash Buffer。

4）将离心柱置于新的 1.5ml 离心管中，在柱的中央加入 40μl $ddH_2O$（$ddH_2O$ 提前 65℃预热），室温静置 1min，10 000r/min 离心 1min 洗脱 DNA，–20℃保存。

## 6.2.3 PCR 产物连接 pEASY-Blunt 载体

加入PCR纯化产物3μl，pEASY-Blunt Cloning Vector 1μl，轻轻混合，室温（25～

28℃）反应 10min，反应结束后，将离心管置于冰上。

### 6.2.4 大肠杆菌转化

具体步骤如下所述。

1）加连接产物于 50μl Trans1-T1 感受态细胞中，轻弹混匀，冰浴 30min。

2）42℃水浴热激 40s，立即置于冰上 2min。

3）加 400μl 平衡至室温的 LB 培养基，200r/min，37℃摇培 1h。

4）取 8μl 500mmol/L IPTG 和 40μl 20mg/ml X-gal，均匀地涂在含有 Amp 抗性（50mg/L）的 LB 平板上，37℃培养箱中放置 30min。

5）待 IPTG 和 X-gal 被吸收后，4000r/min 离心菌液 1min，弃去上清 200μl，混匀后取 100μl 菌液均匀地涂在含有 Amp 抗性（50mg/L）的 LB 平板上，37℃培养箱中培养 14～16h。

### 6.2.5 检测阳性克隆

挑取蓝白斑筛选后的白色单克隆于 10μl 无菌水中，吹吸混匀取 1μl 进行菌液 PCR，M13 Forward Primer 和 M13 Reverse Primer 分别为上下游引物（表 6-3）。

**表 6-3 M13 引物序列**

| 引物名称 | 上游引物 | 下游引物 |
| --- | --- | --- |
| M 13 | TGTAAAAGGACGGCCAGT | CAGGAAACAGCTATGACC |

PCR 反应体系如表 6-4 所示，反应程序如下：94℃，10min；94℃ 30s，55℃ 30s，72℃ 1min，30 个循环；72℃ 10min；10℃保存。

**表 6-4 PCR 反应体系**

| 总体系 | $ddH_2O$ | 10×Buffer | dNTP | *rTaq* 酶 | F | R | cDNA |
| --- | --- | --- | --- | --- | --- | --- | --- |
| 25μl | 17.2μl | 2.5μl | 2μl | 0.3μl | 1μl | 1μl | 1μl |

注：F. 上游引物；R. 下游引物

### 6.2.6 质粒提取

从 6.2.5 节中的 10μl 的菌液中吸取 6μl 加至 5ml 的 LB 液体培养基（含 50mg/L Amp）中，200r/min，37℃摇培 10h，菌液质粒提取试剂盒为 EasyPure Plasmid MiniPrep Kit，具体操作步骤如下所述。

1）取培养 10h 的菌液，10 000r/min 离心 1min，去上清。

2）加入 250μl RB（含 RNaseA），振荡悬浮细菌沉淀，使不留有小的菌块。

3）加入 250μl LB，温和地上下翻转混合 6 次，静置反应 4min，形成蓝色透亮的溶液。

4）加入黄色液体 NB，轻轻混合 6 次，直至形成紧实的黄色凝集块，室温静置 2min。

5）12 000r/min 离心 5min，小心吸取上清加入离心柱中，12 000r/min 离心 1min，弃流出液。

6）加入 650μl 溶液 WB，12 000r/min 离心 1min，弃去流出液。

7）12 000r/min 离心 2min，彻底去除残留的 WB。

8）将离心柱置于一干净的离心管中，在柱的中央加入 30～50μl $ddH_2O$（$ddH_2O$ 65℃预热），室温静置 1min。

9）10 000r/min 离心 1min，洗脱 DNA，于–20℃保存。

10）检测提取出质粒的浓度，质粒浓度需大于 100ng/μl，将提取的质粒测序鉴定。

### 6.2.7　胡杨 *PeGRDL*、*PeDRP* 和 *PeMTD* 基因的测序验证

对测序后拼接所得序列采用 DNAMAN 进行序列比对，找出准确的目的基因序列，用于后续试验；对克隆的目的基因进行氨基酸序列分析，与 NCBI 中胡杨序列进行比对，在 SGD（*Saccharomyces* genome database）中检索酿酒酵母 BY4741 中与目的基因氨基酸相近序列。

### 6.2.8　*PeGRDL*、*PeDRP* 和 *PeMTD* 基因-酵母 pYES2/CT 重组表达载体的构建

以 *PeGRDL* 基因为例，采用如下步骤构建重组载体，*PeDRP*-和 *PeMTD*-酵母重组载体的构建方法同 *PeGRDL* 基因。

#### 6.2.8.1　质粒双酶切

以含有 *PeGRDL* 基因的克隆载体及酵母表达载体 pYES2/CT 为模板进行双酶切。调整反应体系中质粒浓度为 500μg/ng，双酶切体系如表 6-5 所示，37℃反应 5h。

表 6-5　双酶切反应体系

| 反应物 | 体积 |
|---|---|
| *Hind*Ⅲ | 1μl |
| *Xho* Ⅰ | 1μl |
| 10 × M Buffer | 2μl |
| 质粒 | 500μg/ng |
| $ddH_2O$ | 补至 20μl |

#### 6.2.8.2 酶切产物回收

将 20μl 酶切产物在浓度为 1%的琼脂糖凝胶中进行电泳分离（提前将泳槽中换置新的 1×TAE 缓冲液），回收目的片段，具体操作步骤如下所述。

1）切取琼脂糖凝胶中的目的 DNA 条带，放入干净的离心管中称重，如凝胶重 100mg，可视为 100μl，以此类推。

2）加入 3 倍体积溶液 GSB，于 55℃水浴溶胶 10min，2min 混合一次，确保较快完全融化，当胶完全融化后，加入 1 倍体积异丙醇于已融化的凝胶溶液中。

3）待融化的凝胶溶液降至室温，将其加入离心柱中静置 1min，10 000r/min 离心 1min，弃流出液。

4）加入 650μl WB，10 000r/min 离心 1min，弃流出液。

5）10 000r/min 离心 2min，去除残留的 WB。

6）将离心柱置于一干净的离心管中，开盖静置 1min，在柱的中央加入 40μl $ddH_2O$（$ddH_2O$ 65℃预热）。

7）10 000r/min 离心 1min，洗脱 DNA 于–20℃保存。

#### 6.2.8.3 连接

将切胶回收的 *PeGRDL* 片段用 T4 DNA Ligase 连接在 pYES2/CT 质粒上，质粒连接流程如图 6-1 所示，22℃，反应 2h，连接反应体系如表 6-6 所示。

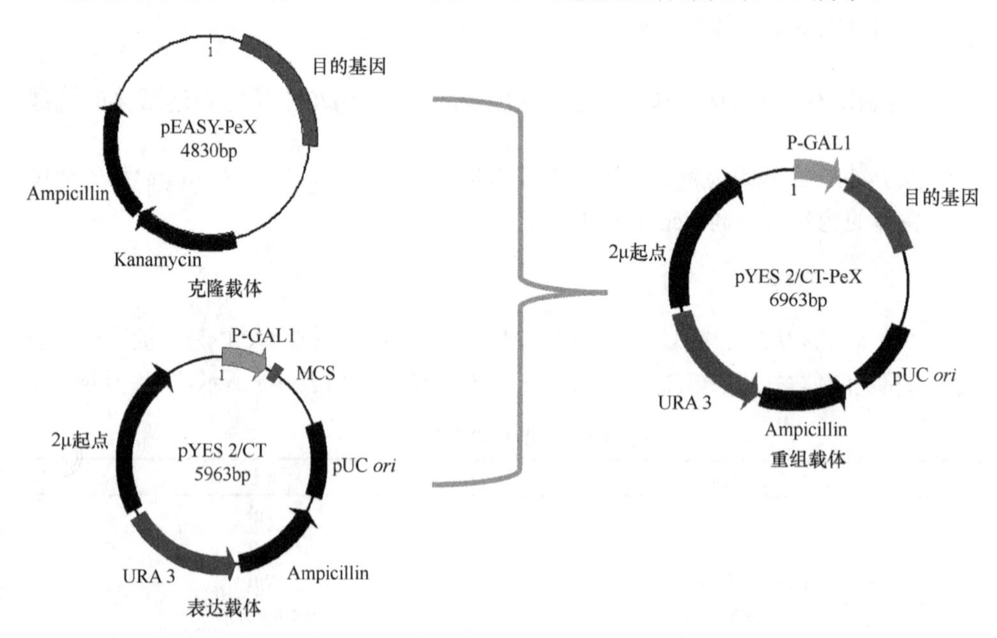


图 6-1 重组质粒 pYES2/CT-PeX 构建图（彩图请扫封底二维码）

表 6-6　酶切产物连接反应体系

| 组分 | 体积/μl |
| --- | --- |
| 小片段 | 6.5 |
| 大片段 | 1.5 |
| T4 DNA Ligase | 1 |
| T4 DNA Ligase Buffer | 1 |

#### 6.2.8.4　胡杨 *PeGRDL* 基因转化大肠杆菌鉴定

将重组质粒转化大肠杆菌，进行菌液 PCR 测序鉴定，所用引物为如表 6-7 所示，提取质粒，进行双酶切验证。

表 6-7　质粒 pYES2/CT 通用引物序列

| 引物名称 | 引物序列 |
| --- | --- |
| GAL1-F | AATATACCTCTATACTTTAACGTC |
| CYC1-R | GCGTGAATGTAAGCGTGAC |

#### 6.2.8.5　重组质粒转化酵母 BY4741

提取含目的基因质粒，用醋酸锂法转化酵母（王旭，2016），以适用于 6 次转化为参考，具体步骤如下所述。

1）挑取适量酵母菌落接种于 5ml 液体 YPD，200r/min，30℃摇培 12h。

2）第二天，调节培养物以终浓度 $OD_{600}$=0.2 接种到含有 30ml YPD 培养液的锥形瓶中。

3）30℃，200r/min 振荡培养至 $OD_{600}$=1.0，通常需要 3～5h。

4）用 50ml 无菌离心管把培养物以 6000r/min 离心 30s，收获细胞。

5）10ml 0.1mol/L 醋酸锂（9ml $ddH_2O$ + 1ml 1mol/L 醋酸锂）洗一遍，6000r/min 离心 30s 并进行收集。

6）弃上清，重悬细胞于 15ml 超纯水中，6000r/min 离心 30s，尽可能吸走上清，留待后续。

7）将 80μl 担体载体 DNA 样品煮沸 5min，立刻插在冰水混合物中冷却。

8）将上述细胞沉淀重悬在 300μl 超纯水中，取 50μl 样品加到 1.5ml 离心管中，离心沉淀细胞，尽可能吸走上清。

9）基本“转化混合液”由下列成分组成，按顺序加入。

| 反应物 | 体积/μl |
|---|---|
| $ddH_2O$ | 74–*x* |
| PEG（50% *m*/*V*） | 240 |
| 1.0mol/L 醋酸锂 | 36 |
| 鲑鱼精担体 DNA（10mg/mL） | 10 |
| 质粒（0.1～1μg） | *x* |

10）剧烈振荡每个反应管直到完全混匀，需 1min 左右，冰上放置 5min。

11）在 42℃水浴中热激 40min。

12）以 6000r/min 离心 30s，吸走转化混合液。

13）加入 100μl YPD 培养基重悬细胞，涂选择性平板 SD（-Ura）。

14）在 30℃培养 3 天，在选择性平板上挑取单克隆。

#### 6.2.8.6 酵母质粒的提取

挑取单克隆于 5ml YPD 培养基摇培 12h，提取质粒（此步骤结合 SV Total RNA Isolation System 和 EasyPure Plasmid Mini Prep Kit 共同进行），具体步骤如下所述。

1）取 1ml 培养物，13 000r/min 离心 2min。

2）将沉淀重悬在 100μl 下列溶液中：1mol/L 山梨醇，0.1% β-巯基乙醇，50 单位 RNA lyticase。

3）30℃孵育 30min，溶液看起来清亮。

4）加入 25μl LB，温和地上下翻转混合 6 次，静置反应 4.5min，形成蓝色透亮的溶液。

5）加入 NB，轻轻混合 6 次，直至形成紧实的黄色凝集块，室温静置 2min。

6）12 000r/min 离心 5min，小心吸取上清加入离心柱中，12 000r/min 离心 1min，弃流出液。

7）加入 650μl 溶液 WB，12 000r/min 离心 1min，弃去流出液。

8）12 000r/min 离心 2min，彻底去除残留的 WB。

9）将离心柱置于干净的离心管中，在柱的中央加入 40μl $ddH_2O$（$ddH_2O$ 65℃预热），室温静置 1min。

10）10 000r/min 离心 1min，洗脱 DNA，于–20℃保存。

#### 6.2.8.7 转化子鉴定

将提取的质粒进行 PCR 鉴定（PCR 反应程序同 6.2.5 节），进行 1%琼脂糖凝胶电泳。

#### 6.2.8.8 转空载体 pYES2/CT 酵母菌耐旱耐盐条件筛选

挑取适量转化空载体 pYES2/CT 的酵母于液体 SD 培养基中过夜摇培，第二

日稀释菌液 $OD_{600}$=0.2 于盐旱胁迫处理的液体 SD，培养 60h，测定酵母的 $OD_{600}$ 条件下生长曲线，每 1h 测定一次数据。干旱处理为质量分数 2.5%、5%、7.5%、10%、12.5%、15% PEG6000 的 SD 液体培养基，盐处理为质量分数为 0.43mol/L、0.86mol/L、1.29mol/L、1.72mol/L、2.15mol/L、2.58mol/L NaCl 的 SD 液体培养基。

#### 6.2.8.9　转化子在盐旱胁迫下生长状况

选取适合的盐旱浓度，测定转基因酵母的生长曲线，步骤同 6.2.8.8 节；同时调节菌液 $OD_{600}$=1.0，稀释 1000 倍，分别用移液枪吸取 10μl 菌液于含 7.5% PEG6000、0.86mol/L NaCl 和 1.29mol/L NaCl 的 SD 固体培养基中，5μl 菌液于 10% PEG6000 的 SD 固体培养基，培养 3 天，观察菌落形态。

## 6.3　实 验 结 果

### 6.3.1　胡杨 *PeGRDL* 基因的克隆及功能分析

#### 6.3.1.1　胡杨 *PeGRDL* 基因的克隆

（1）特异性引物扩增

设计特异性引物，通过 PCR 的方法获得 *PeGRDL* 基因 CDS 区（图 6-2），试验结果显示扩增条带单一，无非特异扩增产物。

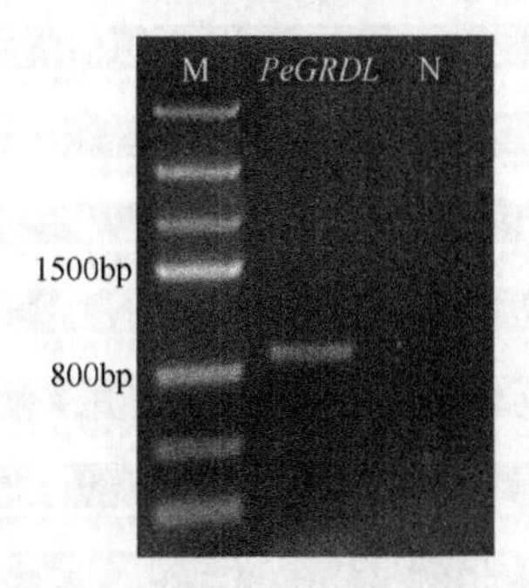


图 6-2　胡杨 *PeGRDL* 基因 CDS 区片段

M. Marker Ⅲ；N. 阴性对照

（2）胡杨 *PeGRDL* 测序分析

将胡杨 *PeGRDL* 基因构建到 pEASY-Blunt 克隆载体上，进行测序分析，*PeGRDL* 基因 CDS 区全长为 885bp（不含终止密码子，图 6-3），编码 295 个氨基酸（图 6-4），*PeGRDL* 基因与 NCBI 中胡杨全基因组序列比对，核酸相似度为 99.77%（图 6-5），氨基酸相似度为 100%（图 6-6），*PeGRDL* 基因与酿酒酵母 BY4741

```
  1  ATGGAAGAAC AAAGAAAACC TCAGTTTCCA CCACAGACTC AACCTCAGCA ACCAGGTAAA
 61  GAATATGTCA TGTGCCCACT TCCGCTAGCC ATAAACCCTG ACTACAAGCC TTCCGAAAAA
121  CTCAACGGAA AGGTAGCTCT GGTGACTGGA GGGGATTCGG GGATAGGAAG ATCTGTATGC
181  TACCATTTTG CATTAGAGGG TGCAACTGTG GCCTTTACAT ATGTACAAGG CATTGAGGAC
241  AGAGACAAGG ATGACACCCT AAAGATGCTA CTGAAGGCTA AGTCAAGCGA TGCAGATGAT
301  CCAATTGCCA TAGCTACTGA TGTTTCATCA GAAGAAGATT GCAAGAGGGT TGTCGAACAA
361  GTTGCGAGTA AATATGGGCG GATTGATATT TTGGTCAACA ATGCTGGCGT ACAGCATTAT
421  ACCAACTTGG TAGAAGAGAT TACTGAGGAC TGGCTGGTGA GGCTGTTCAG AACCAACATA
481  TTTGGTTGTT TCTTCATGAC CAAGCATTCA TTAAAGCACA TGAAAGAAGG AAGTTGTATA
541  ATCAACACAA CATCTGTTAC TGCTTATGCT GGCTCCCCTC ACCAATTACT AGACTATTTG
601  TCTACCAAGG GATCGATTGT TTCCTTCACT AGGGGATTGG CTCTAAGACT TGTGGATAAA
661  GGAATTCGTG TCAATGGTGT GGCTCCAGGT CCGATCTGGA CGCCACTGCA ACCCGCATCT
721  CTGCCTGCAT ACGAGGTAGA ATACTTGGGG TCTGACGTGC CGATGAGAAG AGCAGGACAG
781  CCTTACGAAA TGGCACCTTC TTACGTCTTC CTGGCTTCCA ATCAGTGCTC GTCTTACATG
841  ACTGGCCAAG TTCTTCATCC TAATGGGGGT ACGATTATAA ATGGT
```

图 6-3　*PeGRDL* 基因 CDS 区序列

```
  1  MATLYFFSTL VLTIVVSVPI NVLGSAYCGP VEANDKDLIQ FPLNLEFLEA ELFLNGALGH
 61  GLDAIEPGFA AGGPPPIGAL KANLDPVTRR IIEEFGYQEV GHLRAIITTV GGIPRPLYDL
121  SPEAFAQLFD KAVGYKLNPP FNPYSNTVNY LLASYAIPYV GLVGYVGTIP YLANYTSRRL
181  VASLLGVESG QDAVIRTLLY EKADEKVLPY NITVAEFTNA ISCLRNELAM CGIRDEGLIV
241  PLHLGAENRT ESNILSADTN SLSYARTQQQ ILRIIYGTGS EYRPGGFLPR GGNGKIARSF
301  LDKV
```

图 6-4　*PeGRDL* 编码蛋白质的氨基酸序列

图 6-5　克隆胡杨 *PeGRDL* 基因与 NCBI 中 *PeGRDL* 基因比对（彩图请扫封底二维码）

PeGRDL-Ref. NCBI 中胡杨 *PeGRDL* 参考基因

基因组进行比对，没有比对出相似序列，目的基因编码蛋白质的氨基酸序列与酿酒酵母 BY4741 中的氨基酸序列相似度为 24.75%（图 6-7），比对结果显示相似氨基酸序列非 PeGRDL 的同源蛋白，功能注释未表明与酵母耐旱、耐盐相关，且相似度较低，初步说明将 *PeGRDL* 转化酵母研究 *PeGRDL* 基因功能具有可行性。

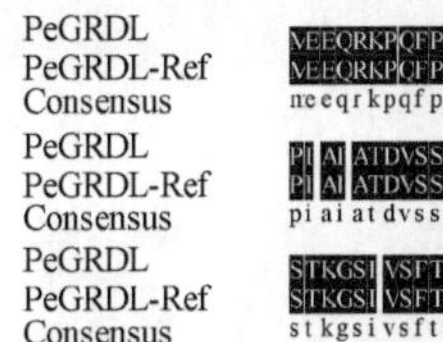

图 6-6　*PeGRDL* 氨基酸序列与 NCBI 中胡杨氨基酸序列比对（彩图请扫封底二维码）

PeGRDL-Ref. NCBI 中胡杨 *PeGRDL* 参考序列

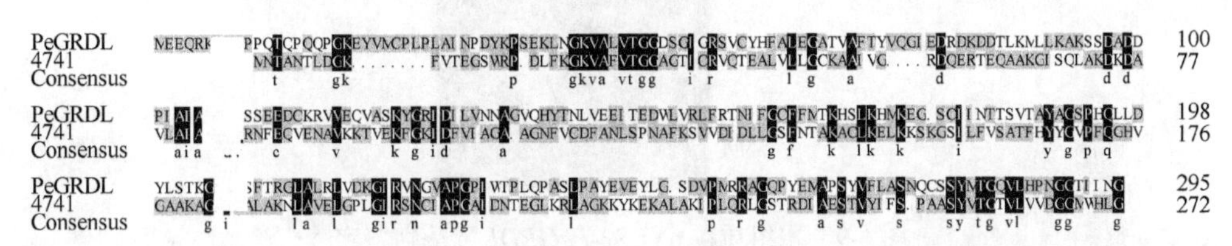


图 6-7　*PeGRDL* 与酵母 BY4741 基因组氨基酸序列比对（彩图请扫封底二维码）

4741 为酵母 BY4741 中与 PeGRDL-C 相近氨基酸序列

### 6.3.1.2　胡杨 *PeGRDL* 基因的酵母遗传转化

（1）质粒双酶切

将重组的克隆载体及酵母表达载体 pYES2/CT 进行双酶切，均能获得符合预期大小的条带（图 6-8）。

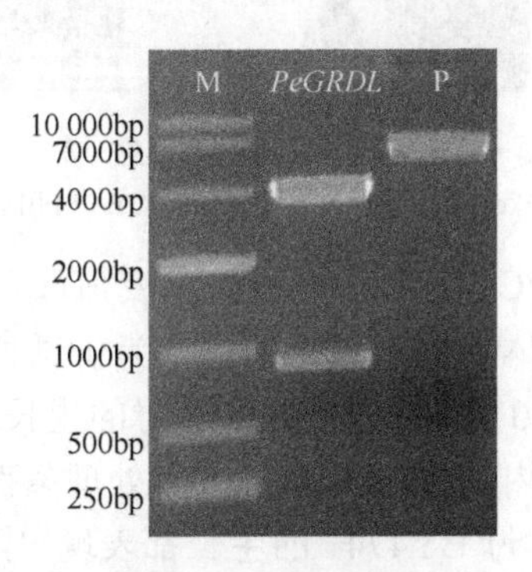


图 6-8　质粒双酶切

M. Marker；P. 质粒 pYES2/CT

（2）重组质粒双酶切结果

将胡杨 *PeGRDL* 基因连接于表达载体 pYES2/CT 的重组质粒进行双酶切，均可以切出目的片段大小的条带（图 6-9），与测序结果一致。

（3）酵母质粒提取

提取酵母转化子质粒并进行 PCR 扩增，试验结果显示可扩增出目的条带大小（图 6-10），测序验证序列正确，可用于后续试验。

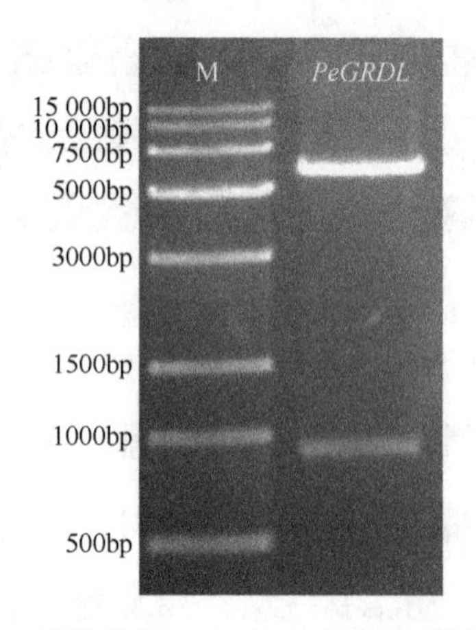


图 6-9　重组质粒 pYES2-*PeGRDL* 双酶切鉴定

M. Marker

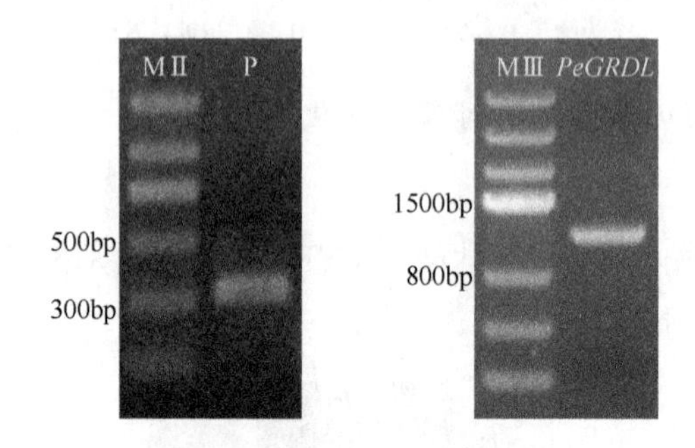


图 6-10　转化子质粒扩增

MⅡ. MarkerⅡ；P. 转空载体 pYES2/CT；MⅢ. MarkerⅢ

（4）转空载体 pYES2/CT 酵母耐盐耐旱浓度筛选

本部分研究以转空载体 pYES2/CT 的酵母为供试材料探索酵母的耐盐耐旱浓度，测定不同浓度 PEG6000 及 NaCl 条件下酵母的生长曲线，结果如图 6-11 所示。图 6-11A 显示，在前 10h 内，PEG6000 各浓度处理条件下酵母 BY4741 的生长没有显著变化；10～20h，酵母 BY4741 的生长都表现出随培养时间的延长而增长，但酵母 BY4741 的生长明显随着 PEG 浓度的增加受到抑制，其中 PEG6000 浓度达到 7.5%时，酵母的生长明显受到抑制，PEG6000 浓度达到 10%时，酵母几乎停止生长；培养 20h 之后，生长的酵母达到稳定期。

图 6-11 B 显示，酵母的生长随着 NaCl 浓度的升高而逐渐受到抑制。酵母进入对数期的时间随着 NaCl 浓度的升高而延迟，当 NaCl 浓度达到 1.29mol/L 时，酵母进入对数期的时间延迟至大约 25h；且酵母进入稳定期的菌量随着 NaCl 浓度的升高而减少；当 NaCl 浓度达到 1.72mol/L 及以上时，酵母停止生长。结果初步表明，7.5% PEG6000、1.29mol/L NaCl 胁迫下酵母 BY4741 的生长显著受到抑制，

可选用该浓度分别对酵母提供旱盐胁迫。

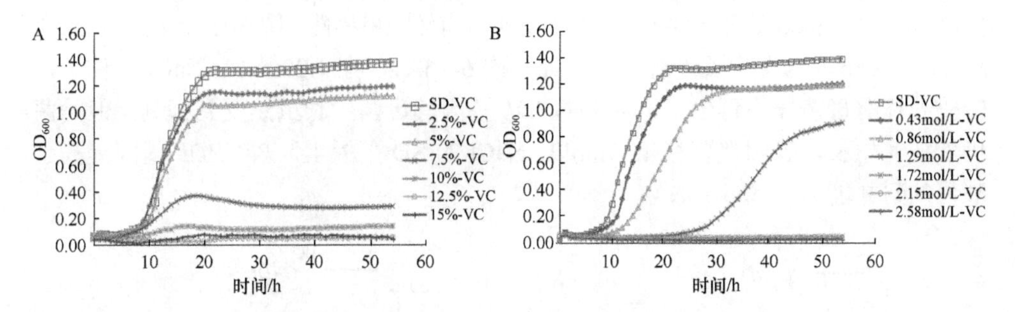


图 6-11　酿酒酵母 BY4741 耐盐耐旱浓度筛选（彩图请扫封底二维码）

A. PEG6000 浓度筛选；B. NaCl 浓度筛选；SD-VC. 转空载体的 SD 培养基；2.5%-VC（vector control）表示质量分数 2.5% PEG6000 的转空载体 SD 培养基，以此类推；0.43mol/L-VC 表示 0.43mol/L NaCl 的转空载体 SD 培养基

（5）重组酵母在盐旱胁迫条件下的生长曲线

以转 *PeGRDL* 基因酵母为处理组，以转空载体基因为对照组，在正常培养条件下，处理组与对照组酵母的长势基本一致（图 6-12）；7.5% PEG6000 胁迫下，处理组与对照组酵母的生长曲线显示，处理组酵母达到对数期末期、稳定期的菌量均大于对照组，且时间延迟（图 6-13A），推测其充分的抵抗干旱胁迫，利用营养物质生存；10% PEG6000 胁迫下，处理组酵母达到对数期、稳定期的菌量均大于对照组，对照组生长受到抑制，转基因组酵母达到稳定期的 $OD_{600}$ 依然为 0.5 左右（图 6-13B），推测处理组能更好地抵抗干旱胁迫；1.46mol/L NaCl 胁迫下，处理组与对照组酵母的生长曲线显示，处理组酵母进入对数期的时间提前，且进入稳定期菌量有稍许提高（图 6-14），但是无显著差异。

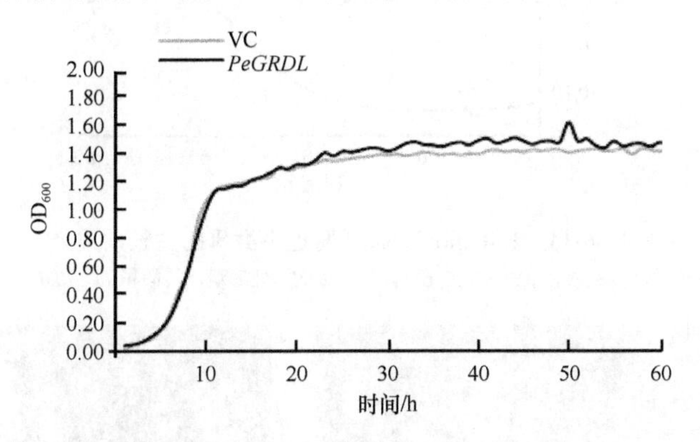


图 6-12　正常培养条件下酵母生长曲线

VC. 对照组，转空载体 pYES2/CT 酵母；*PeGRDL*. 处理组，转胡杨 *PeGRDL* 基因酵母

（6）重组酵母在盐旱胁迫条件下生长的表型特征

试验结果显示，重组质粒与对照组相比，在 7.5%、10% PEG6000 处理条件下，

生长状态没有明显区别，10% PEG6000 处理条件下，处理组较对照组生长菌量多，推测 10% PEG6000 处理条件下，转基因酵母具有较强耐旱性（图 6-15）；在 0.86mol/L NaCl 条件下，两者生长没有显著差异（图 6-16A），在 1.29mol/L NaCl 条件下，转空载体酵母菌株不再生长，转 *PeGRDL* 基因酵母菌生长虽然受到抑制，但是菌仍然能够生长，表明在含有 1.29mol/L NaCl 的 SD 平板上，*PeGRDL* 基因提高了酵母的耐盐能力（图 6-16B）。

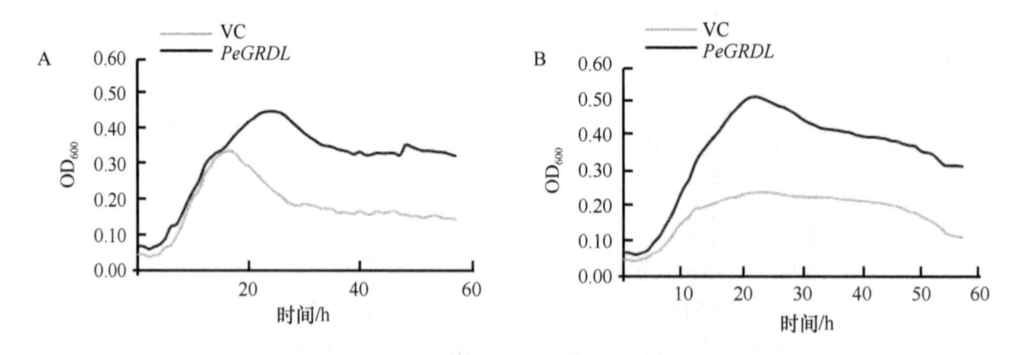


图 6-13　PEG6000 胁迫下酵母的生长曲线

A. 7.5% PEG6000 处理；B. 10% PEG6000 处理；VC. 对照组，转空载体 pYES2/CT 酵母；*PeGRDL*. 处理组，转胡杨 *PeGRDL* 基因酵母

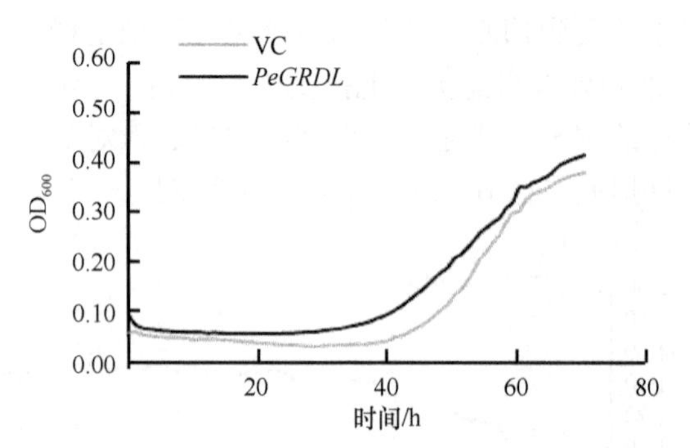


图 6-14　1.46 mol/L NaCl 胁迫下酵母的生长曲线

VC. 对照组，转空载体 pYES2/CT 酵母；*PeGRDL*. 处理组，转胡杨 *PeGRDL* 基因酵母

图 6-15　酵母在 PEG6000 胁迫条件下菌落形态（彩图请扫封底二维码）

A. 7.5% PEG6000 处理；B. 10% PEG6000 处理；VC. 对照组，转空载体 pYES2/CT 酵母；*PeGRDL*. 处理组，转胡杨 *PeGRDL* 基因酵母

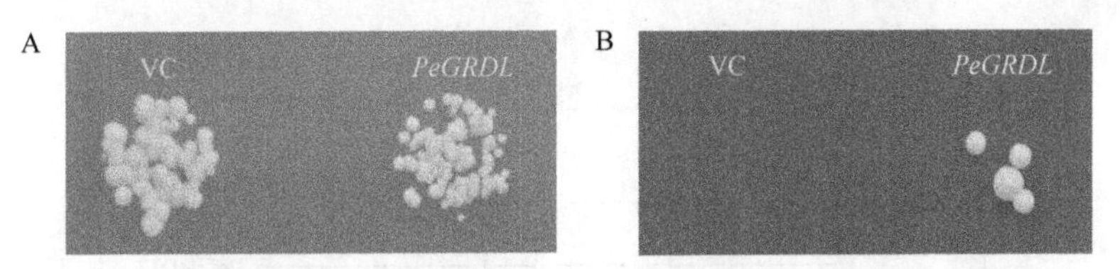


图 6-16　酵母在 NaCl 胁迫条件下菌落形态（彩图请扫封底二维码）

A. 0.86mol/L NaCl 处理；B. 1.29mol/L NaCl 处理；VC. 对照组，转空载体 pYES2/CT 酵母；*PeGRDL*. 处理组，转胡杨 *PeGRDL* 基因酵母

### 6.3.1.3　胡杨 *PeGRDL* 的分子进化

将 *PeGRDL* 基因与 NCBI 中胡杨全基因组序列比对，氨基酸相似度为 100%（图 6-17），选择来自胡杨（*Populus euphratica*）、拟南芥（*Arabidopsis thaliana*）、木豆（*Cajanus cajan*）、蔓花生（*Arachis duranensis*）、碧桃（*Prunus persica*）、美花烟草（*Nicotiana sylvestris*）、梅（*Prunus mume*）中的 GRDL 同源序列与 *PeGRDL* 基因编码氨基酸进行多重比对（图 6-17），胡杨 *PeGRDL* 编码蛋白质的氨基酸与梅、美花烟草 GRDL 的相似度最高，为 64.31%，通过该 7 个物种系统进化树（图 6-18）分析，*PeGRDL* 与拟南芥的同源基因亲缘关系最远。

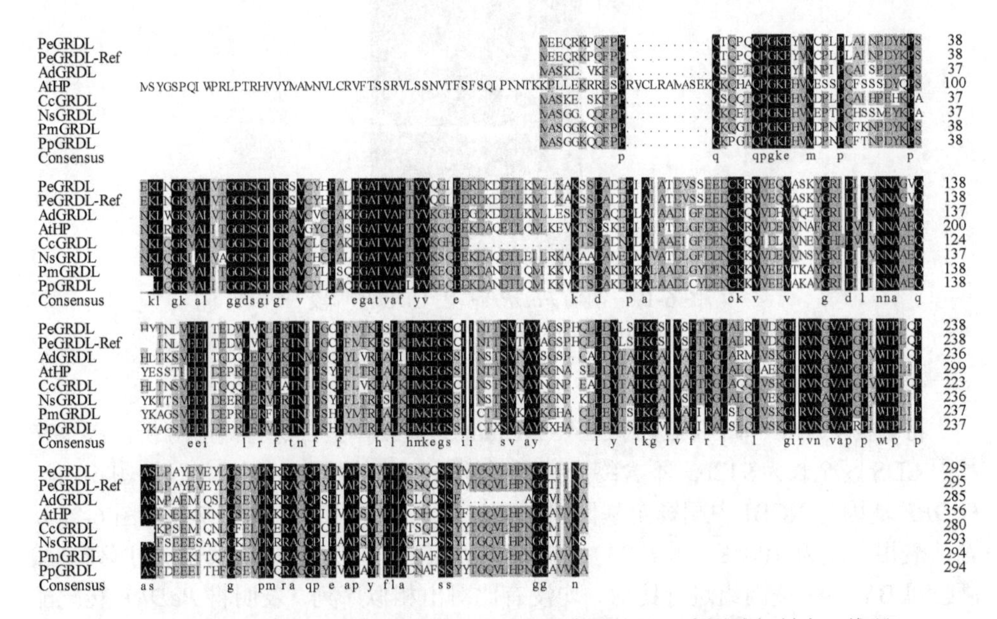


图 6-17　胡杨 *PeGRDL* 与其他物种 *GRDL* 多重序列比对（彩图请扫封底二维码）

克隆胡杨同源基因蛋白（PeGRDL，XP_011025991.1）、NCBI 中胡杨参考序列（PeGRDL-Ref）、拟南芥（AtHP，OAP13163.1）、木豆（CcGRDL，XP_020228762.1）、蔓花生（AdGRDL，XP_015941387.1）、碧桃（PpGRDL，XP_020422591.1）、美花烟草（NsGRDL，XP_009772647.1）、梅（PmGRDL，XP_008246487.1）

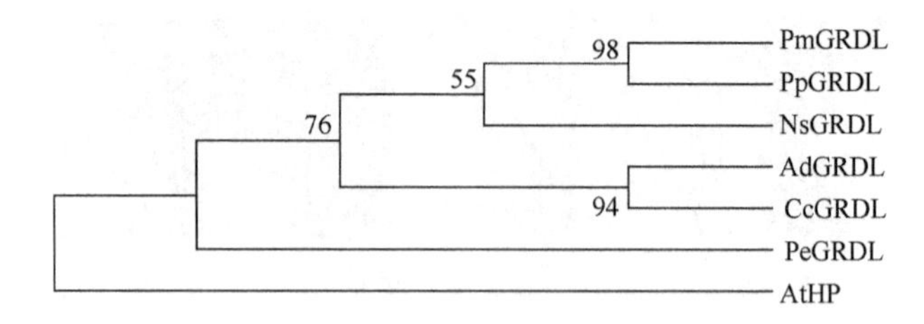


图 6-18　不同物种 GRDL 同源蛋白的系统进化树

PeGRDL. 胡杨；AtHP. 拟南芥；CcGRDL.木豆；AdGRDL. 蔓花生；PpGRDL. 碧桃；NsGRDL. 美花烟草；PmGRDL. 梅

## 6.3.2　胡杨 ***PeDRP*** 基因的克隆与功能分析

### 6.3.2.1　胡杨 *PeDRP* 基因的克隆

（1）特异性扩增引物

设计特异性引物，通过 PCR 的方法获得 *PeDRP* 基因 CDS 区（图 6-19），试验结果显示扩增条带单一，无非特异扩增产物。

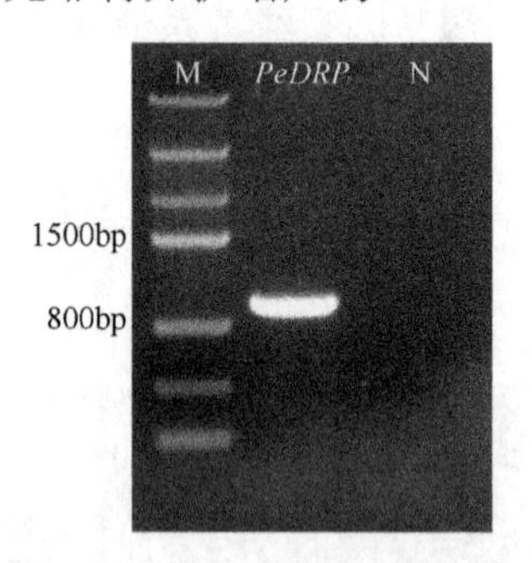


图 6-19　胡杨 *PeDRP* 基因 CDS 区片段

M. Marker Ⅲ；N. 阴性对照，$ddH_2O$

（2）胡杨 *PeDRP* 的测序分析

将胡杨 *PeDRP* 基因构建到 pEASY-Blunt 克隆载体上，进行测序分析，*PeDRP* 基因 CDS 区全长为 912bp(不含终止密码子，图 6-20)，编码 304 个氨基酸(图 6-21)，*PeDRP* 基因与 NCBI 中胡杨全基因组序列比对，核酸相似度为 99.78%（图 6-22），氨基酸相似度为 100%（图 6-23），胡杨 *PeDRP* 基因核酸序列及氨基酸序列与酿酒酵母 BY4741 基因组进行比对，均没有比对出相似序列，表明将 *PeDRP* 转化酿酒酵母 BY4741 进行功能研究具有可行性。

### 6.3.2.2　胡杨 *PeDRP* 基因的酵母遗传转化

（1）质粒双酶切

将含有胡杨 *PeDRP* 基因的克隆载体进行双酶切均能切出目的条带大小的片

```
1    ATGGCTACTC TTTATTTCTT CTCTACTTTG GTTCTAACCA TTGTTGTTTC GGTTCCAATC
61   AATGTGTTAG GTTCAGCATA CTGCGGACCG GTTGAGGCCA ACGACAAGGA TCTGATTCAA
121  TTCCCTCTCA ACTTGGAATT CCTCGAAGCT GAGTTGTTTT TGAATGGCGC GCTCGGTCAT
181  GGACTCGATG CCATTGAACC GGGTTTTGCC GCTGGCGGTC CTCCTCCAAT CGGTGCCCTA
241  AAGGCCAACC TTGATCCTGT TACCCGTAGA ATCATCGAGG AATTTGGTTA TCAAGAAGTT
301  GGCCATTTAA GGGCTATTAT AACAACCGTT GGTGGAATTC CAAGACCTCT ATATGATCTG
361  AGTCCTGAAG CATTCGCACA ACTATTTGAC AAAGCAGTTG GCTACAAATT GAACCCTCCA
421  TTTAACCCTT ACTCCAACAC AGTCAACTAT CTCTTGGCAT CGTATGCTAT CCCTTATGTG
481  GGACTGGTAG GATATGTTGG CACCATTCCA TACTTGGCCA ACTACACTTC TCGAAGACTT
541  GTTGCGTCAC TCTTGGGCGT AGAGTCTGGA CAGGACGCAG TAATACGAAC GTTACTCTAT
601  GAGAAAGCTG ACGAGAAAGT GTTGCCTTAT AACATAACTG TGGCTGAATT CACCAACGCG
661  ATCTCATGCC TCAGGAATGA GCTTGCCATG TGTGGGATTA GAGATGAAGG TCTCATTGTA
721  CCCTTACATC TTGGGGCCGA AAATCGAACT GAAAGTAACA TTTTATCTGC AGATACCAAT
781  TCGCTCTCTT ATGCTCGTAC ACAACAACAG ATTCTAAGGA TAATTTATGG AACCGGCAGT
841  GAATACAGGC CAGGCGGGTT TCTCCCTAGA GGTGGAAATG GCAAGATTGC AAGGAGTTTT
901  CTCGATAAGG TT
```

图 6-20　*PeDRP* 基因 CDS 区序列

```
1    MATLYFFSTL VLTIVVSVPI NVLGSAYCGP VEANDKDLIQ FPLNLEFLEA ELFLNGALGH
61   GLDAIEPGFA AGGPPPIGAL KANLDPVTRR IIEEFGYQEV GHLRAIITTV GGIPRPLYDL
121  SPEAFAQLFD KAVGYKLNPP FNPYSNTVNY LLASYAIPYV GLVGYVGTIP YLANYTSRRL
181  VASLLGVESG QDAVIRTLLY EKADEKVLPY NITVAEFTNA ISCLRNELAM CGIRDEGLIV
241  PLHLGAENRT ESNILSADTN SLSYARTQQQ ILRIIYGTGS EYRPGGFLPR GGNGKIARSF
301  LDKV
```

图 6-21　*PeDRP* 编码蛋白质的氨基酸序列

图 6-22　克隆胡杨 *PeDRP* 与 NCBI 中 *PeDRP* 基因比对（彩图请扫封底二维码）

PeDRP-Ref. NCBI 中胡杨 *PeDRP* 基因

段，说明 *Hind*Ⅲ、*Xho* Ⅰ两个酶对于质粒 pYES2/CT 及含有 *PeDRP* 基因的克隆载体酶切效率高（图 6-24）。

（2）重组质粒双酶切结果

将胡杨 *PeDRP* 基因连接于表达载体 pYES2/CT 的重组质粒进行双酶切，均可以切出目的片段 *PeDRP* 及 pYES2/CT 大小的条带（图 6-25），与测序结果一致。

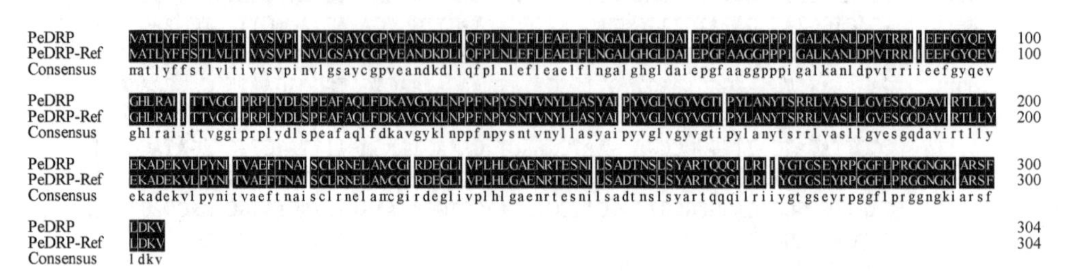


图 6-23　*PeDRP* 氨基酸序列与 NCBI 中胡杨氨基酸序列比对（彩图请扫封底二维码）

PeDRP-Ref. NCBI 中胡杨 *PeDRP* 基因

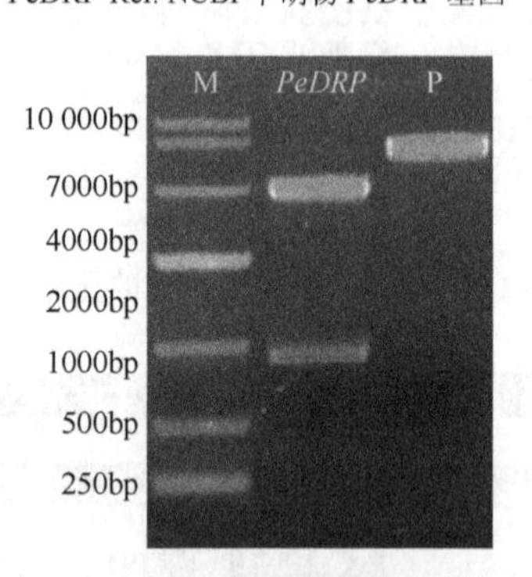


图 6-24　质粒双酶切

M. Marker；P. 质粒 pYES2/CT

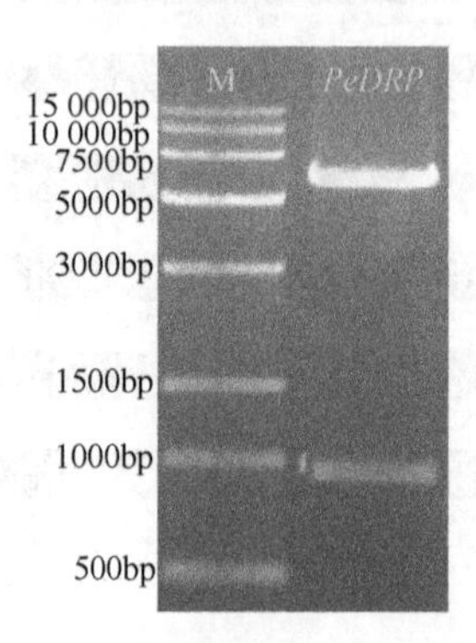


图 6-25　重组质粒 pYES2-*PeDRP* 双酶切

M. Marker

（3）酵母质粒提取

提取酵母转化子质粒并进行 PCR 扩增，试验结果显示可扩增出目的基因条带大小（图 6-26），测序验证序列正确，可用于后续试验。

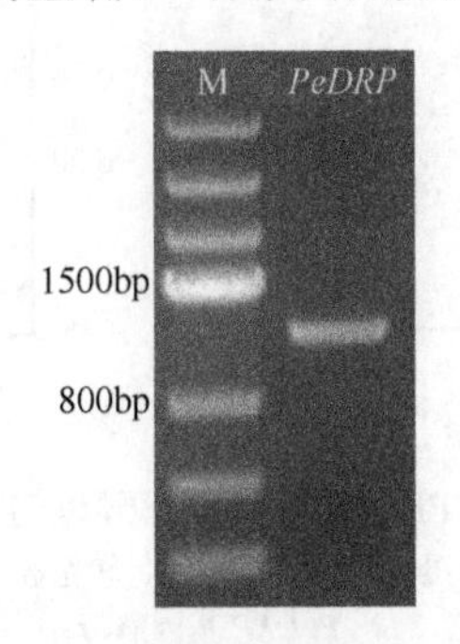


图 6-26　转化子质粒扩增

M. Marker III

（4）重组酵母在盐旱条件下生长曲线

以转 *PeDRP* 基因酵母为处理组，转空载体酵母为对照组。在正常培养条件下，处理组与对照组生长基本一致（图 6-27）；7.5% PEG6000 胁迫下，处理组与对照组酵母的生长曲线显示，处理组酵母达到对数期末期、稳定期的菌量均大于对照组（图 6-28A）；10% PEG6000 胁迫下，处理组和对照组的生长较 7.5% PEG6000 胁迫受到抑制，但是处理组酵母达到对数期、稳定期的菌量均大于对照组（图 6-28B）；1.46mol/L NaCl 胁迫下，处理组与对照组酵母的生长曲线显示，处理组酵母进入对数期的时间提前，且进入稳定期菌量提高（图 6-29A），推测其较快地适应了高盐环境；在 1.72mol/L NaCl 胁迫下，对照组的菌不再生长，处理组生长虽然明显受到抑制，但是在 50h 之后开始生长，且在 90h 之后，$OD_{600}$ 可以达到 0.5（图 6-29B）。结果初步说明，*PeDRP* 基因可以提高酵母的耐旱耐盐能力。

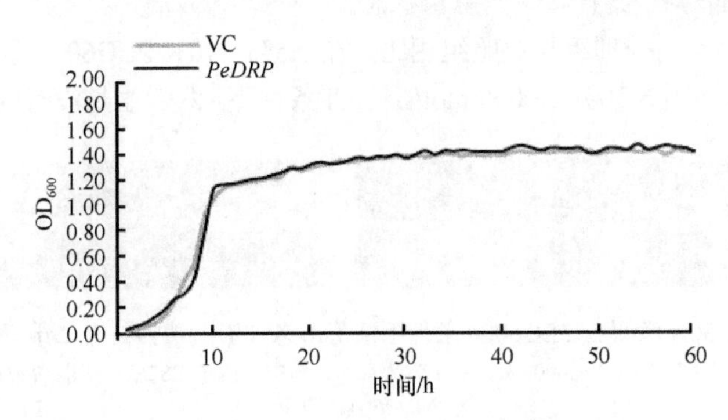


图 6-27　正常培养条件下酵母生长曲线

VC. 对照组，转空载体 pYES2/CT 酵母；*PeDRP*. 处理组，转胡杨 *PeDRP* 基因酵母

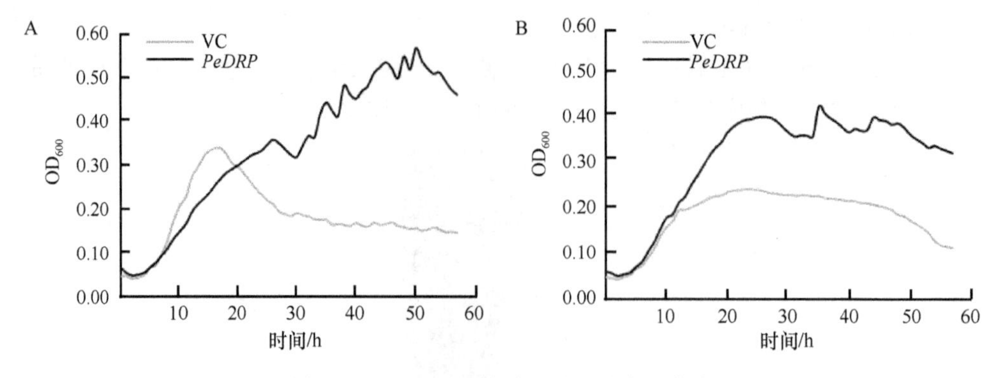


图 6-28 PEG6000 胁迫下酵母的生长曲线

A. 7.5% PEG6000 处理；B. 10% PEG6000 处理；VC. 对照组，转空载体 pYES2/CT 酵母；*PeDRP*. 处理组，转胡杨 *PeDRP* 基因酵母

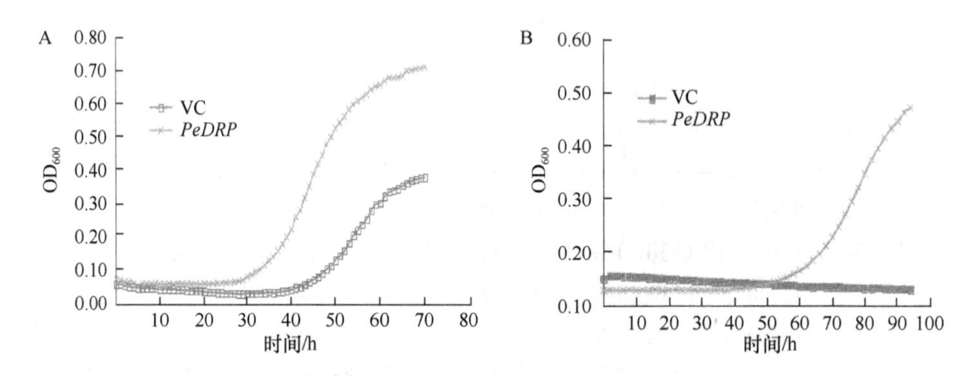


图 6-29 NaCl 胁迫下酵母的生长曲线（彩图请扫封底二维码）

A. 1.46mol/L NaCl 处理；B. 1.72mol/L NaCl 处理；VC. 对照组，转空载体 pYES2/CT 酵母；*PeDRP*. 处理组，转胡杨 *PeDRP* 基因酵母

（5）重组酵母在盐旱条件下生长状态

试验结果显示，处理组与对照组相比，在 7.5%、10% PEG6000 条件下，生长状态没有明显区别（图 6-30）；在 0.86mol/L NaCl 条件下，两者生长没有区别（图 6-31）。

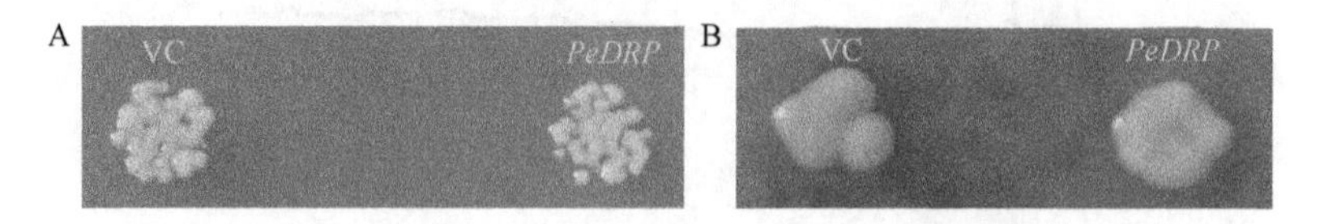


图 6-30 酵母在 PEG6000 条件下菌落形态（彩图请扫封底二维码）

A. 7.5% PEG6000 处理；B. 10% PEG6000 处理；VC. 对照组，转空载体 pYES2/CT 酵母；*PeDRP*. 处理组，转胡杨 *PeDRP* 基因酵母

（6）干旱胁迫下 *PeDRP* 基因在酵母中表达量

荧光定量试验结果显示，在 7.5% PEG6000 胁迫处理 0.5h、1h、2h，对照组

*PeDRP* 基因的表达量均上升，处理 1h、2h 的表达量显著提高，2h 时较 1h 表达量低，虽然无显著性差异（图 6-32），但与前期生长曲线结果相对应（图 6-28A），推测胡杨 *PeDRP* 基因对干旱胁迫响应较弱。

图 6-31　酵母在 0.86mol/L NaCl 条件下菌落形态（彩图请扫封底二维码）

VC. 对照组，转空载体 pYES2/CT 酵母；*PeDRP*. 处理组，转胡杨 *PeDRP* 基因酵母

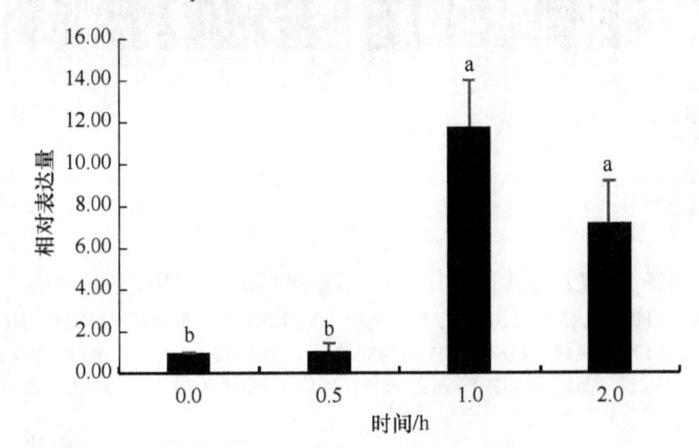


图 6-32　PEG6000（7.5%）胁迫下酵母中 *PeDRP* 表达量变化

不同字母表示差异显著，$P<0.05$

#### 6.3.2.3　*PeDRP* 基因的分子进化

将 *PeDRP* 基因与 NCBI 中胡杨全基因组序列比对，氨基酸相似度为 100%（图 6-33），选择来自胡杨、麻风树（*Jatropha curcas*）、核桃（*Juglans regia*）、巨桉（*Eucalyptus grandis*）、蓖麻（*Ricinus communis*）、枣树（*Ziziphus jujuba*）、碧桃、拟南芥中的 DRP 同源序列与 PeDRP 氨基酸进行多重比对（图 6-33），胡杨 *PeDRP* 编码氨基酸与麻风树的相似度最高为 71.38%，通过该 8 个物种系统进化树（图 6-34）分析，*PeDRP* 与麻风树、蓖麻进化关系较近，与拟南芥进化关系最远。

### 6.3.3　胡杨 *PeMTD* 基因的克隆与功能分析

#### 6.3.3.1　胡杨 *PeMTD* 基因的克隆

（1）特异性扩增引物

设计特异性引物，通过 PCR 的方法获得 *PeMTD* 基因 CDS 区（图 6-35），试

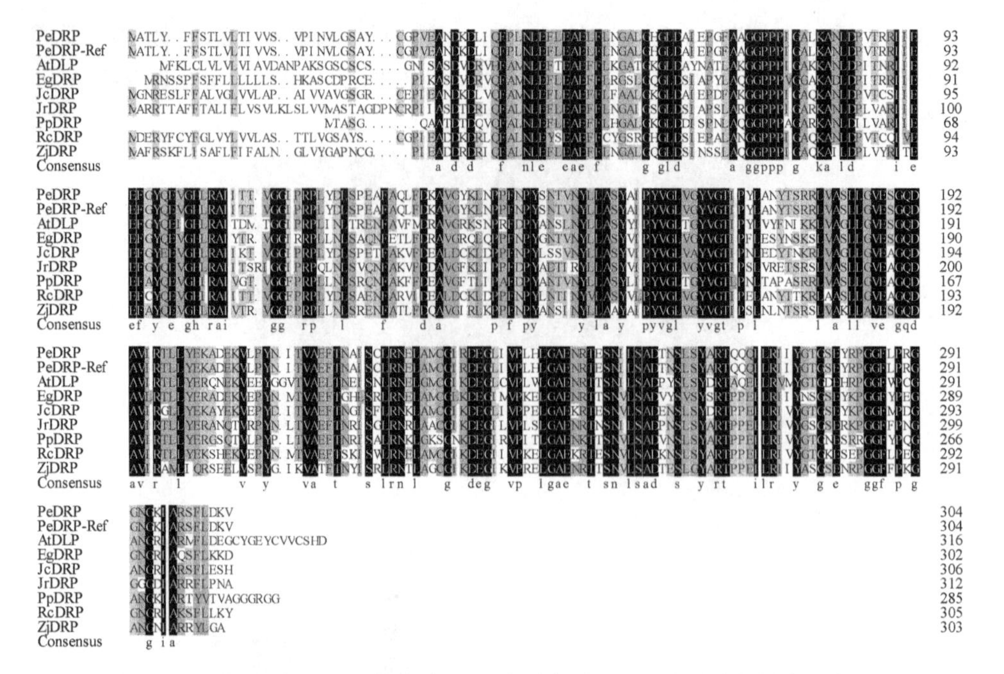


图 6-33　胡杨 *PeDRP* 与其他物种 DRP 多重序列比对（彩图请扫封底二维码）

胡杨同源基因蛋白序列（PeDRP，XP_011045583.1），胡杨（PeDRP-Ref）、拟南芥（AtDLP，NP_191832.1）、巨桉（EgDRP，XP_010039275.1）、麻风树（JcDRP，XP_012082723.1）、核桃（JrDRP，XP_018811500.1）、碧桃（PpDRP，XP_007200746.2）、蓖麻（RcDRP，XP_002531874.1）、枣树（ZjDRP，XP_015891932.1）

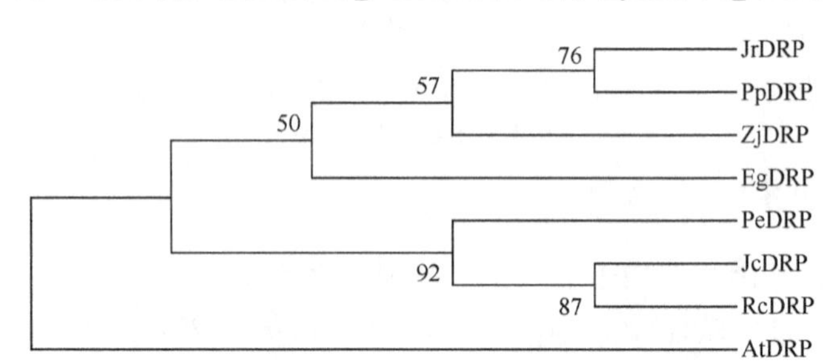


图 6-34　不同物种 DRP 同源蛋白的系统进化树

PeDRP. 胡杨；AtDLP. 拟南芥；EgDRP. 巨桉；JcDRP. 麻风树；JrDRP. 核桃；PpDRP. 碧桃；RcDRP.蓖麻；ZjDRP. 枣树

验结果显示扩增条带单一，无非特异扩增产物。

（2）胡杨 *PeMTD* 的测序分析

将胡杨 *PeMTD* 基因构建到 pEASY-Blunt 克隆载体上，进行测序分析，*PeMTD* 基因 CDS 区全长为 1080bp（不含终止密码子，图 6-36），编码 360 个氨基酸（图 6-37），*PeMTD* 基因与 NCBI 中胡杨全基因组序列比对，核酸相似度为 100%（图 6-38），氨基酸相似度为 100%（图 6-39），*PeMTD* 与酿酒酵母 BY4741 基因进行比对，没有比对出相似序列，*PeMTD* 基因编码蛋白质的氨基酸序列与酿酒酵母 BY4741 中的相似度为 33.33%（图 6-40）。

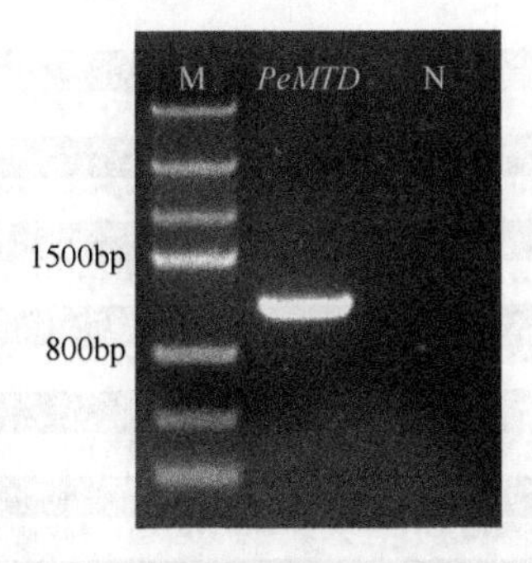


图 6-35　胡杨 *PeMTD* 基因 CDS 区片段

M. Marker Ⅲ；N. 阴性对照，$ddH_2O$

```
1     ATGGCAGAAA AATCTTACGA GGAAGAACAT CCTACCAAGG CTTTTGGATG GGCAGCCAGA
61    GACCAATCCG GGGTCCTCTC TCCTTTCAAA TTCTCCAGGA GGTCTACAGG AGAGAAGGAT
121   GTGCGATTCA AGGTGCTGTT TTGTGGAATA TGTCACTCAG ACCTTCACAT GGCCAAGAAT
181   GAGTGGGGTA CTTCCATTTA CCCTCTAGTT CCCGGGCATG AGATTGTTGG GGAAGTGACA
241   GAAGTAGGAA GCAAAGTTGA GAAGTTCAAA GTTGGAGACA AAGTGGGGGT GGGGTGCATG
301   GTTGGATCAT GCCACTCTTG CGATAGTTGC AACAACGATC TCGAGAATTA TTGCCCAAAA
361   ATGATACTCA CCTACAGTAC CAAATACCAC GATGGAACCA CCACTTACGG AGGCTACTCA
421   GACAGCATGG TCACGGATGA GCACTTCGTA GTTCGTATTC CAGACAACCT ACCTCTAGAT
481   GCCGCTGCAC CTCTCCTATG TGCTGGGATC ACAGTTTACA GCCCCTTGAG GTTTTTTAAT
541   CTTGACAAAC CGGGTATGCA CGTGGGCGTG GTTGGGCTTG GTGGGCTAGG TCATGTAGCT
601   GTAAAGTTTG CAAAGGCCAT GGGGGTCAAG GTTACAGTTA TTAGCACCTC TCCCAAGAAG
661   AAACAAGAAG CCCTTGAGCG TCTTGGTGCT GACTCGTTTC TAGTTAGTCG TGACCAGGAT
721   GAGATGCAGG CTGCAATGGG CACAATGGAT GGTGTAATTG ACACGGTGTC GGCGATGCAT
781   CCTATCTTGC CTTTGATTAG TCTATTGAAG ACTCAAGGAA AGCTGGTCTT GGTTGGTGCG
841   CCTGAAAAGC CACTTGAGCT ACCAGTGTTT CCTCTGATCA TGGGAAGAAA AATAGTGGGT
901   GGGAGTTGCA TAGGAGGAAT GAAGGAAACA CAGGAGATGA TTGATTTTGC TGCCAAGAAC
961   AACATCACGG CAGACATTGA GGTTATCTCG ATGGATTATG TGAACACAGC TATGGAGCGG
1021  CTTTTGAAAA CAGATGTCAG ATACCGATTC GTTATCGACA TCGGCAACAC AATGAAGATT
```

图 6-36　*PeMTD* 基因 CDS 区序列

```
1     MAEKSYEEEH PTKAFGWAAR DQSGVLSPFK FSRRSTGEKD VRFKVLFCGI CHSDLHMAKN
61    EWGTSIYPLV PGHEIVGEVT EVGSKVEKFK VGDKVGVGCM VGSCHSCDSC NNDLENYCPK
121   MILTYSTKYH DGTTTYGGYS DSMVTDEHFV VRIPDNLPLD AAAPLLCAGI TVYSPLRFFN
181   LDKPGMHVGV VGLGGLGHVA VKFAKAMGVK VTVISTSPKK KQEALERLGA DSFLVSRDQD
241   EMQAAMGTMD GVIDTVSAMH PILPLISLLK TQGKLVLVGA PEKPLELPVF PLIMGRKIVG
301   GSCIGGMKET QEMIDFAAKN NITADIEVIS MDYVNTAMER LLKTDVRYRF VIDIGNTMKI
```

图 6-37　*PeMTD* 基因编码蛋白质的氨基酸序列

### 6.3.3.2　胡杨 *PeMTD* 基因的酵母遗传转化

（1）质粒双酶切

将含有胡杨 *PeMTD* 基因的克隆载体进行双酶切，*Hin*dⅢ、*Eco*RⅠ两个酶

对胡杨基因 *PeMTD* 及 pYES2/CT 的切割不是很干净，推测 *Eco*RI 酶存在星号活性（图 6-41）。

图 6-38　克隆胡杨 *PeMTD* 与 NCBI 中 *PeMTD* 基因比对（彩图请扫封底二维码）

PeMTD-Ref. NCBI 中胡杨 *PeMTD* 基因

图 6-39　PeMTD 氨基酸序列与 NCBI 中胡杨氨基酸序列比对（彩图请扫封底二维码）

PeMTD-Ref. NCBI 中胡杨 *PeMTD* 基因

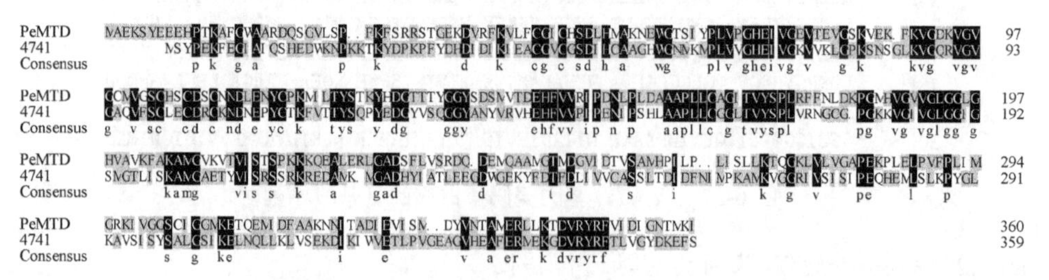


图 6-40　*PeMTD* 与酵母 BY4141 基因组氨基酸序列比对（彩图请扫封底二维码）

4741. 酵母 BY4741 中与 *PeMTD* 相近氨基酸序列区段

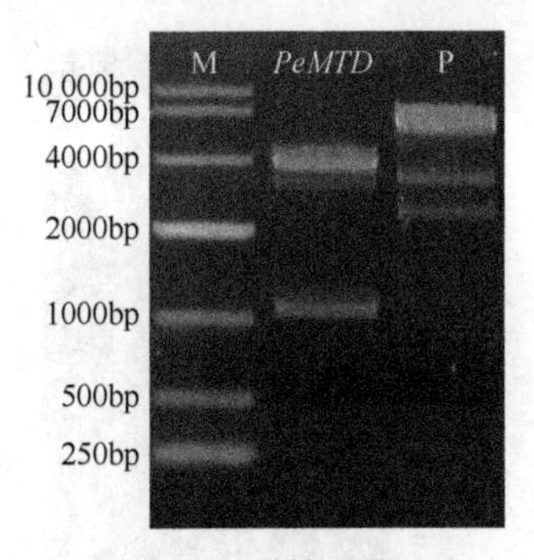


图 6-41　质粒双酶切

M. Marker；P. 质粒 pYES2/CT

（2）重组质粒双酶切结果

将胡杨 *PeMTD* 基因连接于酵母表达载体 pYES2/CT 的重组质粒进行双酶切，均可以切出所需片段大小（图 6-42），与测序结果一致。

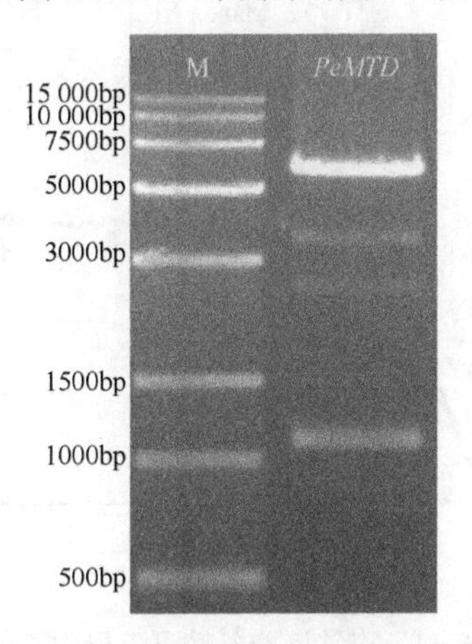


图 6-42　重组质粒 pYES2-*PeMTD* 双酶切

M. Marker

（3）酵母质粒提取

提取酵母转化子质粒并进行 PCR 扩增，试验结果显示可扩增出目的片段大小的条带（图 6-43），测序验证序列正确，可用于后续试验。

（4）重组酵母在盐旱条件下生长曲线

在正常培养条件下，处理组酵母与对照组长势基本一致（图 6-44）；在质量分数为 7.5%、10% PEG6000 溶液胁迫下，处理组较对照组进入对数期时间提前，并且达到稳定期的菌量增多，对照组在 10% PEG6000 处理下菌量较 7.5% PEG6000 处理下减少，但是对照组无明显变化（图 6-45）；1.46mol/L NaCl 胁迫下，处理组较对照组进入对数期时间提前，达到稳定期的菌量增多（图 6-46）。结果初步说明，*PeMTD* 基因提高了酵母的耐旱耐盐能力。

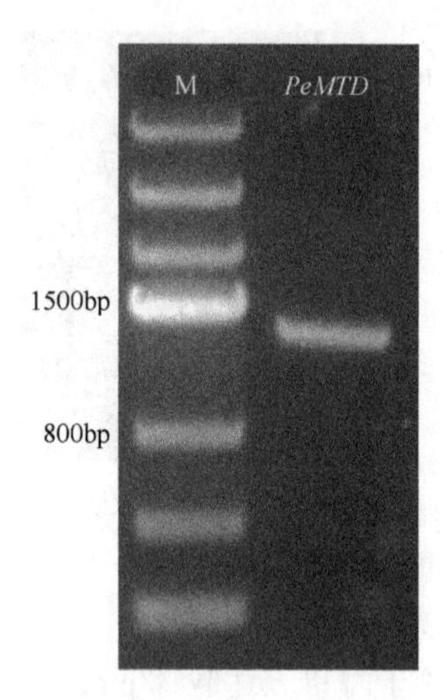


图 6-43　转化子质粒扩增

M. Marker Ⅲ

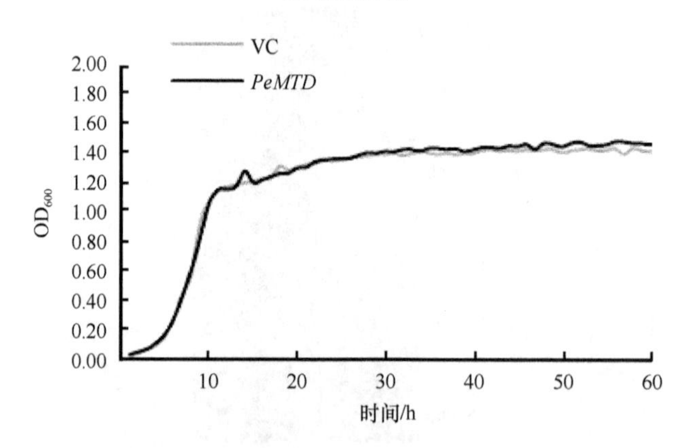


图 6-44　正常培养条件下酵母生长曲线

VC. 对照组，转空载体 pYES2/CT 酵母；*PeMTD*. 处理组，转胡杨 *PeMTD* 基因酵母

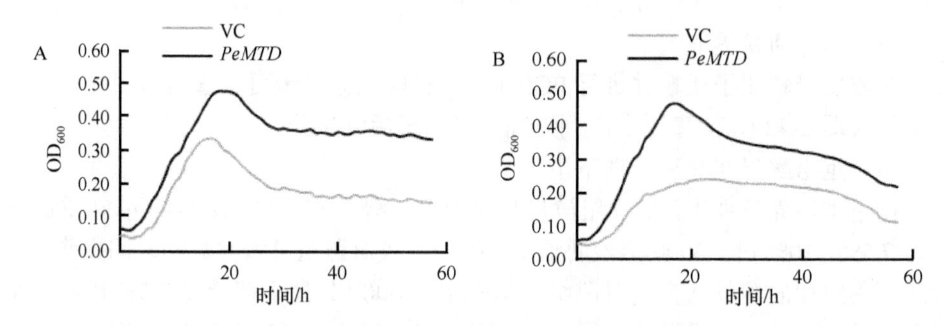


图 6-45　PEG6000 胁迫下酵母的生长曲线

A. 7.5% PEG6000 处理；B. 10% PEG6000 处理；VC. 对照组，转空载体 pYES2/CT 酵母；*PeMTD*. 处理组，转胡杨 *PeMTD* 基因酵母

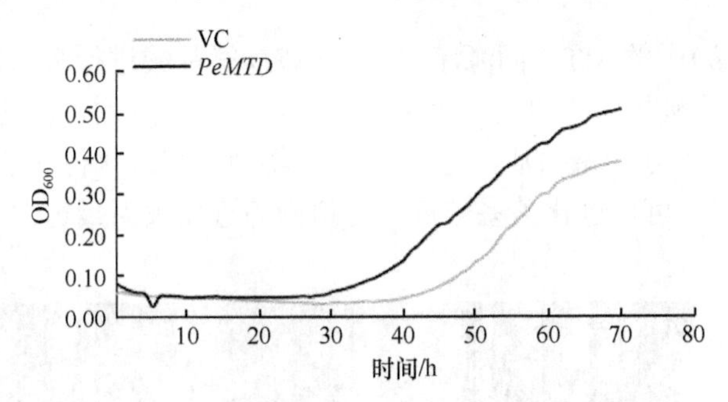


图 6-46　1.46mol/L NaCl 胁迫下酵母的生长曲线

VC. 对照组，转空载体 pYES2/CT 酵母；*PeMTD*. 处理组，转胡杨 *PeMTD* 基因酵母

（5）重组酵母在盐旱条件下生长状态

试验结果显示，处理组与对照组相比，在 7.5% PEG6000、10% PEG6000、0.86mol/L NaCl 的固体 SD 平板上，转 *PeMTD* 酵母菌量较多（图 6-47 和图 6-48），但是统计学检验差异未达到显著水平。

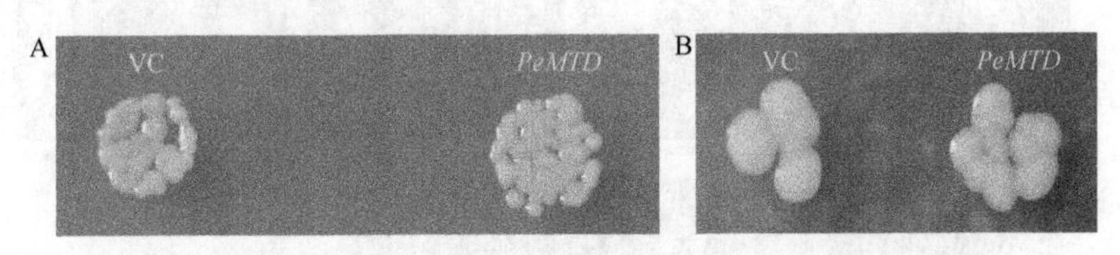


图 6-47　酵母在 PEG6000 条件下菌落形态（彩图请扫封底二维码）

A. 7.5% PEG6000 处理；B. 10% PEG6000 处理；VC. 对照组，转空载体 pYES2/CT 酵母；*PeMTD*. 处理组，转胡杨 *PeMTD* 基因酵母

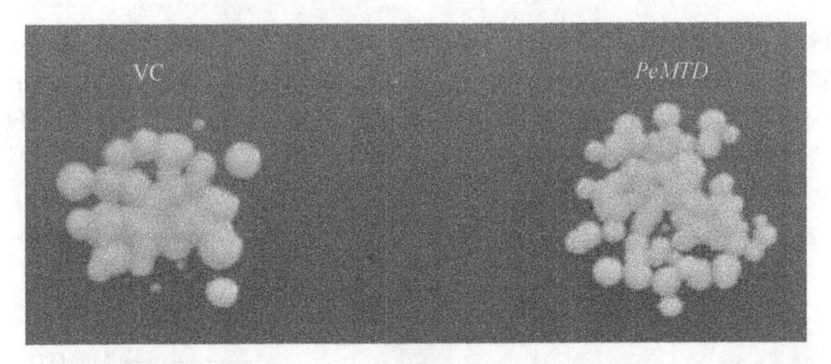


图 6-48　酵母在 0.86mol/L NaCl 条件下菌落形态（彩图请扫封底二维码）

VC. 对照组，转空载体 pYES2/CT 酵母；*PeMTD*. 处理组，转胡杨 *PeMTD* 基因酵母

### 6.3.3.3　胡杨 *PeMTD* 基因的分子进化

将 *PeMTD* 基因与 NCBI 中胡杨全基因组序列比对，氨基酸相似度为 100%（图 6-49）。选择来自胡杨、毛果杨（*Populus trichocarpa*）、拟南芥、亚洲棉（*Gossypium arboreum*）、核桃、川桑（*Morus notabilis*）、梅（*Prunus mume*）、可可

（*Theobrona cacao*）中的 MTD 同源序列与 *PeMTD* 氨基酸进行多重比对（图 6-49），胡杨 *PeMTD* 氨基酸与梅、川桑、可可、亚洲棉的相似度均可以达到 80%以上，MTD 是一个较为保守的蛋白质，通过该 8 个物种系统进化树（图 6-50）分析，*PeMTD* 与亚洲棉、可可进化关系较近，与拟南芥进化关系最远。

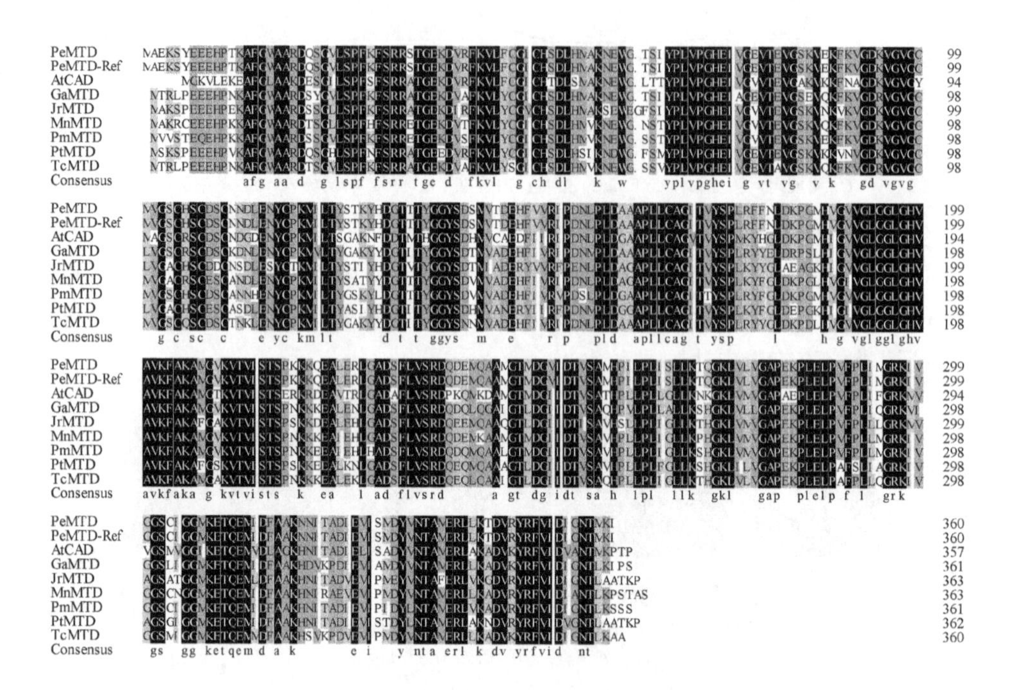


图 6-49 胡杨 *PeMTD* 与其他物种 MTD 多重序列比对（彩图请扫封底二维码）

克隆胡杨同源基因蛋白（PeMTD，XP_011025421.1）、胡杨（PeMTD-Ref）、拟南芥（AtCAD，NP_195511.1）、亚洲棉（GaMTD，KHG29850.1）、核桃（JrMTD，XP_018824904.1）、川桑（MnMTD，XP_010095885.1）、梅（PmMTD，XP_008236513.1）、毛果杨（PtMTD，XP_002322822.1）、可可（TcMTD，XP_017981533.1）

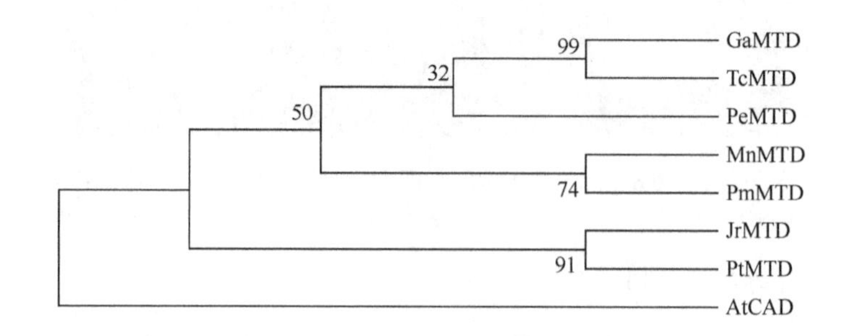


图 6-50 不同物种 MTD 同源蛋白的系统进化树

PeMTD.胡杨；AtCAD. 拟南芥；GaMTD. 亚洲棉；JrMTD. 核桃；MnMTD. 川桑；PmMTD. 梅；PtMTD. 毛果杨；TcMTD. 可可

## 6.4 讨　　论

克隆获得的胡杨 *PeGRDL* 基因，其编码蛋白质氨基酸序列与同源氨基酸序列比对结果显示，在酵母 BY4741 中，与其相似的氨基酸序列编码 Sps19p，为 2,4-二烯酰-辅酶 A 还原酶，参与脂肪酸β-氧化，具有 NAD(P)结合位点，是一种非典型的 SDR 成员。在植物中，*PeGRDL* 编码氨基酸与梅（*Prunus mume*）的 *PmGRDL*、烟草的 *NsGRDL* 编码的蛋白质序列有较高相似度，为 64.31%，NCBI 中注释 *PeGRDL* 编码蛋白质为含有短链脱氢酶，具有罗斯曼折叠结构的 $NAD(P)^+$结合蛋白，*PmGRDL*、*NtGRDL* 的注释中含有短链脱氢酶/还原酶（short-chain dehydrogenase/reductase，SDR），SDR 家族由大量的 NAD(P)(H)依赖型氧化还原酶组成，有典型的罗斯曼折叠元件用于核酸结合，这些基因具有相似元件和作用机制（Kavanagh et al.，2008）。有研究表明，转玉米 *ZmABA2*（SDR 家族成员）基因的烟草可以提高耐旱、耐盐性，并能提高在盐旱条件下烟草萌发率及根的生长（Ma et al.，2016），可为进一步研究胡杨 *PeGRDL* 的功能提供理论参考，推测 *PeGRDL* 很可能是 SDR 家族成员，参与植物抗逆反应。本研究所克隆的胡杨 *PeGRDL* 基因编码氨基酸序列与拟南芥基因组进行比对，未比对出同源序列，拟南芥中与 *PeGRDL* 编码氨基酸序列相似度较高的 AtHP，在 NCBI 中无功能注释。有待将 *PeGRDL* 基因转化模式植物中做进一步的相关功能验证；关于 GRDL 的研究鲜有报道，本研究可为将来 GRDL 蛋白的相关研究提供参考。

本研究中酵母在不同盐浓度下的生长曲线结果显示，当 NaCl 浓度达到 1.29mol/L 时，酵母进入对数期的时间延迟至大约 25h，但是可以生长繁殖；在含有 1.29mol/L NaCl 的 SD 平板上，转空载体的酵母不再生长，而转 *PeGRDL* 基因的酵母生长虽然受到抑制但是仍然可以生长，对该现象进行分析，固体平板上提供的环境条件不同于液体摇培时的培养环境，酵母在平板上的生长速率本来会低于摇培，且 1.29mol/L NaCl 摇培时酵母进入对数期的时间长达约 25h，推测在盐胁迫的固体 SD 平板上，耐盐能力弱的酵母已经不能再利用营养进行繁殖，表明了 *PeGRDL* 可以调高酵母的耐盐能力。

干燥相关蛋白（desiccation-related proteins，DRP）基因最早是由 Piatkowski 等人于 1990 年在复苏植物 *Craterostigma plantagineum* 中发现，该基因编码的 pcC13-62 蛋白在植物应对极端干旱的条件时起作用，并且在 ABA 诱导下表达量增加（Piakowski et al.，1990）。本试验克隆得到胡杨 *PeDRP* 基因，并将 *PeDRP* 成功转化酿酒酵母 BY4741 进行异源表达。*PeDRP* 基因与酿酒酵母 BY4741 基因组进行比对，核酸及其编码的氨基酸序列均未比对出相似序列。酿酒酵母 BY4741 生长曲线结果显示，在盐旱胁迫条件下，处理组酵母生长状态显著好于对照组。

荧光定量试验结果显示，在 7.5% PEG6000 胁迫 1h、2h 后，*PeDRP* 表达量显著上升。根据对转基因酵母表型及基因型变化的研究，推测 *PeDRP* 可以显著提高酿酒酵母 BY4741 抵抗盐旱胁迫的能力。有研究预测 PeDRP 蛋白含有跨膜结构域及信号肽（王旭，2016），本研究推测 PeDRP 作为跨膜蛋白在酵母的抗逆过程中起作用，参与细胞外信号传递、能量交换及物质运输等。目前，关于 DRP 的报道较少，本研究对 *PeDRP* 在酵母中的抗逆研究可为 DRP 的研究提供一定理论参考。

通过研究克隆获得胡杨 *PeMTD* 基因 CDS 区，并成功转化酿酒酵母 BY4741 进行异源表达。在干旱、盐胁迫下，转基因酵母的耐盐耐旱能力提高，对数期、稳定期菌量增大，且提前进入对数期，在 SD 平板上，转基因酵母的菌较对照组多，推测 *PeMTD* 响应了逆境信号，提高了酵母的抗逆性。前期将克隆的 *PeMTD* 基因编码蛋白质的氨基酸序列与酿酒酵母 BY4741 数据库进行比对，结果显示有 33.33%的相似度，相似度较低，为非同源蛋白，酵母中 *PeMTD* 的功能注释是编码 NADPH 依赖型脱氢酶（NADP-dependent alcohol dehydrogenase，N-DAD），有广泛的底物专一性，含有 CAD（Cinnamy1 alcohol dehydrogenase）家族成员，含有结构锌结合位点，在 DNA 复制压力下蛋白质丰度增大，推测将酵母中的 *N-DAD* 基因进行敲除之后再做 *PeMTD* 基因过表达的功能分析更具有说服力。胡杨 *PeMTD* 与可可（*Theobroma cacao*）*TcMTD* 和亚洲棉 *GaMTD* 聚为一支，亲缘关系最近，*TcMTD*，*GaMTD* 在 NCBI 中无功能注释，本部分关于胡杨 *PeMTD* 基因抗逆性的研究也将进一步丰富 MTD 抗逆性的相关研究，并为与其亲缘关系近的物种中基因的功能研究提供有力参考。NCBI 中 *PeMTD* 的注释显示其含有 CAD 家族部分，与拟南芥基因组比对，拟南芥中无 MTD 家族成员，与 *PeMTD* 相似度最高的为 *AtCAD*，与木质素的合成有关，未见关于 *AtCAD* 参与耐盐耐旱作用的报道。

## 参考文献

王旭. 2016. 胡杨幼苗对干旱胁迫的生理生化响应及表达谱分析. 中国农业大学硕士学位论文.

Kavanagh K L, Jornvall H, Persson B, et al. 2008. The SDR superfamily: functional and structural diversity within a family of metabolic and regulatory enzymes. Cellular and Molecular Life Sciences, 65(24): 3895-3906.

Ma F, Ni L, Liu L, et al. 2016. ZmABA2, an interacting protein of ZmMPK5, is involved in abscisic acid biosynthesis and functions. Plant Biotechnology Journal, 14(2): 771-782.

Piakowski D, Schneider K, Salamini F, et al. 1990. Characterization of five abscisic acid-responsive cDNA clones isolated from the desiccation-tolerant plant *Craterostigma plantagineum* and their relationship to other water-stress genes. Plant Physiology, 94(4): 1682-1688.